新世纪高职高专数控技术应用类课

U0681140

# 数控铣床实训指导教程

■ 主 编 孙德英 周 平

大连理工大学出版社

图书在版编目(CIP)数据

数控铣床实训指导教程 / 孙德英，周平主编. —大
连：大连理工大学出版社，2016.3
ISBN 978-7-5685-0287-0

Ⅰ. ①数… Ⅱ. ①孙… ②周… Ⅲ. ①数控机床－铣
床－教材 Ⅳ. ①TG547

中国版本图书馆 CIP 数据核字(2016)第 021409 号

大连理工大学出版社出版
地址：大连市软件园路 80 号 邮政编码：116023
电话：0411-84708842 邮购：0411-84708943 传真：0411-84701466
E-mail：dutp@dutp.cn URL：http://www.dutp.cn
大连日升彩色印刷有限公司印刷 大连理工大学出版社发行

幅面尺寸：185mm×260mm 印张：15.25 字数：371 千字
2016 年 3 月第 1 版 2016 年 3 月第 1 次印刷

责任编辑：吴媛媛 责任校对：范峻凯
封面设计：越伟越

ISBN 978-7-5685-0287-0 定 价：34.80 元

# 前　言

　　《数控铣床实训指导教程》是为配合学生完成"数控铣床编程技术"课程学习之后的"数控铣床实训"课程的独立实训教学需要，提高学生的数控铣削技术技能而进行编写的。

　　本教程分为数控铣床基本操作，夹具、工件、刀具安装与找正操作，数控铣床手工编程操作，数控铣床自动编程操作（UG CAM）四个部分，总计 26 个训练项目，可满足数控技术、模具设计与制造、机械设计与制造等专业的数控铣床操作实训需要。

　　本教程系统地把数控铣削加工工艺、编程方式与数控铣床操作紧密结合起来，其特色如下：

　　1.编写有依据。本教程以专业教学计划与课程教学大纲为编写依据。

　　2.项目具有独立的完整性。每一个项目都能独立地构成一个学习单元，既能体现技能的熟练性，又能体现企业产品的特征及生产过程。

　　3.强调系统性实训。本教程围绕数控铣床操作，系统地从零件机械加工工艺制订、刀具选择与切削用量确定、工量具选择、零件装夹、数控编程、零件检测等方面进行实践，改变以往局限于操作机床实训而忽略零件加工工艺制订、刀具及夹具等与数控铣床编程相关的问题。

　　4.能力递进式培养。零件载体的选择及实施过程从简单到复杂，编程方式从手工编程到自动编程。

　　5.按编程要点搭建编程操作项目。把数控铣床的基本编程、刀具半径补偿、刀具长度补偿、孔加工循环、子程序及宏程序等指令应用融入具体的项目中，突出数控铣床的编程理论操作。

　　6.与职业能力衔接。训练项目以数控铣床的中、高级职业技能训练题目为载体，使学生经过一定时间的训练，能获得相应等级的职业资格证书。

　　7.适用专业广。针对不同专业（如数控、模具、机械）、不同的实训周数（如 1 周、2 周、3 周）情况，可通过选择不同的项目来进行实训,满足不同专业的需要。

　　本教程由大连职业技术学院孙德英、周平任主编。全书由孙德英负责统稿和定稿。大连职业技术学院张学东对数控铣床基本实践部分的编写给予了指导性意见,在此表示诚挚的感谢!

　　由于时间仓促,书中仍可能存在不足和疏漏之处,恳请广大读者批评指正。

编　者

2016 年 2 月

所有意见和建议请发往:dutpgz@163.com

欢迎访问教材服务网站:http://www.dutpbook.com

联系电话:0411-84706676　84707424

# 目　录

# 第1部分

# 数控铣床基本操作

## 项目1 认识数控铣床

### ◉ 实训目的

通过数控铣床实物,学生应掌握数控铣床的结构、组成及坐标轴,了解数控铣床分类与主要性能指标。

### ◉ 实训任务

1. 数控铣床的结构与组成。
2. 数控铣床分类与主要性能指标。
3. 数控铣床坐标系。
4. 数控铣床与加工中心的主要区别。

### ◉ 实训条件

1. MVC850 数控铣床。
2. VMC850 立式加工中心。
3. 抹布与毛刷等。

### ◉ 实训内容与步骤

#### 一 数控铣床的结构与组成

数控铣床一般由数控系统、床体、主轴、进给驱动机构、工作台及切削液箱等部分组成,图 1-1 所示为拆卸掉机床防护罩之后的立式数控铣床结构。

## 二    数控铣床分类

数控铣床按主轴类型划分,主要分为立式和卧式数控铣床。立式数控铣床的主轴与工作台垂直,卧式数控铣床的主轴与工作台平行。图 1-1 所示为立式数控铣床结构,图 1-2 所示为卧式数控铣床结构。

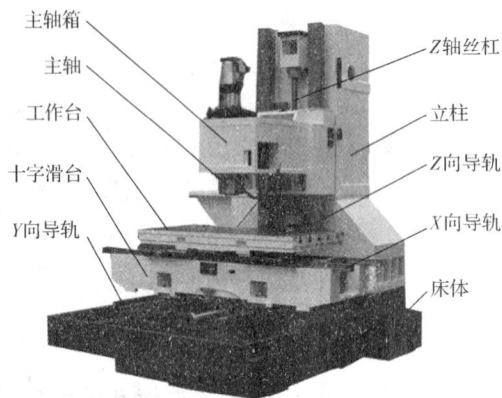

主轴箱
主轴
工作台
十字滑台
Y向导轨

Z轴丝杠
立柱
Z向导轨
X向导轨
床体

图 1-1    立式数控铣床结构(拆掉机床防护罩)

主轴

图 1-2    卧式数控铣床结构

## 三    数控铣床与加工中心的主要区别

加工中心属于数控铣床的一种,加工中心与数控铣床的主要区别是有无刀库与换刀装置。图 1-3 所示为立式加工中心去掉防护罩之后的结构,其在数控铣床的结构基础上多了刀库与换刀装置。

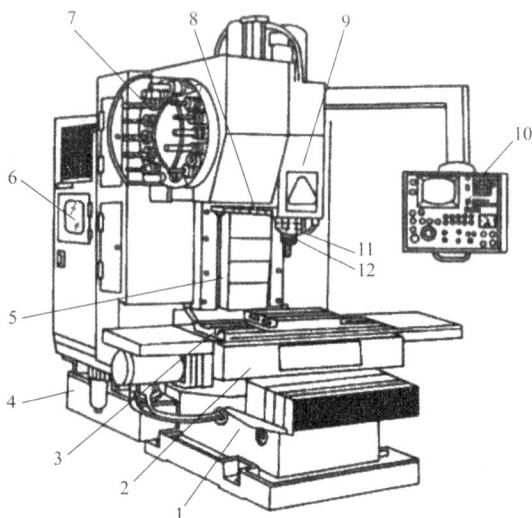

图 1-3    立式加工中心结构(去掉防护罩)

1—床身;2—滑座;3—工作台;4—润滑油箱;5—立柱;6—数控柜;7—刀库;
8—机械手;9—主轴箱;10—操作面板;11—控制柜;12—主轴

## 四 数控铣床主要性能指标

数控铣床的主要技术参数包括工作台尺寸、各坐标轴行程、主轴转速范围、切削进给速度范围、定位精度、重复定位精度。如 MVC850 数控铣床的主要参数如下：

工作台尺寸(长×宽):1000 mm×500 mm

坐标轴行程:

$X$ 向　　800 mm

$Y$ 向　　500 mm

$Z$ 向　　500 mm

主轴转速范围:50~8000 rpm

切削进给速度范围:0~1000 mm/min

定位精度:±0.008 mm

重复定位精度:±0.003 mm

数控系统:FANUC

## 五 数控铣床坐标系

### 1. 机床坐标系

机床机械坐标系(简称机床坐标系)是以机床零点 $O$ 为坐标系原点并遵循右手笛卡尔直角坐标系建立的由 $X$、$Y$、$Z$ 轴组成的直角坐标系,如图 1-4(a)所示。在机床通电后,一般执行手动返回参考点,以设置机床坐标系,进而确定工件坐标系。机床坐标系一旦设定,就保持不变,直到电源关掉为止。

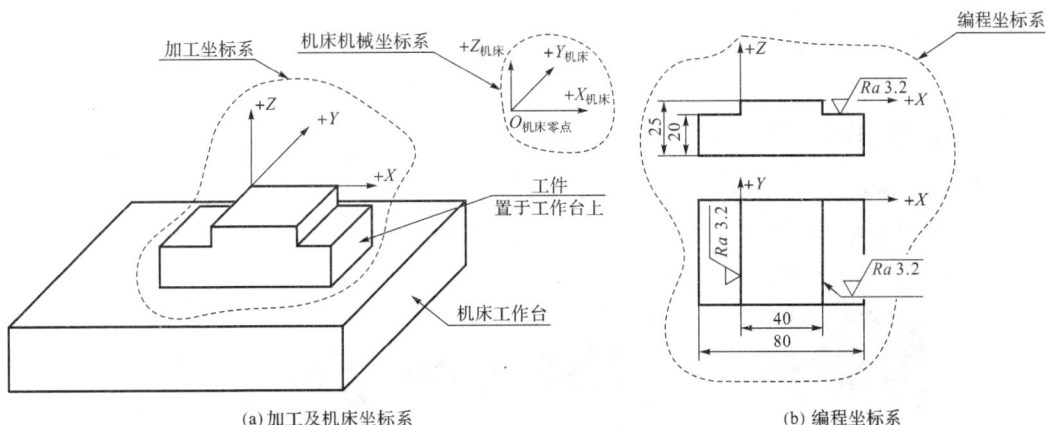

图 1-4　坐标系

### 2. 工件(或编程)坐标系

编程人员根据零件图纸设置的便于编程的坐标系称为工件(或编程)坐标系,如图 1-4(b)所示。工件坐标系是固定于工件上的笛卡尔坐标系,是编程人员在编制程序时用来确定刀具和程序起点的。使用人员根据具体情况来确定坐标系原点,但坐标轴的方向应与机床坐标系一致并且与之有确定的尺寸关系,在数控铣中用 G54~G59 指令来表示。

工件坐标系设置的原则:与设计基准重合,便于数值计算,便于对刀找正。

## 实训作业

根据现有的 MVC850 数控铣床、VMC850 立式加工中心,学习与讨论其组成。

# 项目 2   数控铣床的开、关机操作

## 实训目的

通过操作数控铣床的实践训练,学生应掌握数控铣床的开机、关机及手动回机床参考点的步骤。

## 实训任务

1. 数控铣床的开机步骤。
2. 数控铣床的关机步骤。
3. 手动回机床参考点的步骤。

## 实训条件

MVC850 数控铣床。

## 实训内容与步骤

### 一   开机的基本步骤

**1. 合上各种开关**

(1)合上控制数控铣床的总电源开关(一般在墙上设置),如图 2-1 所示。

(2)按下稳压电源的启动按钮，如图 2-2 所示。

图 2-1   总电源开关

图 2-2   稳压电源面板

（3）合上气源开关，如图 2-3 所示。

（4）合上数控铣床控制柜总电源开关，使其呈"ON"状态，如图 2-4 所示。

（5）按下数控铣床操作面板上的电源打开按键▭，如图 2-5 所示的左侧按键。

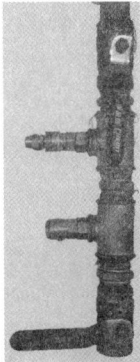

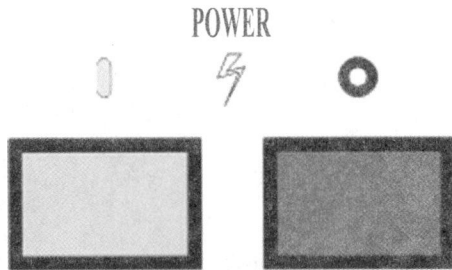

图 2-3　气源开关　　图 2-4　控制柜总电源开关　　图 2-5　操作面板上的电源打开与关闭按键

### 2. 手动回机床参考点

（1）将模式旋钮置于回参考点模式"ZRN"位置，如图 2-6 所示。

（2）将快移倍率旋钮置于较小倍率位置，如图 2-7 所示"25"位置。

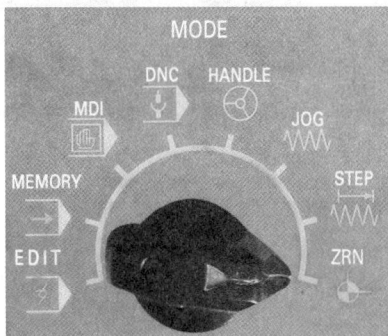

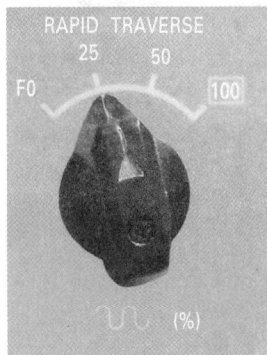

图 2-6　模式旋钮（一）　　　　图 2-7　快移倍率旋钮

（3）按 $Z \rightarrow X \rightarrow Y$ 顺序操作各轴回参考点，如图 2-8 所示。先按"+Z"键，再分别按"+X""+Y"键。当坐标原点指示灯点亮后，表示回参考点操作完成，此时机床机械坐标均显示为 0，如图 2-9 所示，开机成功。

| 现在位置 | O7896　N07896 |
| --- | --- |
| （相对坐标） | （绝对坐标） |
| X　　334.910 | X　　334.910 |
| Y　　143.610 | Y　　143.610 |
| Z　　373.326 | Z　　373.326 |
| （机械坐标） | |
| X　　0.000 | |
| Y　　0.000 | |
| Z　　0.000 | |

图 2-8　按键　　　　　　　　　图 2-9　机械坐标屏幕

（4）下列情况应进行回参考点操作，以建立机床坐标系。

①机床开机启动后。

②机床断电后再次接通数控系统电源。

③过行程报警解除后。

④紧急停止按钮按下再次旋出之后。

## 二　关机的基本步骤

在保证各轴无干涉情况下,关闭数控铣床按如下步骤操作:

(1)将模式旋钮置于手动"JOG"状态,如图 2-10 所示。

(2)分别按"X"(或"－X")"Y"(或"－Y")"Z"(或"－Z")键,将工作台及主轴移动到各坐标行程中点位置,如图 2-11 所示。

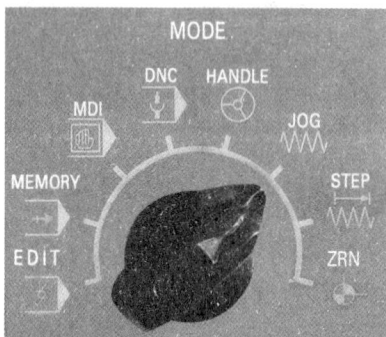

图 2-10　模式旋钮(二)

图 2-11　中点位置

(3)断开操作面板电源,按下操作面板上的电源关闭按键▢,如图 2-5 所示的右侧按键。

(4)断开数控铣床控制柜总电源开关,即把图 2-4 所示开关向下扳动至"OFF"状态。

(5)断开气源开关,把图 2-3 所示的开关向反方向扳动。

(6)按下稳压电源的停止按钮◉,如图 2-2 所示,关闭稳压电源。

(7)断开控制数控铣床的总电源开关,把图 2-1 所示开关向下扳动至"OFF"状态。

## ◎ 实训作业

1.开机操作练习。

2.关机操作练习。

3.手动回机床参考点操作练习。

# 项目 3　数控铣床的面板操作

## ◎ 实训目的

通过操作数控铣床的实践训练,学生应认识数控铣床的控制面板,掌握数控铣床的数控系统操作面板、机床操作面板上的主要功能键及按钮的操作方法。

## ◉ 实训任务

1. 数控系统操作面板操作。
2. 机床操作面板操作。

## ◉ 实训条件

MVC850 数控铣床。

## ◉ 实训内容与步骤

### 一 数控系统操作面板操作

数控铣床所提供的各种功能可以通过控制面板上的键盘操作得以实现。机床配备的数控系统不同,其控制面板的形式也不相同。本文主要介绍 FANUC 0i-M 数控系统的控制面板,它由 NC 系统(即数控系统)操作面板和机床操作面板两部分组成。NC 系统操作面板由监视器(CRT 屏幕)和 MDI 键盘组成,如图 3-1 所示,其左侧部分为监视器,右侧部分为 MDI 键盘。

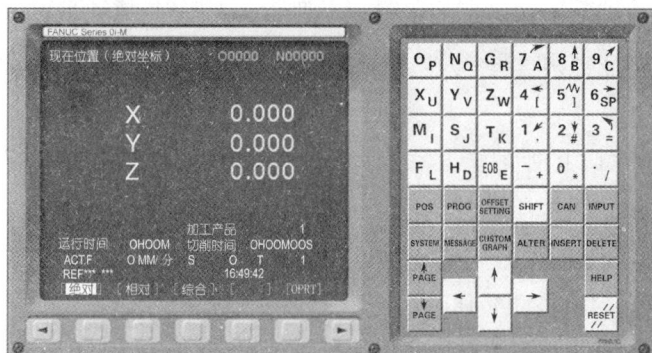

图 3-1 NC 系统操作面板

**1. 数字/字母键**

如图 3-2 所示,数字/字母键用于输入数据或字母到输入区域,系统会自动判别是取字母还是取数字。是输入字母还是数字,可通过上挡键 SHIFT 来切换。

**2. 编辑键**

替代键 ALTER:按下此键,使用目前输入的数据替代光标位置所在的数据。

删除键 DELETE:按下此键,删除光标所在位置的数据,或者删除一个数控程序或者删除全部数控程序。

图 3-2 数字/字母键

插入键 INSERT：按下此键，作用一，是把输入区域中的数据插入到当前光标之后的位置；作用二，是创建一个新的程序，如键入 O2015 之后，按插入键 INSERT，即可创建一个新的程序 O2015。

修改键 CAN：按下此键，消除输入区域内的数据。

换行键 EOB E：按下此键，结束一行程序的输入并且换行。

上档键 SHIFT：按下此键，切换输入双字母或字母/数字键上的上档字符。

**3. 页面切换键**

程序键 PROG：按下此键，进入到数控程序显示与编辑的页面状态下。

位置键 POS：按下此键，进入到屏幕上的位置显示页面状态下。

偏置键 OFFSET SETING：按下此键，进入到参数输入页面状态下。第一次按进入坐标系设置页面，第二次按进入刀具补偿参数页面。进入不同的页面以后，用翻页键切换。

系统键 SYSTEM：按下此键，进入到系统参数页面状态下。

帮助键 HELP：按下此键，进入到系统帮助页面状态下。

图形键 CUSTOM GRAPH：按下此键，进入到图形参数设置页面状态下。

消息键 MESSAGE：按下此键，进入到信息显示页面状态下，显示诸如报警等信息。

复位键 RESET：按下此键，使系统复位或解除报警；在编辑状态下，使光标处于程序首位置。

**4. 翻页键**

PAGE↑ 键：按下此键，向上翻页。

PAGE↓ 键：按下此键，向下翻页。

**5. 光标键（图 3-3）**

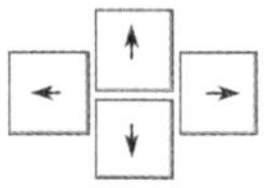

↑键：按下此键，向上移动光标。

↓键：按下此键，向下移动光标。

←键：按下此键，向左移动光标。

→键：按下此键，向右移动光标。

图 3-3   光标移动键

**6. 输入键**

输入键 INPUT：按下此键，把输入区域内的数据输入到参数页面，或者输入一个外部的数控程序。

## 二   机床操作面板操作

本课程使用的是 MVC850 数控铣床，其 FANUC 0i-M 数控系统对应的机床操作面板如图 3-4 所示，该面板主要用于控制机床的运行状态，由模式旋钮、程序运行控制开关等多个部分组成。

图 3-4 机床操作面板

**1. 操作模式选择**

数控铣床通过将模式旋钮转动到不同位置来选择不同的操作模式,如图 3-5 所示。

模式旋钮置于不同的位置时,其作用如下:

EDIT:编辑程序模式,与数字/字母键配合使用。

MEMORY:内存程序加工模式,与程序循环启动模式(按下"CYCLE START"按钮状态下)配合使用。

MDI:手动数据输入模式。

DNC:在线加工模式,用 R232 电缆线或 CF 卡连接 PC 机和数控机床,选择程序传输加工。

HANDLE:手轮模式,使用手轮移动机床。

JOG:手动模式,手动连续移动机床。

STEP:增量进给模式。

ZRN:回参考点模式。

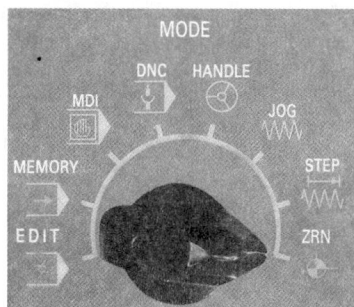

图 3-5 模式旋钮

**2. 程序运行控制开关**

如图 3-6 所示,包括程序开始与结束功能。

(1)程序开始与结束

①按下"CYCLE START"按钮:程序循环开始。注意,模式旋钮在处于"MEMORY"或"MDI"位置时,按下"CYCLE START"按钮才有效,其余模式下无效。

②按下"FEED HOLD"按钮:进给保持,在程序运行过程中,按下此按钮停止程序运行。

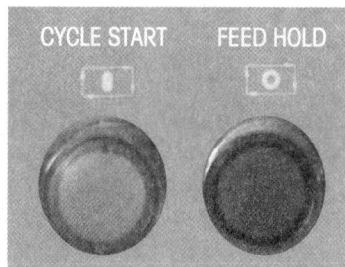

图 3-6 循环开始与结束按钮

（2）程序运行中其他几个配合按键

①单段模式键 [S.B.K]：按下此键之后，再按一下"CYCLE START"按钮，程序执行一段，用于调试程序与加工；再按下此键，取消单段运行模式。

②可选停键 [M01]：按下此键之后，将暂停进给（前提是程序执行过程中遇到 M01 代码）；再按下此键，取消可选停模式。

③空运行键 [D.R.N]：按下此键之后，再按一下"CYCLE START"按钮，各轴以固定的速度运动；再按下此键，取消空运行模式。

④跳步键 [B.D.T]：按下此键之后，再按一下"CYCLE START"按钮，程序执行中跳过开头有"/"符号的程序行。

**3. 机床主轴手动控制开关**

手动主轴正转键 [SP CW]：按下此键，主轴以默认 MDI 中的转速进行正向转动。

手动主轴停止键 [SP STOP]：按下此键，主轴停止转动。

手动主轴反转键 [SP CCW]：按下此键，主轴以默认 MDI 中的转速进行反向转动。

**4. 手轮操作**

在数控铣床操作中，手轮主要用于对刀等微调操作。如图 3-7 所示，手轮由轴选择旋钮、倍率选择旋钮及手摇刻度盘三部分组成。

轴选择旋钮有 OFF、X、Y、Z、A 五个选项，即关闭、选择 X 轴、选择 Y 轴、选择 Z 轴、选择 A 轴。

倍率选择旋钮有 ×1、×10、×100 三个挡，对应的移动量分别为 0.001 mm、0.01 mm、0.1 mm。

手摇刻度盘顺时针转动时，相应轴往正方向移动；手摇刻度盘逆时针转时，相应轴往负方向移动。

**注意** 要想手轮处于工作状态，必须把图 3-5 所示的模式旋钮置于"HANDLE"位置。

图 3-7　手轮

**5. 超程解除**

在数控铣床操作过程中，如果将移动轴移动到行程以外，就会造成超程报警，超程有正向超程和负向超程两种。

以正向超程为例，首先不要移动任何轴，按"POS"键，观察机床坐标系哪个轴为正值，如果 Z 轴为正值，按下操作面板上的"O. T. REL"键，同时不断按"−Z"键，直到 Z 轴向负向移动，将警报解除。

负向超程解除操作与正向超程解除操作类似。

**6. 急停**

为了安全，如程序错误或机床发生碰撞事故时，要及时按下急停按钮，如图 3-8 所示。急停为自锁按钮，向左旋转即可解锁，注意机床急停后，必须手动回参考点。

图 3-8　急停按钮

### 7.倍率调节旋钮

（1）进给率旋钮：如图3-9所示，用于调节程序运行中的进给速度，调节范围从0～120％（单位：mm/min）。

（2）快移倍率旋钮：如图3-10所示，用于控制机床G00速度和回零速度，调节范围从0～100％（单位：r/min）。

（3）主轴倍率旋钮：如图3-11所示，用于调节程序中的主轴转速，调节范围从0～120％（单位：r/min）。

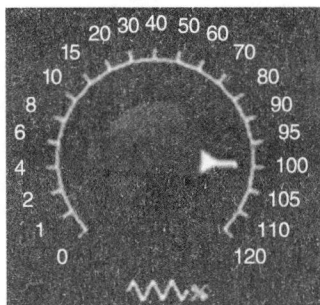

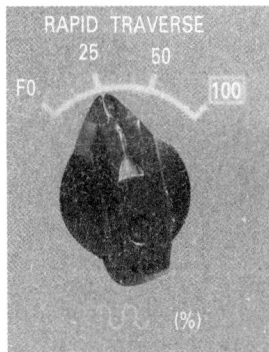

| 图3-9 进给率旋钮 | 图3-10 快移倍率旋钮 | 图3-11 主轴倍率旋钮 |
| --- | --- | --- |

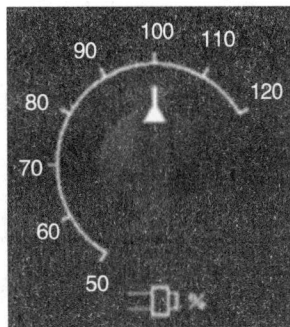

### 8.其他机床面板符号

（1）Z轴锁定键 `Z.LOCK Z→`：按下此键，锁定Z轴，任何移动Z轴的指令无效，用于模拟加工。

（2）机床锁定键 `M.L.K →`：按下此键，锁定所有移动轴，任何移动轴的指令无效，用于模拟加工。

（3）辅助锁定键 `AFL M.S.T`：按下此键，锁定辅助功能。

## ◉ 实训作业

1.使进给速度增至120％；使主轴转速增至120％。

2.单段运行。

3.超程解除。

4.操作手轮使Z轴向下移动接近工件。

# 项目4 进给运动、主轴运动及手轮操作

## ◉ 实训目的

通过操作数控铣床的实践训练，学生应学会正确选择坐标方向及运动速度，使机床移动

部件移动,并掌握使主轴正转、停转及反转的操作方法。

## 实训任务

1. 利用按键使机床移动部件进给运动。
2. 利用手轮使机床移动部件进给运动。
3. 利用按键及 MDI 方式使主轴正转、停止及反转。

## 实训条件

MVC850 数控铣床。

## 实训内容与步骤

### 一　数控铣床进给运动操作步骤

(1)各坐标轴回参考点,参照"项目 2 数控铣床的开关机操作"。

(2)将模式旋钮置于"JOG"位置,选择手动模式,如图 4-1 所示。

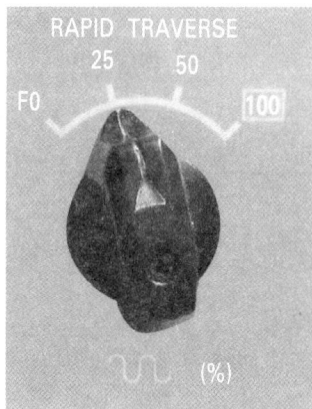

(3)调节图 4-2 所示的快移倍率旋钮,选择进给速度倍率为 25%。

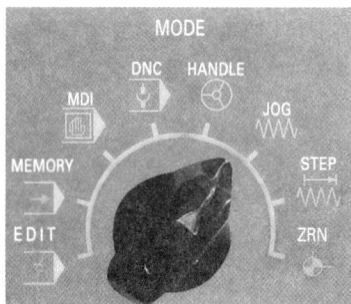

图 4-1　模式旋钮(一)　　　　　图 4-2　快移倍率旋钮

(4)按住"－Z"键,观察机床主轴的运动,至行程中点附近时松手;按住"＋Z"键,观察机床主轴的运动。

(5)按住"－X"键,观察机床工作台的运动,至行程中点附近时松手;按住"＋X"键,观察机床工作台的运动。

(6)按住"－Y"键,观察机床工作台的运动,至行程中点附近时松手;按住"＋Y"键,观察机床工作台的运动。

(7)熟练操作 Z、X、Y 轴运动后,调节进给速度倍率至 20%、60% 等,按步骤(4)～(6)重复练习,体会速度变化。

**注意** 开始练习前,应选择较低的进给速度,以保障安全;先确定方向,再执行操作;没把握的操作不做。

当出现某坐标(如+Z)超程报警时,按住"O. T. REL"键,再按住该超程反向坐标键(如"-Z"键);超程解除之后,再按"RESERT"键以消除报警信息提示。

## 二 数控铣床手轮操作步骤

(1)各坐标轴回参考点。

(2)将模式旋钮置于"HANDLE"位置,选择手轮模式,如图4-3所示。

(3)选择手轮上的"Z"轴,如图4-4左侧所示。

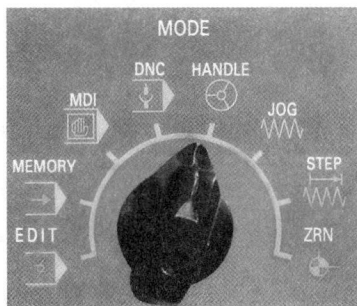

图4-3 模式旋钮(二)　　　　图4-4 手轮

(4)选择"×100"挡移动量,如图4-4右侧所示。

(5)逆时针方向旋转手轮,观察主轴的运动和显示屏上的坐标。

(6)同样,再分别选择"X"、"Y"轴,选择"×100"挡移动量,逆时针方向旋转手轮(即手摇刻度盘),观察工作台的运动和显示屏幕上的坐标。

(7)再分别选择"×1"、"×10"挡移动量,重复上述操作。

**注意** 手轮主要用于微量而精确地调整机床位置,如对刀操作。选择"×1"挡移动量,表示旋转手轮每转动一个格,机床移动 0.001 mm;"×10"挡移动量为 0.01 mm;"×100"挡移动量为 0.1 mm。

开始练习前,应选择最大挡的移动量;先确定方向,再执行操作。

## 三 主轴启、停及转动操作

练习时,主轴常用的转速定义在 800～1000 r/min;操作时主轴要处于安全位置。

**1. 采用按键方式使主轴正反转的步骤**

(1)将主轴倍率旋钮置于"100"位置(即主轴实际转速的100%),如图4-5所示。

(2)将模式旋钮置于"JOG"位置,选择手动模式,如图4-1所示。

(3)按手动主轴正转键 SP.CW,主轴按上一次执行程序的主轴转速值正转。若开机后未执行过程序,按下此键后主轴不旋转。

(4)改变如图4-5所示的主轴倍率旋钮位置,提高或降低主轴转速。

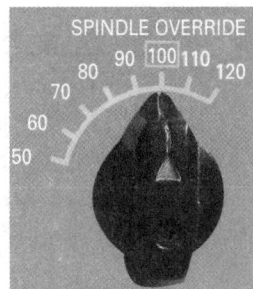

图4-5 主轴倍率旋钮

(5)按手动主轴停止键 ，主轴停转。

(6)按手动主轴反转键 ，主轴反转。

**注意** 主轴要实现正(或反)转变为反(或正)转,必须先使主轴停转,之后再反(或正)转。

**2.采用手动数据输入模式使主轴正反转的步骤**

(1)将主轴倍率旋钮置于"100"位置,如图4-5所示。

(2)如图4-6所示,将模式旋钮置于"MDI"位置,再按下程序键 ,出现如图4-7所示的MDI界面。

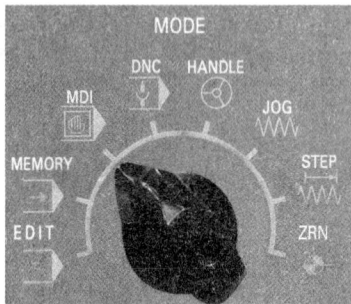

图4-6　模式旋钮(三)

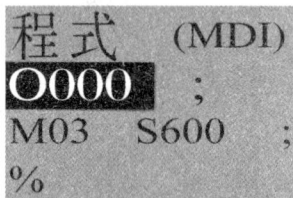

图4-7　MDI界面

(3)在MDI界面下进行如下操作:

按换行键 ,再按插入键 ,使光标处于00000程序段的下一行;

输入"M03 S600";按换行键 ,之后按插入键 ;

按光标键 ,使光标移到程序的最头部。

(4)按下"CYCLE START"按钮,程序循环开始,则主轴以800 r/min 正转。

(5)改变如图4-5所示的主轴倍率旋钮位置,提高或降低主轴的转速。

(6)在 MDI 界面下输入"M05";按换行键 ;之后按插入键 ;按下"CYCLE START"按钮,则主轴停转。

(7)按照上述的步骤(3)～(4)进行操作,使主轴以800 r/min 反转。

**注意** 系统默认主轴正转。

## 实训作业

1.采用手动数据输入模式,使主轴以600 r/min 正转及反转。

2.采用按键方式,使主轴以600 r/min 正转及反转。

3.采用手动数据输入模式,使工作台移动速度为F100(即100 mm/min)。

4.使数控铣床在 X、Y、Z 三个轴方向以25%、50%、100%倍率进给运动。

5.使用手轮方式,使机床以1 mm、0.01 mm移动量在 X、Y、Z 轴上进给移动。

6.使用手轮模式使主轴移动10.01 mm,工作台移动30.03 mm。

# 项目 5 加工程序的输入与编辑

## ◎ 实训目的

通过操作数控铣床实践训练,学生应掌握新建程序、选择一个程序、删除一个程序、编辑程序的方法;通过程序输入与编辑操作,学生应熟悉系统操作面板上的各按键使用方法。

## ◎ 实训任务

1.新建程序。
2.选择一个程序。
3.删除一个程序。
4.编辑程序。

## ◎ 实训条件

MVC850 数控铣床。

## ◎ 实训内容与步骤

### 一 新建程序

(1)如图 5-1 所示,选择编辑程序模式"EDIT"。

(2)按下 NC 系统操作面板上的程序键 [PROG],进入程序界面。

(3)在程序界面键入字母"O",之后按数字键键入程序号,再按插入键 [INSERT]。开始输入与编辑程序。若输入的程序号已经存在,则将此程序设置为当前程序,否则新建此程序。

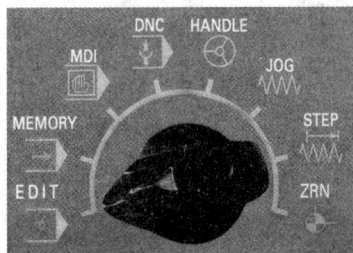

图 5-1 模式旋钮

### 二 选择一个程序

(1)如图 5-1 所示,选择编辑程序模式"EDIT"。

(2)按下 NC 系统操作面板上的程序键 [PROG],进入程序界面。

(3)键入字母"O",之后按数字键键入搜索的号码****(****为程序号),再按光标移动键开始搜索。

（4）要选择的程序找到之后，O∗∗∗∗显示在屏幕右上角位置，NC 程序显示在屏幕上。之后，就可以对此程序进行编辑、运行等操作。

## 三    删除一个程序

（1）如图 5-1 所示，选择编辑程序模式"EDIT"。

（2）按下 NC 系统操作面板上的程序键 [PROG]，进入程序界面。

（3）键入字母"O"，之后按数字键键入要删除的程序号码∗∗∗∗。

（4）要删除的程序找到之后，按删除键 [DELETE]，程序即被删除。

## 四    编辑程序

（1）如图 5-1 所示，选择编辑程序模式"EDIT"。

（2）按 NC 系统操作面板上的程序键 [PROG]，选择或新建一个程序，进入编辑页面，可进行数控程序的编辑操作。使用下列按键进行程序的编辑操作：

①移动光标：按 [PAGE↑] 键，向上翻页，按 [PAGE↓] 键，向下翻页。按 [↑] 键，向上移动光标；按 [↓] 键，向下移动光标；按 [←] 键，向左移动光标；按 [→] 键，向右移动光标。

②插入字符：将光标移动到所需要的位置，输入字母或数字，按插入键 [INSERT]，则把输入的内容插入到光标所在位置的代码后面。

③删除输入区域中的数据：按删除键 [DELETE]，删除输入的数据。

④删除字符：将光标移动到所需要删除字符的位置，按删除键 [DELETE]，删除光标所在位置的代码。

⑤替换：将光标移到所需替换字符的位置，将替换成的字符输入到输入区域中，再按替代键 [ALTER]，即把输入区域的内容替代光标所在位置的代码。

# ◉ 实训作业

1. 新建一个程序 O1122、O2233。
2. 编辑程序 O1122。
3. 删除程序 O2233。

# 项目 6    切削加工前的模拟显示

对于已输入到存储器里的程序必须进行检查，对检查中发现的程序指令、坐标和几何图形错误，要进行修改，待加工程序完全正确后才能进行空运行操作。程序检查的方法是对工件图形进行模拟加工,在模拟加工中逐个程序段地执行检查。为了检验程序的正确性,可通过四种方式对程序进行检查。

## 实训目的

通过操作数控铣床的实践训练,学生应掌握零件加工之前的模拟显示操作方法。

## 实训任务

1.机床锁住方式的模拟显示。
2.机床空运行方式的模拟显示。
3.主轴抬刀在安全高度上方式的模拟显示。
4.浅切削方式的模拟显示。

## 实训条件

MVC850 数控铣床。

## 实训内容与步骤

### 一 机床锁住方式的模拟显示

机床锁住方式的模拟显示,就是在机床锁住方式下,机床及刀具并不移动,只是在 CRT 屏幕上显示各轴的移动位置,该功能用于加工程序的检查。其操作步骤如下:

(1)选择手动模式"JOG",按下机床锁定键 M.L.K,将机床锁定。

(2)选择内存程序加工模式"MEMORY",进入自动加工工作状态。

(3)选择模拟加工程序,再选择子菜单中的"程序校验"命令键。

(4)按下循环启动按钮"CYCLE START",可查看程序快速运行的轨迹等信息。运行过程中,可按图形键 CUSTOM GRAPH 来切换主显示区的显示信息内容(包括坐标显示、程序内容显示、图形轨迹显示等)。

### 二 机床空运行方式的模拟显示

机床空运行方式的模拟显示,是指在不装夹工件的情况下,自动运行加工程序,以检验程序的正确性。其操作步骤如下:

(1)手动使各轴返回机床参考点。

(2)根据加工程序装夹相应的刀具及工件。

(3)对刀并将刀具补偿值输入数控系统。

（4）取下工件，Z 轴抬刀到安全高度，重新对刀操作。

（5）按下 NC 系统操作面板上的程序键 PROG，输入待检查程序的程序号，CRT 屏幕显示存储的程序。

（6）按下空运行键 D.R.N 。

（7）按下循环启动按钮"CYCLE START"，开始空运行，CRT 屏幕上显示正在运行的程序。

## 三　主轴抬刀在安全高度上方式的模拟显示

主轴抬刀在安全高度上方式的模拟显示，就是在装夹工件的情况下，把主轴抬刀到安全高度位置，自动运行加工程序，以检验程序的正确性。其操作步骤如下：

（1）手动使各轴返回机床参考点。

（2）根据加工程序装夹相应的刀具及工件。

（3）对刀并将刀具补偿值输入数控系统。

（4）把坐标设置页面的番号"00（EXT）"中输入一个正值 XX，此值距离 Z0 为 XX 大小。

（5）按下 NC 系统操作面板上的程序键 PROG，输入待检查程序的程序号，CRT 屏幕显示存储的程序。

（6）按下循环启动按钮"CYCLE START"，CRT 屏幕上显示正在运行的程序。

（7）程序显示正确后，把坐标设置页面的番号"00（EXT）"中输入 0。

## 四　浅切削方式的模拟显示

在装夹工件的情况下，对工件进行微量切削，以检验程序的正确性。其操作步骤如下：

（1）手动使各轴返回机床参考点。

（2）根据加工程序装夹相应的刀具及工件。

（3）对刀并将刀具补偿值输入数控系统。

（4）在坐标设置页面的番号"00（EXT）"中输入一个负值 XX（如 -0.2）。

（5）按下 NC 系统操作面板上的程序键 PROG，输入待检查程序的程序号。

（6）按下循环启动按钮"CYCLE START"。

（7）工件切削一段时间显示正确后，抬刀，把坐标设置页面的番号"00（EXT）"中输入 0。

上述四种方式，不一定每个零件加工之前都要进行，可根据熟悉程度选择其一或其二使用。

## ⊙ 实训作业

1. 机床锁住方式的模拟显示。

2. 主轴抬刀在安全高度上方式的模拟显示。

# 项目7 数控铣床的安全文明操作

## ◎ 实训目的

通过操作数控铣床的实践训练,学生应掌握数控铣床日常维护保养的操作方法及数控铣床的安全文明操作规程。

## ◎ 实训任务

1.数控铣床日常维护保养操作。
2.数控铣床安全生产。

## ◎ 实训条件

MVC850数控铣床。

## ◎ 实训内容与步骤

### 一 数控铣床日常维护保养操作

**1.接通电源前的检查**
(1)检查机床的防护门、电气柜门等是否关闭。
(2)检查导轨液压润滑油油箱的油量是否充足,如图7-1所示,其上面有油量标识。

图7-1 油箱

(3)检查保护导轨的导轨防护罩有无磕碰等硬伤,有无杂物放在其上;禁止踩踏防护罩,保持干燥,定期上油,如图7-2所示。

（4）检查主轴锥孔是否清洁，定期使用主轴清洁棒清洁主轴锥孔，如图 7-3 所示。

图 7-2　防护罩

图 7-3　主轴锥孔

**2. 接通电源后的检查**

（1）检查机床操作面板上的各按钮是否在正确的位置、有无破损。

（2）检查屏幕上是否有报警信号。

（3）检查气源压力是否正常（一般为 0.6 MPa），如图 7-4 所示。

（4）检查冷却风扇是否正常转动，如图 7-5 所示。

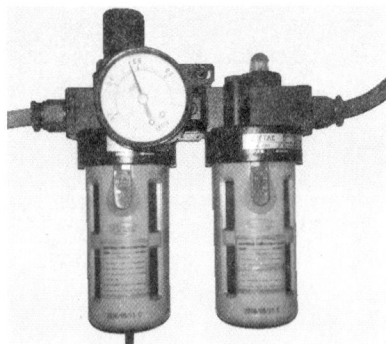

图 7-4　气压表

图 7-5　冷却风扇

（5）机床开机后，应低速运转 10 分钟左右，让轴承等充分润滑，以保证主轴的维护保养。

**3. 机床运转后的检查**

（1）机床是否有异常声音。

（2）有无其他异常现象。

**4. 工作台面的维护保养**

（1）要轻拿轻放工件于机床工作台上，不要在工作台上挪动比较粗糙的工件，以免对工作台面造成磕碰、划伤等损坏。

（2）为了防止工作台整体变形，使用完毕后，要将工件从工作台上拿下来，避免工件长时间重压造成的变形。

（3）机床工作台不用时要及时将工作台面洗净，然后涂上一层防锈油。

**5. 电气控制系统的维护保养**

（1）平时尽量少打开电气柜门，以保持内部干燥。定期对电气柜的冷却风扇进行卫生清扫，更换空气滤网。

(2)夏季时定期开机,以免潮气损坏电子元件。

(3)定期更换存储器电池,防止参数丢失。

(4)定期清除主轴冷却风扇上的灰尘。

## 二 数控铣床安全生产

**1. 实训前**

(1)进入实训区请遵守纪律。

(2)请穿好工作服,女生戴帽子,长头发者应将头发挽入帽内。

(3)听从实训教师分配,分组后请不要串岗、离岗。

(4)实训区请不要大声喧哗。

(5)开机前,请检查气压表、油位计读数是否正常。

(6)操作时禁止戴手套,工作服衣、领、袖口要系好。

(7)开机前请检查刀具、量具、工具是否完好。

(8)检查各防护罩是否正常,经实训教师同意后方可开机。

**2. 实训中**

(1)数控铣床只允许单人操作。

(2)开机后,请先进行回零操作。

(3)机床运行中不得用任何硬物或手直接接触刀具。

(4)程序编写完成后,必须经实训教师检查无误后,方可进行模拟加工。

(5)根据刀具和机床性能,选择合理的切削用量。

(6)机床加工时,无紧急情况不得按急停按钮及其他任何无关按钮。

(7)严格按照指导人员所讲的操作步骤操作机床,在有疑问的情况下,不得按程序运行控制开关,应立刻咨询实训教师。

(8)训练时不得在工作场地打闹及做一些与本实训无关的事情。

(9)某一项工作如需要两人或多人完成时,要互相配合好,必须有一人负责安全,开机前必须先打招呼,防止发生事故。

(10)机床在运转后,不允许开启防护门。

**3. 实训后**

(1)实训后请将刀具取下,放入刀库。

(2)将工作台面移动到中间位置。

(3)关机后,清理工作台面和防护罩。

(4)将量具、工具正确放入指定位置。

(5)清理机床周边卫生,填写设备使用记录,经实训教师检查合格后,方可离开。

## ◉ 实训作业

1. 对数控铣床进行日常维护保养操作。

2. 实训期间注意事项。

## 第2部分
# 夹具、工件、刀具安装与找正操作

# 项目 8　工件在平口钳上的装夹

◉ **实训目的**

通过在数控铣床上的实践训练,学生应掌握平口钳在数控铣床上的安装与找正方法及工件在平口钳上的安装与找正方法。

◉ **实训任务**

1. 平口钳在数控铣床上的安装与找正。
2. 工件在平口钳上的安装与找正。

◉ **实训条件**

1. MVC850 数控铣床。
2. 0~150 mm 平口钳。
3. 0~10 mm 量程、分辨率 0.01 mm 的百分表。
4. 工件毛坯。
5. 抹布与毛刷等。

◉ **实训内容与步骤**

**一　平口钳在数控铣床上的安装与找正**

**1. 平口钳的基本结构**

平口钳又名机用虎钳,是一种通用夹具,常用于安装小型工件,将其固定在机床工作台上,用来夹持工件进行切削加工。

如图 8-1 所示为内藏式油压平口钳,它由固定钳身、移动钳身、丝杆、把手、可调距离圆柱销(调整钳口长度)等组成。

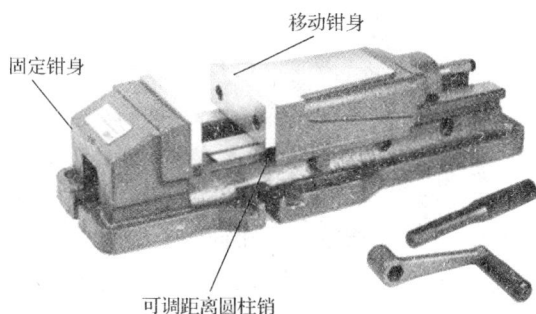

固定钳身　移动钳身

可调距离圆柱销

图 8-1　内藏式油压平口钳

**2. 平口钳的安装**

平口钳安装主要有垂直安装和水平安装两种。

(1)垂直安装

钳口与工作台 T 形槽方向垂直,如图 8-2 所示。此类安装适用于大型条类零件装夹,优点是不影响安装后的关门操作;缺点是安装、拆卸工件费力。

(2)水平安装

钳口与工作台 T 形槽方向水平,如图 8-3 所示。此类安装适用于小型零件安装。优点是安装、拆卸工件方便;缺点是工件安装之后,旋紧把手不取下容易发生碰撞防护门的事故。在进行数控铣床加工实训时,大部分零件在平口钳上采用水平安装方式。

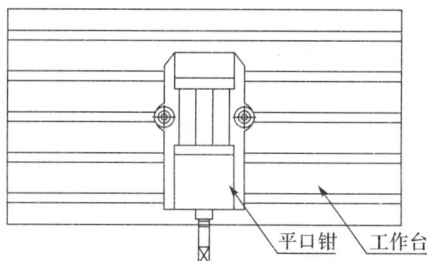

平口钳　工作台

图 8-2　垂直安装

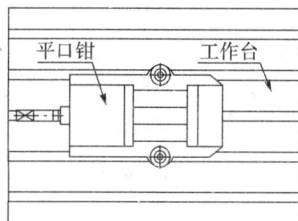

平口钳　工作台

图 8-3　水平安装

**3. 平口钳的找正(以水平安装为例)**

(1)将百分表座体磁吸到主轴上,使百分表触头与平口钳的固定钳口左侧接触,如图 8-4 所示;调整百分表的压缩量,压缩值约为 0.4 mm,如图 8-5 所示;使用锁紧螺母半夹紧平口钳于工作台上,为找正平口钳做准备。

图 8-4　百分表吸附

图 8-5　百分表压缩

（2）选择机床操作面板上的手轮模式"HANDLE"，旋转手轮轴选择旋钮至"X"位置，倍率选择旋钮至"×100"挡，旋转手轮使百分表匀速向右侧移动，如图 8-6 所示。在移动过程中观察百分表指针变化，如果指针变化在 0.01 mm 范围内，说明钳口与工作台面方向垂直，不需要调整，将钳身底部的两个锁紧螺母依次锁紧即可。

从左到右移动过程中，如果百分表指针波动很大，不能满足波动在 0.01 mm 范围内，那么就需要调节钳口位置。钳口不平行有两种情况：左低右高或者左高右低，它们的调整方式相同。我们以左低右高为例，如图 8-7 所示，首先找出左右侧高度差：将左侧锁紧螺母 1 稍微锁紧，右侧锁紧螺母 2 松开，将百分表触头与钳口左侧接触，将指针归零；选择手轮的 Y 轴位置，倍率选择"×10"挡；将百分表的指针顺时针旋转到 50 刻度，此时百分表触头压缩 0.5 mm；选择手轮的 X 轴位置，倍率选择"×10"挡，轴向右侧移动百分表，观察指针变化，因为左低右高，所以指针会一直顺时针旋转；当到达右侧时，观察指针读数，如图 8-8 所示，指针在 90 刻度，说明右侧比左侧高 0.4 mm。

图 8-6　百分表移至右侧

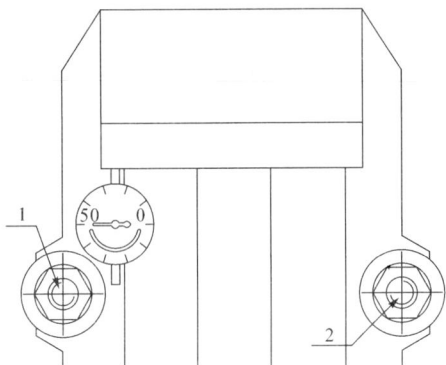

图 8-7　百分表初始位置

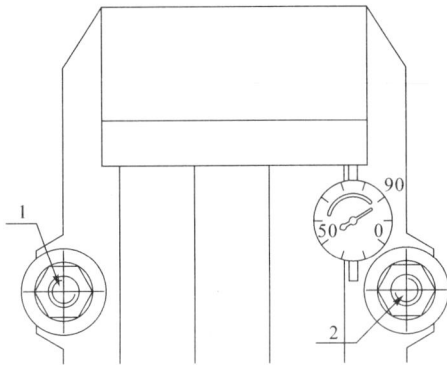

图 8-8　百分表变化最大位置

调整方法：如图 8-9 所示，用铜棒或木槌轻轻敲击平口钳左下侧，同时观察百分表指针变化，指针会逆时针旋转，直至到达 50 刻度左右，如图 8-10 所示。此时，将左右两侧锁紧螺母都旋紧，从左至右重新走一次百分表，保证指针在 0.01 mm 范围内波动，再将左右两侧锁紧螺母紧固，平口钳找正完成。同理，左高右低与此相同，只是敲击方向相反。在移动手轮过程中，注意随时调整手轮倍率。

**4. 平口钳使用注意事项**

（1）安装前，清洁平口钳底面和工作台面，一般用油石打磨。

（2）安装时，尽量安放在工作台面的中间处，方便操作。

（3）钳口宽度可通过可调距离圆柱销调节，有 0～100 mm、100～200 mm、200～300 mm 三个挡位。

（4）平口钳找正后必须锁紧固定螺栓。

（5）平口钳使用后应及时清理切屑，保证钳口干燥、防锈。

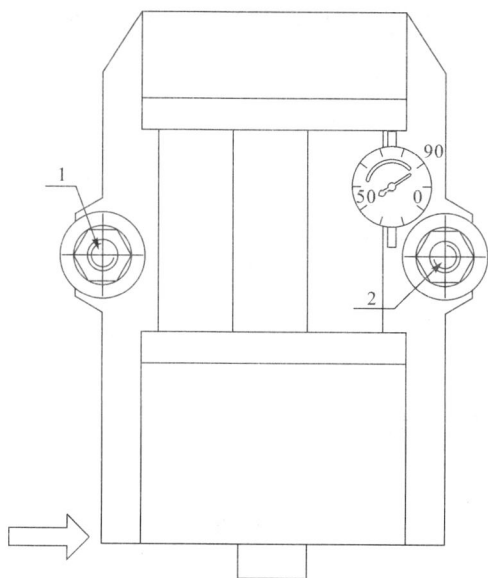

图 8-9　调整平口钳位置

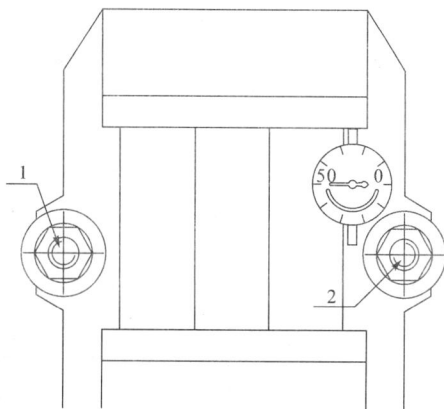

图 8-10　调整后

## 二　工件在平口钳上的安装与找正

平口钳在工作台上安装并找正好之后,就可以装夹工件了。一般情况下,在平口钳上安装分工件毛坯及已加工工件两种情况。

**1. 工件毛坯的安装**

装夹前,选择两个较为平整的毛坯面作为粗基准,用锉刀将表面去毛刺、锉平,靠向平口钳的固定钳口,装夹时,在钳口平面垫上铜皮,以防碰伤钳口。

**2. 已加工工件的安装与找正**

(1)装夹前,用锉刀把要夹持的工件两表面去毛刺,用油石将底面打磨。

(2)张开钳口,使钳口略大于工件宽度,清洁钳口。

(3)将垫块放在钳口的支撑面上,将工件放在垫块的上面,使工件基准面与钳口表面贴紧,轻轻带紧夹紧把手。

(4)转动手柄夹紧工件,同时用铜棒轻微敲击工件,使其与钳口表面贴实。

(5)用百分表找正工件。

装夹在平口钳上的工件,根据需要,可在 $X$、$Y$、$Z$ 三个方向进行找正操作。以已加工的工件安装为例进行找正操作,如果工件上道工序加工合格,工件安装后,在左右和前后方向的平行度误差大概控制在 0.1 mm 以内即可满足加工要求。

以 $Z$ 向找正为例,如图 8-11 所示,工件在 $Z$ 向可能左侧或右侧上翘,为此需要在 $Z$ 向找正,使左侧与右侧在 $Z$ 向位置相同。

将百分表移动到工件左侧靠近固定钳口的位置,使用手轮将百分表触头与工件上表面接触;选择手轮 $Z$ 轴,使百分表触头向下移动 0.5 mm,如图 8-11 所示的左侧百分表指针位置(50);移动 $X$ 轴,将百分表移动到工件右侧靠近活动钳口的位置,观察表盘读数,如图 8-11 所示的右侧百分表指针位置(60),百分表指针同向增加了 10,表明工件的右侧高出左侧 0.1 mm;使用木槌轻轻敲击工件右侧位置,使百分表指针回到 50 刻度处;再次在 $X$ 轴上移动百分表,调整工件的左右侧高度位置,直至使指针波动幅度在公差范围内(根据工件精度确定,如 0.01 mm)。

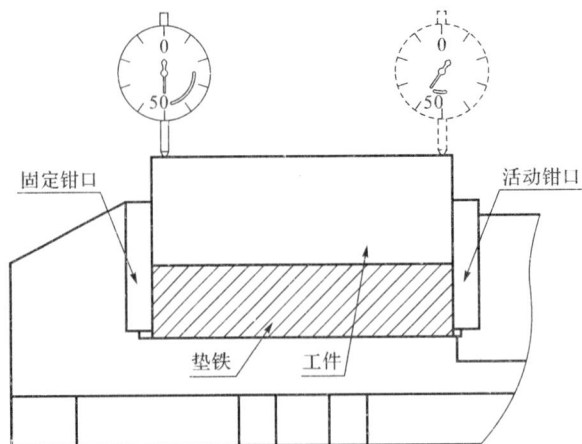

图 8-11　工件 Z 向找正

(6)取下百分表。

## ⊚ 实训作业

1. 平口钳在机床工作台上的水平安装与找正操作。
2. 工件在平口钳上的 Z 向找正操作。

# 项目 9　使用压板装夹工件

## ⊚ 实训目的

通过在数控铣床上的实践训练,学生应掌握使用压板装夹与找正工件的方法。

## ⊚ 实训任务

1. 压板的安装。
2. 工件在压板上的安装与找正。

## ⊚ 实训条件

1. MVC850 数控铣床。

2.M16 压板组件。

3.0～10 mm 量程、0.01 mm 分辨率的百分表。

4.工件毛坯。

5.抹布与毛刷等。

## ◉ 实训内容与步骤

### 一　压板的结构与安装

**1.压板的基本结构**

压板是数控铣床常用的夹具,主要用于夹持大型板类、异形类零件,压板套装如图 9-1 所示,其主要组成元件如图 9-2 所示。

**2.压板的安装**

将 T 形槽螺母依次放入机床工作台 T 形槽中,将双头螺栓一端与 T 形槽连接,将阶梯压板通过中间的空槽穿入双头螺栓,再调整三角垫铁,如图 9-3 所示。

图 9-1　压板套装

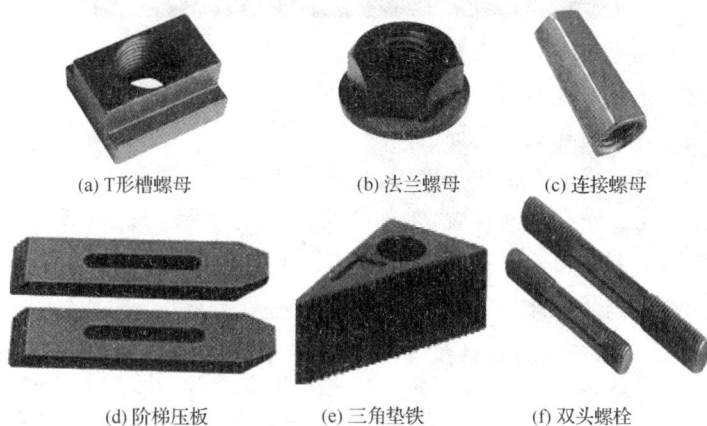

(a)T形槽螺母　(b)法兰螺母　(c)连接螺母

(d)阶梯压板　(e)三角垫铁　(f)双头螺栓

图 9-2　压板套装组成元件

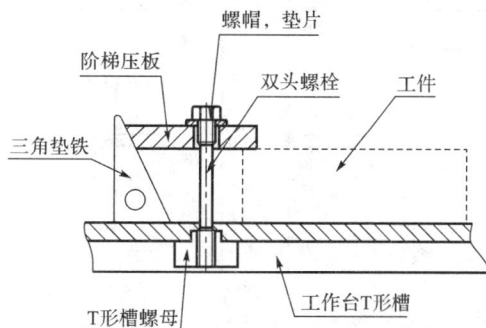

图 9-3　压板安装图

## 二　工件在压板上的安装与找正

### 1. 工件在压板上的安装

图 9-4 所示为压板夹持工件示意图,图 9-5 所示为压板夹持工件实物图。

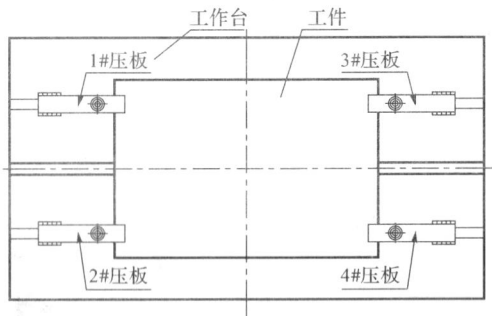

图 9-4　压板夹持工件示意图

图 9-5　压板夹持工件实物图

(1)根据机床工作台 T 形槽尺寸,选择相应尺寸的 T 形槽螺栓及螺母。

(2)清洁工件装夹表面与工作台面。

(3)将工件装夹表面用油石擦拭干净,且要求无毛刺。

(4)将工件安放在工作台中间位置,工件的长、宽方向大致与机床 X、Y 轴分别平行。

(5)将压板从四个方向稍微夹紧工件。

**注意**　当工件较小时,可使用两个压板夹紧工件。压板使用中应保证前低后高,即靠近工件的夹持面应该比后面三角垫铁咬合的面低,保证夹紧力的作用,否则压板将失去夹紧的作用,极易发生危险事故。

### 2. 工件在压板上的找正

图 9-6 所示为压板夹持工件找正前的状态,图 9-7 所示为压板夹持工件找正后的状态。

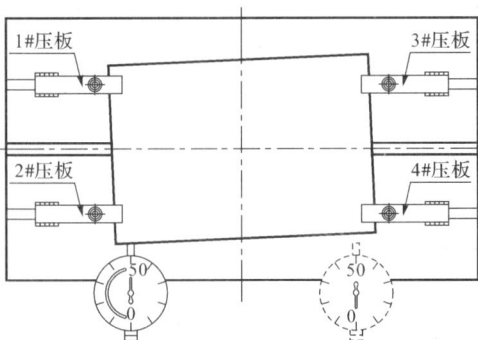

图 9-6　压板夹持工件找正前的状态

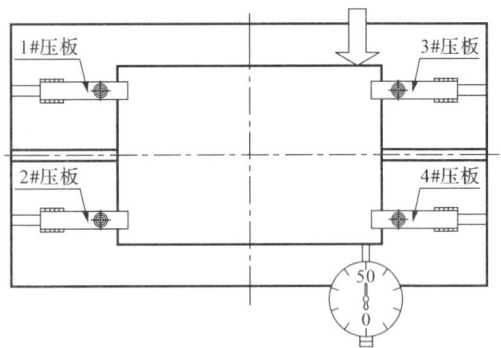

图 9-7　压板夹持工件找正后的状态

工件安装后,需要使用百分表找正工件与 X 轴的平行度误差,以保证加工工件的质量。找正基本步骤如下:

(1)将百分表通过磁性表座吸附在主轴上,并使百分表靠近工件位置。

(2)首先将 2♯压板稍微锁紧,其余三个都不锁紧,使百分表触头与工件左侧接触。

(3)使用手轮 Y 轴,倍率选择"×10"挡,使百分表指针顺时针旋转到 50 刻度。

(4)使用手轮 X 轴,倍率选择"×100"挡,从左侧向右侧移动百分表并观察指针波动。如图 9-6 所示,至右侧位置后,百分表触头已经不与工件接触,右侧相对左侧处于低位。

(5)使用木槌敲击工件右后侧,直到百分表触头与工件接触,表针读数为 0.5 mm,如图 9-7 所示。

(6)将 2♯压板和 3♯压板对角锁紧,使用手轮左右移动百分表,观察表针波动范围,适当调整,直到指针波动幅度在公差范围内。

(7)将 1♯压板和 4♯压板对角锁紧,完成找正。

## ◉ 实训作业

1.压板安装。

2.压板夹持工件并找正。

# 项目 10　典型零件的专用夹具安装与找正

## ◉ 实训目的

通过在数控铣床上的实践训练,学生应掌握典型零件的专用夹具在数控铣床上的安装与找正方法。

## ◉ 实训任务

1.典型零件专用夹具的装夹。

2.工件在专用夹具上的安装与找正。

## ◉ 实训条件

1.MVC850 数控铣床。

2.专用夹具。

3.0~10 mm 量程、0.01 mm 分辨率的百分表。

4.长端桁头零件。

5. 抹布与毛刷等。

## ⬤ 实训内容与步骤

### 一　长端桁头零件的桁头加工夹具装夹

（1）组装完成夹具；清洁工作台面及夹具定位底面。

（2）把夹具放置在工作台中间位置附近，并稍微夹紧，如图 10-1 所示。

（3）将百分表通过磁性表座吸附在主轴上，并使百分表靠近工件定位面的左侧位置，如图 10-2 所示。

（4）把百分表触头放在专用夹具的定位面上，使用手轮功能，选择 $Y$ 轴、"×100"挡，旋转手轮使百分表触头压缩 0.2～0.5 mm。

（5）向右移动百分表，观察百分表指针变化，用铜棒或橡胶锤轻轻敲击工件以调整其位置，控制百分表指针波动幅度在 0.01 mm 之内（1 个格），如图 10-3 所示。

图 10-1　夹具放置位置　　图 10-2　百分表位置（左侧）　　图 10-3　百分表位置（右端）

（6）重复左右移动百分表，百分表指针如一直不变或在 1 个格范围内变化，即可满足夹具的装夹。

### 二　零件装夹

该专用夹具适用于桁头零件的批量生产，夹持已有定位基准的半精加工桁头零件；夹具调整好之后，因为桁头零件加工部位有足够的加工余量及已有的定位经过半精或精加工，所以一般无需对装夹在其上的桁头零件进行找正操作，可直接进行零件加工。装夹桁头零件的专用夹具如图 10-4 所示。

图 10-4　装夹桁头零件的专用夹具

## ⬤ 实训作业

1. 按照上述步骤在机床工作台上安装专用夹具并找正。

2. 在专用夹具上安装零件，并进行找正操作。

# 项目 11　刀具的安装操作

## ⊙ 实训目的

通过在数控铣床上的刀具安装训练,学生应认识常用弹簧夹头刀柄、面铣刀刀柄、钻夹头刀柄、扁尾刀柄及其安全使用方法。

## ⊙ 实训任务

1. 刀柄种类。
2. 刀具、刀柄及拉钉的安装。

## ⊙ 实训条件

1. MVC850 数控铣床。
2. BT40 型、HSK 型刀柄。
3. 各种刀具
4. 工件毛坯。
5. 刀具预调仪。
6. 抹布与毛刷等。
7. 0～10 mm 量程、0.01 mm 分辨率的百分表。

## ⊙ 实训内容与步骤

### 一　认识刀柄与拉钉

**1. 刀柄**

数控铣床和加工中心的主轴锥孔通常分为两大类,即锥度为 7:24 的通用系统和锥度为 1:10 的 HSK 真空系统,相对应的刀柄分为锥度为 7:24 的通用刀柄和锥度为 1:10 的 HSK 真空刀柄。中小型数控铣床和加工中心一般采用锥度为 7:24 的 BT40 型刀柄。BT40 型刀柄及 HSK 型刀柄如图 11-1 所示。

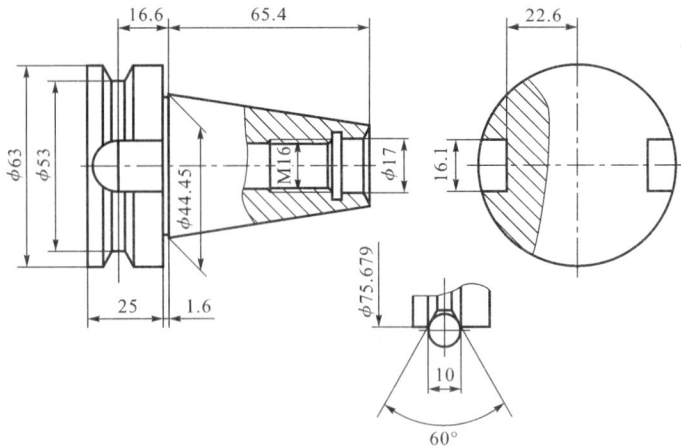

(a) BT40型刀柄

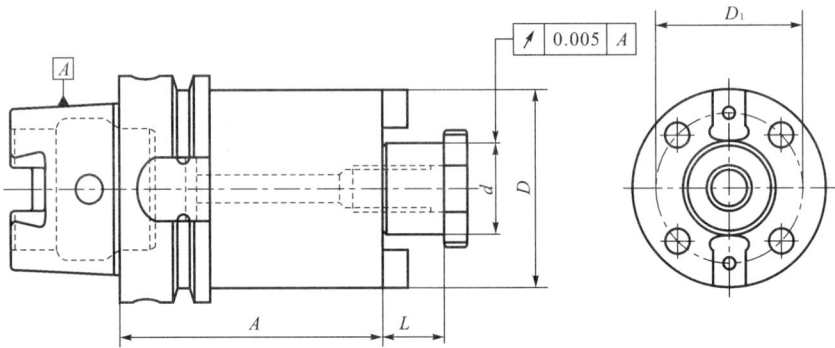

(b) HSK型刀柄

图 11-1  刀柄示意图

　　刀柄通过其锥面和安装的拉钉,并借助机床主轴中的夹紧装置安装到机床主轴上。刀柄和拉钉的类型应根据机床主轴锥孔类型来选择。

　　(1)锥度为 7∶24 的通用刀柄

　　锥度为 7∶24 的通用刀柄通常有五种标准和规格,见表 11-1。

表 11-1　　　　　　　　　　　　　　锥度为 7∶24 的通用刀柄标准

| 标准代号 | 简称 | 国家或组织 | 特点 |
|---|---|---|---|
| DIN 2080 | NT | 德国 | 在传统型机床上通过拉杆将刀柄拉紧,国内也称为 ST;其他四种刀柄均是在加工中心上通过刀柄尾部的拉钉将刀柄拉紧 |
| DIN 69871 | JT/DIN/DV | 德国 | DIN 69871 A/AD 型和 DIN 69871 B 型,前者是中心内冷,后者是法兰盘内冷,其他尺寸相同 |
| ISO 7388/1 | IV/IT | ISO | 其刀柄安装尺寸与 DIN 69871 型没有区别,但由于 ISO 7388/1 型刀柄的拉钉台阶孔直径小于 DIN 69871 型刀柄的拉钉台阶孔直径,所以将 ISO 7388/1 型刀柄安装在 DIN 69871 型锥孔的机床上是没有问题的,但将 DIN 69871 型刀柄安装在 ISO 7388/1 型机床上则有可能会发生干涉 |

续表

| 标准代号 | 简称 | 国家或组织 | 特点 |
|---|---|---|---|
| MAS BT | BT | 日本 | 安装尺寸与 DIN 69871、ISO 7388/1 及 ANSI 型完全不同,不能换用。BT 型刀柄的对称性结构使它比其他三种刀柄的高速稳定性要好 |
| ANSI/ASME | CAT | 美国 | 安装尺寸与 DIN 69871、ISO 7388/1 型类似,由于少一个楔缺口,所以 ANSI B5.50 型刀柄不能安装在 DIN 69871 和 ISO 7388/1 型机床上,DIN 69871 和 ISO 7388/1 型刀柄可以安装在 ANSI B5.50 型机床上 |

（2）锥度为 1∶10 的 HSK 真空刀柄

HSK 真空刀柄的德国标准是 DIN 69873,常用的有三种：HSK-A（带内冷自动换刀）、HSK-C（带内冷手动换刀）和 HSK-E（带内冷自动换刀,高速型）。

锥度为 7∶24 的通用刀柄是靠刀柄的 7∶24 锥面与机床主轴孔的 7∶24 锥面接触定位连接的,在高速加工、连接刚性和重合精度三方面有局限性。

HSK 真空刀柄靠刀柄的弹性变形,不但使刀柄的 1∶10 锥面与机床主轴孔的 1∶10 锥面接触,而且使刀柄的法兰盘面与主轴面也紧密接触,这种双面接触系统在高速加工、连接刚性和重合精度上均优于锥度为 7∶24 的通用刀柄。由于采用锥面和端面双重定位,轴向和径向定位精度较高;通过尾端的键与锥面、端面的摩擦传递扭矩大;锥柄长度短、重量轻、换刀快;由于适合高速机床使用,因此得到迅速推广。HSK 真空刀柄不使用拉钉。

（3）各种刀柄

HSK 型刀柄如图 11-2 所示;BT40 型刀柄如图 11-3 所示。

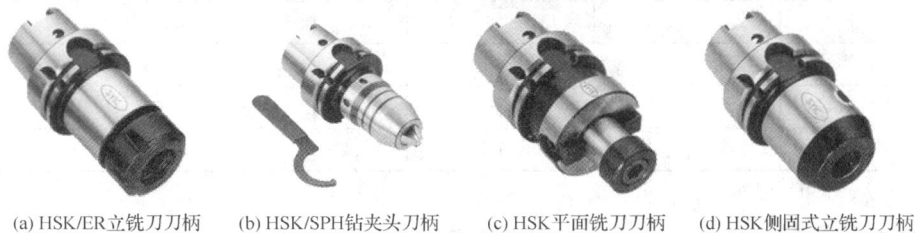

(a) HSK/ER立铣刀刀柄　(b) HSK/SPH钻夹头刀柄　(c) HSK平面铣刀刀柄　(d) HSK侧固式立铣刀刀柄

图 11-2　HSK 型刀柄

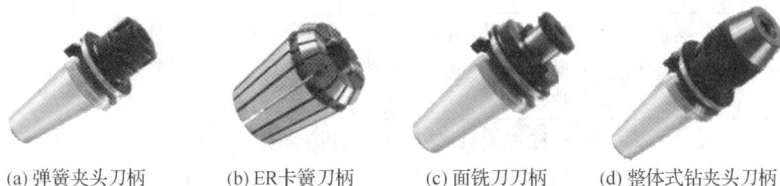

(a) 弹簧夹头刀柄　(b) ER卡簧刀柄　(c) 面铣刀刀柄　(d) 整体式钻夹头刀柄

图 11-3　BT40 型刀柄

**2. 拉钉**

拉钉是连接刀柄和机床主轴的拉紧元件,某一品牌 A 型、B 型拉钉结构如图 11-4、图 11-5 所示,其规格见表 11-2、表 11-3。具体选择哪种拉钉,要根据机床主轴的拉紧机构尺寸确定。

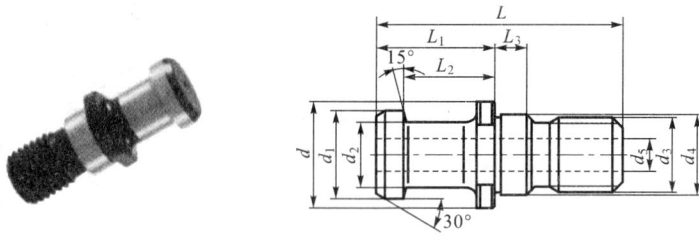

图 11-4　某一品牌 A 型拉钉结构

**表 11-2**　　　　　　　　　　某一品牌 A 型拉钉规格

| 型号 | 尺寸/mm | | | | | | | | | |
|---|---|---|---|---|---|---|---|---|---|---|
| | $L$ | $L_1$ | $L_2$ | $L_3$ | $d$ | $d_1$ | $d_2$ | $d_3$ | $d_4$ | $d_5$ |
| LDA30 | 44 | 24 | 19 | 5 | 17 | 12 | 8 | M12 | 13 | — |
| LDA40 | 54 | 26 | 20 | 7 | 23 | 19 | 14 | M16 | 17 | 7 |
| LDA50 | 74 | 34 | 25 | 10 | 36 | 28 | 21 | M24 | 25 | 11.5 |

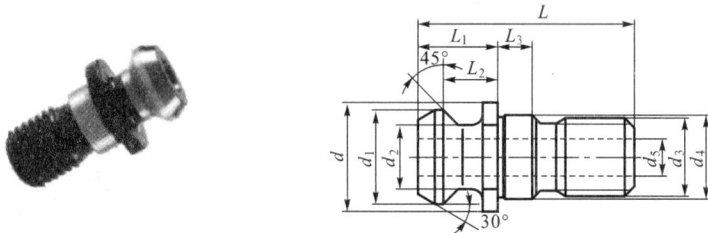

图 11-5　某一品牌 B 型拉钉结构

**表 11-3**　　　　　　　　　　某一品牌 B 型拉钉规格

| 型号 | 尺寸/mm | | | | | | | | | |
|---|---|---|---|---|---|---|---|---|---|---|
| | $L$ | $L_1$ | $L_2$ | $L_3$ | $d$ | $d_1$ | $d_2$ | $d_3$ | $d_4$ | $d_5$ |
| LDB30 | 27 | 11.8 | 8.1 | 5 | 17 | 13.3 | 9.3 | M12 | 13 | — |
| LDB40 | 44.5 | 16.4 | 11.15 | 7 | 22.5 | 18.95 | 12.95 | M16 | 17 | 7 |
| LDB50 | 66.5 | 22.55 | 17.95 | 10 | 36 | 29.1 | 19.6 | M24 | 25 | 11.5 |

（1）拉钉标准，见表 11-4。

**表 11-4**　　　　　　　　　　拉钉标准

| 标准代号 | 国家或组织 | 特点 |
|---|---|---|
| DIN 6988—1987 | 德国 | 有 A 型和 B 型两种：A 型带贯通孔；B 型不带贯通孔，但有密封圈用环形槽，以防止冷却液从尾部泄漏。两种拉钉的拉紧面斜角均为 15°，用于不带钢球的拉紧装置 |
| JIS B 6339—1998 | 日本 | 拉钉的拉紧面斜角为 15°，用于不带钢球的拉紧装置，代号为"xxP"。日本工作机械工业会标准 MAS-403 的拉钉则有 Ⅰ 型（或 A 型）和 Ⅱ 型（或 B 型）两种：Ⅰ 型拉钉的拉紧面斜角为 30°，用于不带钢球的拉紧装置；Ⅱ 型拉钉的拉紧面斜角为 45°，用于带钢球的拉紧装置 |
| AMSE B5.50—1994 | 美国 | 拉钉的拉紧面斜角为 45°，且凸缘与螺纹之间无定心圆柱。螺纹应为 UNC 制螺纹，国内制造商为方便用户使用，也改为对应的公制螺纹，其他尺寸不变 |

（2）各种拉钉，如图11-6所示。

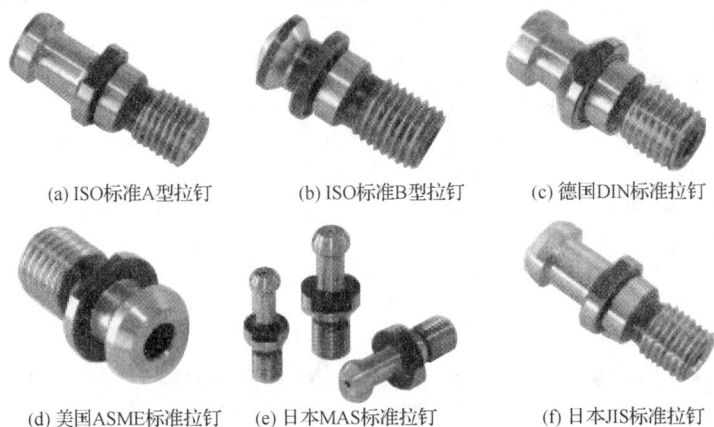

(a) ISO标准A型拉钉　　(b) ISO标准B型拉钉　　(c) 德国DIN标准拉钉

(d) 美国ASME标准拉钉　(e) 日本MAS标准拉钉　(f) 日本JIS标准拉钉

图11-6　各种拉钉

（3）常用的 MAS-403 拉钉，如图11-7、图11-8所示，其规格分别见表11-5、表11-6，其中P30、P40、P50 表示对应的刀柄型号。

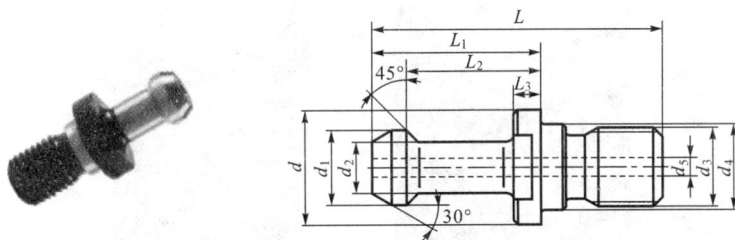

图 11-7　MAS-403 I 型拉钉

表 11-5　　　　　　　　　　　　　　　　MAS-403 I 型拉钉规格

| 型号 | 尺寸/mm | | | | | | | | | | |
|---|---|---|---|---|---|---|---|---|---|---|---|
| | $L$ | $L_1$ | $L_2$ | $L_3$ | $d$ | $d_1$ | $d_2$ | $d_3$ | $d_4$ | $d_5$ | 拉紧面斜角 $\alpha$ |
| P30T-I | 43 | 23 | 18 | 5 | 16.5 | 11 | 7 | M12 | 12.5 | — | 45° |
| P40T-I | 60 | 35 | 28 | 6 | 23 | 15 | 10 | M16 | 17 | 7 | 45° |
| P50T-I | 85 | 45 | 35 | 10 | 38 | 23 | 17 | M24 | 25 | 11.5 | 45° |

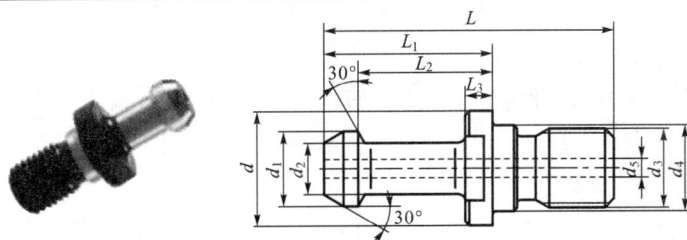

图 11-8　MAS-403 II 型拉钉

表 11-6                                              MAS-403 Ⅱ 型拉钉规格

| 型号 | 尺寸/mm | | | | | | | | | | |
|------|------|-------|-------|-------|------|-------|-------|-------|-------|-------|----------|
| | $L$ | $L_1$ | $L_2$ | $L_3$ | $d$ | $d_1$ | $d_2$ | $d_3$ | $d_4$ | $d_5$ | 拉紧面斜角 $\alpha$ |
| P30T-Ⅱ | 43 | 23 | 18 | 5 | 16.5 | 11 | 7 | M12 | 12.5 | — | 30° |
| P40T-Ⅱ | 60 | 35 | 28 | 6 | 23 | 15 | 10 | M16 | 17 | 7 | 30° |
| P50T-Ⅱ | 85 | 45 | 35 | 10 | 38 | 23 | 17 | M24 | 25 | 11.5 | 30° |

## 二　拉钉与刀柄安装

### 1. 拉钉安装

拉钉属于消耗品,应定期检查是否有刻痕和擦伤,拉钉拆卸后应及时清洁表面。拉钉安装到刀柄上的基本步骤如下:

(1)将刀柄安装在卸刀座上,如图 11-9 所示。

(2)将拉钉按顺时针旋入刀柄尾部,并用扳手旋紧在刀柄上,如图 11-10 所示。

拉钉拆卸过程与旋紧过程正好相反。

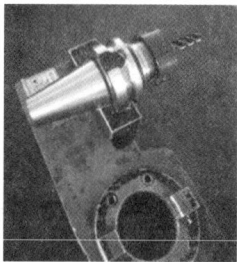

图 11-9　安装拉钉前　　　　　图 11-10　拉钉安装

### 2. 弹簧夹头刀柄的使用

以 BT40 型弹簧夹头刀柄夹持的 $\phi$10 mm 立铣刀为例。

(1)选择刀柄,根据加工条件,选择表 11-7 中的 BT40-ER32-70 型刀柄。

(2)确定卡簧型号:根据选择的 BT40-ER32-70 型刀柄,见表 11-7,确定其对应的卡簧为 ER32。

(3)确定卡簧具体规格:根据 $\phi$10 mm 刀具选择卡簧规格,见表 11-8,确定卡簧具体规格为 ER32-10。

(4)将刀柄锥部用抹布擦干净。

(5)将刀柄放入卸刀座,并拆卸下螺母及卡簧,如图 11-11 所示。

(6)清洁已选择卡簧 ER32-10,将卡簧压入锁紧螺母,如图 11-12 所示。

(7)将卡簧(连同锁紧螺母)一同装入刀柄中,如图 11-13 所示。

(8)将 $\phi$10 mm 立铣刀装入卡簧孔中,根据需要测量刀具伸出长度,如图 11-14 所示。

(9)用扳手顺时针锁紧螺母,如图 11-15 所示。

表 11-7　　　　　　　　　　　　　　　　　　BT 型刀柄规格

| 型号 | 锥柄形式 | 尺寸/mm | | 螺母 | 可选择附件 | | |
| | | d | l | | 扳手 | 卡簧 | 螺钉 |
|---|---|---|---|---|---|---|---|
| BT40-ER11-70 | BT40 | 19 | 70 | LN11 | WER11 | ER11 | SGC060150 |
| BT40-ER11-100 | | | 100 | | | | |
| BT40-ER11-160 | | | 160 | | | | |
| BT40-ER11-200 | | | 200 | | | | |
| BT40-ER16-70 | BT40 | 28 | 70 | LN16 | WER16 | ER16 | SGC100150 |
| BT40-ER16-100 | | | 100 | | | | |
| BT40-ER16-160 | | | 160 | | | | |
| BT40-ER16-200 | | | 200 | | | | |
| BT40-ER20-70 | BT40 | 34 | 70 | LN20 | WER20 | ER20 | SGC120200 |
| BT40-ER20-100 | | | 100 | | | | |
| BT40-ER20-160 | | | 160 | | | | |
| BT40-ER20-200 | | | 200 | | | | |
| BT40-ER25-70 | BT40 | 42 | 70 | LN25 | WER25 | ER25 | SGC160200 |
| BT40-ER25-100 | | | 100 | | | | |
| BT40-ER25-160 | | | 160 | | | | |
| BT40-ER25-200 | | | 200 | | | | |
| BT40-ER32-70 | BT40 | 50 | 70 | LN32 | WER32 | ER32 | SGC200250 |
| BT40-ER32-100 | | | 100 | | | | |
| BT40-ER32-160 | | | 160 | | | | |
| BT40-ER32-200 | | | 200 | | | | |
| BT40-ER40-70 | BT40 | 63 | 70 | LN40 | WER40 | ER40 | SGC280250 |
| BT40-ER40-100 | | | 100 | | | | |
| BT40-ER40-160 | | | 160 | | | | |

表 11-8　　　　　　　　　　　　　　　　　　卡簧规格

| ER11 | | ER16 | | ER20 | | ER25 | | ER32 | | ER40 | |
| 型号 | 夹持范围/mm | 型号 | 夹持范围/mm | 型号 | 夹持范围/mm | 型号 | 夹持范围/mm | 型号 | 夹持范围/mm | 型号 | 夹持范围/mm |
|---|---|---|---|---|---|---|---|---|---|---|---|
| ER11-1 | 0.5~1.0 | ER16-1 | 0.5~1.0 | ER20-2 | 1.0~2.0 | ER25-2 | 1.0~2.0 | ER32-3 | 2.0~3.0 | ER40-4 | 3.0~4.0 |
| ER11-1.5 | 1.0~1.5 | ER16-2 | 1.0~2.0 | ER20-3 | 2.0~3.0 | ER25-3 | 2.0~3.0 | ER32-4 | 3.0~4.0 | ER40-5 | 4.0~5.0 |
| ER11-2 | 1.5~2.0 | ER16-3 | 2.0~3.0 | ER20-4 | 3.0~4.0 | ER25-4 | 3.0~4.0 | ER32-5 | 4.0~5.0 | ER40-6 | 5.0~6.0 |
| ER11-2.5 | 2.0~2.5 | ER16-4 | 3.0~4.0 | ER20-5 | 4.0~5.0 | ER25-5 | 4.0~5.0 | ER32-6 | 5.0~6.0 | ER40-7 | 6.0~7.0 |
| ER11-3 | 2.5~3.0 | ER16-5 | 4.0~5.0 | ER20-6 | 5.0~6.0 | ER25-6 | 5.0~6.0 | ER32-7 | 6.0~7.0 | ER40-8 | 7.0~8.0 |

| ER11 | | ER16 | | ER20 | | ER25 | | ER32 | | ER40 | |
|---|---|---|---|---|---|---|---|---|---|---|---|
| 型号 | 夹持范围/mm | 型号 | 夹持范围/mm | 型号 | 夹持范围/mm | 型号 | 夹持范围/mm | 型号 | 夹持范围/mm | 型号 | 夹持范围/mm |
| ER11-3.5 | 3.0～3.5 | ER16-6 | 5.0～6.0 | ER20-7 | 6.0～7.0 | ER25-7 | 6.0～7.0 | ER32-8 | 7.0～8.0 | ER40-9 | 8.0～9.0 |
| ER11-4 | 3.5～4.0 | ER16-7 | 6.0～7.0 | ER20-8 | 7.0～8.0 | ER25-8 | 7.0～8.0 | ER32-9 | 8.0～9.0 | ER40-10 | 9.0～10 |
| ER11-4.5 | 4.0～4.5 | ER16-8 | 7.0～8.0 | ER20-9 | 8.0～9.0 | ER25-9 | 8.0～9.0 | ER32-10 | 9.0～10 | ER40-11 | 10～11 |
| ER11-5 | 4.5～5.0 | ER16-9 | 8.0～9.0 | ER20-10 | 9.0～10 | ER25-10 | 9.0～10 | ER32-11 | 10～11 | ER40-12 | 11～12 |
| ER11-5.5 | 5.0～5.5 | ER16-10 | 9.0～10 | ER20-11 | 10～11 | ER25-11 | 10～11 | ER32-12 | 11～12 | ER40-13 | 12～13 |
| ER11-6 | 5.5～6.0 | | | ER20-12 | 11～12 | ER25-12 | 11～12 | ER32-13 | 12～13 | ER40-14 | 13～14 |
| ER11-6.5 | 6.0～6.5 | | | ER20-13 | 12～13 | ER25-13 | 12～13 | ER32-14 | 13～14 | ER40-15 | 14～15 |
| ER11-7 | 6.5～7.0 | | | | | ER25-14 | 13～14 | ER32-15 | 14～15 | ER40-16 | 15～16 |
| | | | | | | ER25-15 | 14～15 | ER32-16 | 15～16 | ER40-17 | 16～17 |
| | | | | | | ER25-16 | 15～16 | ER32-17 | 16～17 | ER40-18 | 17～18 |
| | | | | | | | | ER32-18 | 17～18 | ER40-19 | 18～19 |
| | | | | | | | | ER32-19 | 18～19 | ER40-20 | 19～20 |
| | | | | | | | | ER32-20 | 19～20 | ER40-21 | 20～21 |
| | | | | | | | | | | ER40-22 | 21～22 |
| | | | | | | | | | | ER40-23 | 22～23 |
| | | | | | | | | | | ER40-24 | 23～24 |
| | | | | | | | | | | ER40-25 | 24～25 |
| | | | | | | | | | | ER40-26 | 25～26 |

图 11-11　拆卸螺母与卡簧

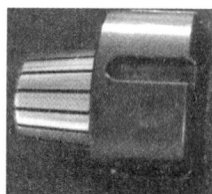

图 11-12　卡簧压入锁紧螺母

图 11-13　卡簧(连同锁紧螺母)装入刀柄

图 11-14　刀具装入卡簧

图 11-15　锁紧螺母

### 3. 无扁尾莫氏圆锥孔刀柄的使用

无扁尾莫氏圆锥孔刀柄用于装夹无扁尾莫氏圆锥柄的铣刀,莫氏锥度刀柄内孔锥度号有1~6,对应铣刀的刀柄莫氏锥度号有1~6,通过刀柄内部的螺钉拉紧铣刀的方式来实现刀具的固定。无扁尾莫氏圆锥孔刀柄结构如图11-16所示,其规格见表11-9;无扁尾莫氏圆锥柄的铣刀如图11-17所示,其规格见表11-10。

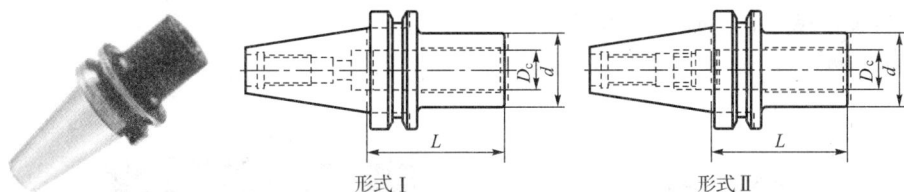

图11-16 无扁尾莫氏圆锥孔刀柄结构

表 11-9　　　　　　　　　　无扁尾莫氏圆锥孔刀柄规格

| 型号 | 锥柄形式 | 莫氏锥度 | 尺寸/mm | | | 螺钉 | 扳手 | 螺母 | 安装铣刀直径 | 形式 |
|---|---|---|---|---|---|---|---|---|---|---|
| | | | $D_c$ | $d$ | $L$ | | | | | |
| BT40-MW1-50 | BT40 | MT1 | 12.065 | 27 | 50 | SCC060250 | S5 | — | 6~12 | I |
| BT40-MW2-50 | BT40 | MT2 | 17.78 | 32 | 50 | SCC100300A | S8 | | 14~20 | II |
| BT40-MW3-70 | BT40 | MT3 | 23.825 | 40 | 70 | SCC120350A | S10 | SSC050060 | 22~36 | II |
| BT40-MW4-95 | BT40 | MT4 | 31.267 | 50 | 95 | SCC160400B | S12 | | 32~56 | II |
| BT50-MW1-50 | BT50 | MT1 | 12.065 | 27 | 50 | SCC060250 | S5 | | 6~12 | I |
| BT50-MW2-60 | BT50 | MT2 | 17.78 | 32 | 60 | SCC100300 | S8 | — | 14~20 | I |
| BT50-MW3-65 | BT50 | MT3 | 23.825 | 40 | 65 | SCC120350 | S10 | | 22~36 | I |
| BT50-MW4-70 | BT50 | MT4 | 31.267 | 50 | 70 | SCC160400A | S14 | | 36~56 | I |
| BT50-MW5-105 | BT50 | MT5 | 44.399 | 78 | 105 | SCC200450A | S17 | SSC050120 | 40~71 | II |

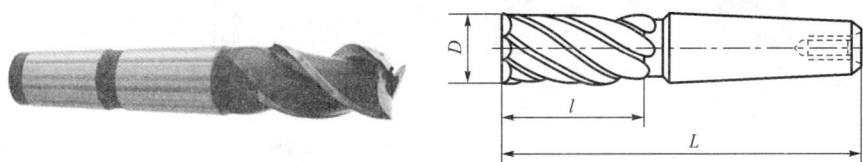

图11-17 无扁尾莫氏圆锥柄的铣刀

表 11-10　　　　　　　　　　无扁尾莫氏圆锥柄的铣刀规格

| 直径 $D$/mm | 全长 $L$/mm | 刃长 $l$/mm | 莫氏锥柄号 | 直径 $D$/mm | 全长 $L$/mm | 刃长 $l$/mm | 莫氏锥柄号 |
|---|---|---|---|---|---|---|---|
| 14 | 96 | 26 | 1 | 22 | 123 | 38 | 2 |
| 16 | 117 | 32 | 2 | 32 | 155 | 53 | 3 |
| 18 | 117 | 32 | 2 | 32 | 178 | 53 | 4 |
| 20 | 140 | 38 | 3 | 36 | 155 | 53 | 3 |
| 22 | 140 | 38 | 3 | 40 | 221 | 63 | 5 |

无扁尾莫氏圆锥孔刀柄的使用步骤如下：

(1)根据铣刀直径和锥柄型号选择相应的刀柄。

(2)清洁刀柄并放入到卸刀座上，并拆卸下刀柄拉钉，如图 11-18 所示。

(3)将图 11-19 所示的锥柄铣刀装入刀柄锥孔中，用内六角螺钉扳手从刀柄中锁紧铣刀，如图 11-20 所示。

(4)装上刀柄拉钉并锁紧即可，如图 11-21 所示。

图 11-18　拆卸拉钉

图 11-20　锁紧铣刀

图 11-19　铣刀锥柄

图 11-21　旋紧拉钉

**4. 有扁尾莫氏圆锥孔刀柄的使用**

有扁尾莫氏圆锥孔刀柄用于装夹带有扁尾莫氏圆锥柄的麻花钻头(或铰刀)，莫氏锥度刀柄内孔锥度号有 1～6，对应铣刀的刀柄莫氏锥度号有 1～6。通过麻花钻头上的扁尾与锥柄内孔槽配合来实现钻头的固定。有扁尾莫氏圆锥孔刀柄结构如图 11-22 所示，其规格见表 11-11；有扁尾莫氏圆锥柄的麻花钻头如图 11-23 所示，其规格见表 11-12。

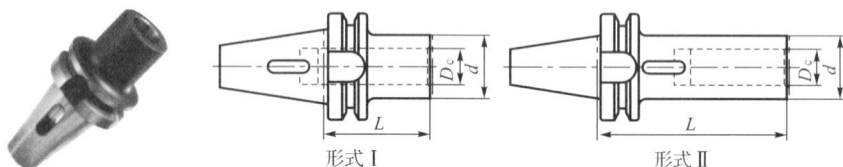

形式Ⅰ　　　　　形式Ⅱ

图 11-22　有扁尾莫氏圆锥孔刀柄结构

表 11-11　　　　　　　　　有扁尾莫氏圆锥孔刀柄规格

| 型号 | 锥柄形式 | 莫氏锥度 | 尺寸/mm | | | 安装钻头直径/mm | 形式 |
|---|---|---|---|---|---|---|---|
| | | | $D_c$ | $d$ | $L$ | | |
| BT30-M1-45 | BT30 | MT1 | 12.065 | 25 | 45 | 3～14 | I |
| BT30-M2-60 | BT30 | MT2 | 17.780 | 32 | 60 | 14.25～23 | I |
| BT40-M1-50 | BT40 | MT1 | 12.065 | 25 | 50 | 3～14 | I |
| BT40-M1-120 | | | | | 120 | | II |

| 型号 | 锥柄形式 | 莫氏锥度 | 尺寸/mm | | | 安装钻头直径/mm | 形式 |
| --- | --- | --- | --- | --- | --- | --- | --- |
| | | | $D_c$ | $d$ | $L$ | | |
| BT40-M2-50 | BT40 | MT2 | 17.780 | 32 | 50 | 14.25～23 | I |
| BT40-M2-120 | | | | | 120 | | II |
| BT40-M3-70 | BT40 | MT3 | 23.825 | 40 | 70 | 23.25～31.75 | I |
| BT40-M3-135 | | | | | 135 | | II |
| BT40-M4-95 | BT40 | MT4 | 31.267 | 50 | 95 | 32～50.5 | I |
| BT40-M4-165 | | | | | 165 | | II |

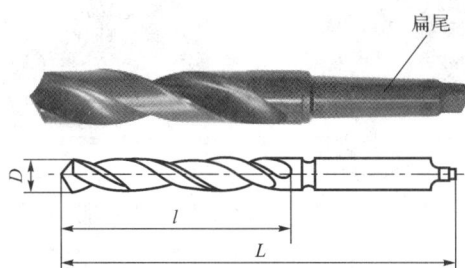

图 11-23 有扁尾莫氏圆锥柄的麻花钻头

表 11-12　　　　　　　　　　有扁尾莫氏圆锥柄的麻花钻头规格

| 直径 $D$/mm | 全长 $L$/mm | 刃长 $l$/mm | 莫氏锥柄号 | 直径 $D$/mm | 全长 $L$/mm | 刃长 $l$/mm | 莫氏锥柄号 |
| --- | --- | --- | --- | --- | --- | --- | --- |
| 10.00 | 168 | 87 | 1 | 24.00 | 281 | 160 | 3 |
| 16.00 | 218 | 120 | 2 | 33.00 | 334 | 185 | 4 |
| 20.00 | 238 | 140 | 2 | | | | |

有扁尾莫氏圆锥孔刀柄的使用步骤如下：

(1)根据麻花钻头直径和锥柄型号选择相应的刀柄。

(2)清洁刀柄并放入到卸刀座上,如图 11-24 所示。

(3)将麻花钻头的扁尾水平方向对准刀柄的缺口,如图 11-25 所示;用力插入刀柄中,如图 11-26 所示。

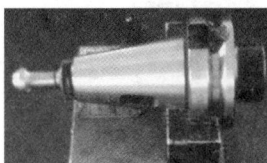

图 11-24 刀柄装夹前

图 11-25 对准

(4)拆卸刀具时,将楔铁插入到刀柄锥面的椭圆形槽中,敲击刀具柄部扁尾,如图 11-27所示。

图 11-26　用力推入　　　　　　　　　图 11-27　拆卸

**5. 面铣刀刀柄的使用**

(1)将刀柄装入刀柄座,旋下刀柄端部螺母,如图 11-28 所示。

(2)清洁连接铣刀盘的轴径,如图 11-29 所示。

图 11-28　拆卸螺母　　　　　　　图 11-29　清洁

　　(3)将图 11-30 所示的铣刀盘缺口对准刀柄上的刀柄端面键,将铣刀盘装在刀柄上,如图 11-31 所示。

　　(4)旋紧螺母,如图 11-32 所示。

图 11-30　铣刀盘　　　　　　图 11-31　对准　　　　　　图 11-32　旋紧

**6. 钻夹头刀柄的使用**

(1)将刀柄装入刀柄座,如图 11-33 所示。

(2)手动或使用工具旋松钻夹头,如图 11-34 所示。

(3)清洁钻夹头装夹表面,装入钻头与旋紧夹头,如图 11-35 所示。

图 11-33　旋松前　　　　　图 11-34　旋松　　　　　图 11-35　旋紧

**注意**　上述刀具及其附件的拆卸与安装过程基本相反,不再叙述。

## ⊙ 实训作业

1. 面铣刀刀柄的安装与拆卸。

2.钻夹头刀柄的安装与拆卸。

3.有扁尾莫氏圆锥孔刀柄的安装与拆卸。

4.弹簧夹头刀柄的安装与拆卸。

5.无扁尾莫氏圆锥孔刀柄的安装与拆卸。

6.拉钉型号与刀柄型号的选择方法。

# 项目 12　手动换刀

## ◉ 实训目的

通过在数控铣床上的刀具安装与拆卸训练,学生应掌握在数控铣床上采用手动换刀的操作方法。

## ◉ 实训任务

1.往主轴上安装刀柄。

2.从主轴上拆卸下刀柄。

## ◉ 实训条件

1.MVC850 数控铣床。

2.BT40 型刀柄。

3.主轴清洁棒等。

## ◉ 实训内容与步骤

### 一　往主轴上安装刀柄

拉钉及刀具安装到刀柄上之后,就要把刀柄安装到机床主轴上,其操作步骤如下:

(1)清洁刀柄锥面。

(2)使用专用的主轴清洁棒清洁主轴锥孔,如图 12-1 所示。

(3)将机床操作面板上的模式旋钮置于手动模式"JOG"。

(4)左手握住刀柄,将刀柄缺口对准主轴端面键垂直伸入到主轴锥孔内,如图 12-2 所示。

(5)同时,右手按住主轴上的换刀按钮,此时,压缩空气从主轴锥孔内吹出以清洁主轴锥孔及刀柄锥面;直至刀柄锥面与主轴锥孔完全贴合并吸附住,松开按钮,刀柄即被拉紧,如图 12-3 所示。

(6)左右或上下晃动刀柄,确定刀柄被拉紧后才能松手。

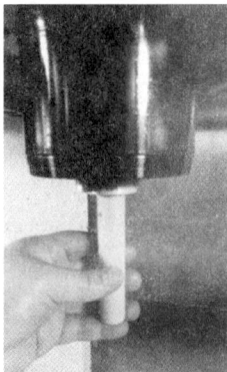

| 图 12-1 清洁主轴锥孔 | 图 12-2 正在安装 | 图 12-3 安装结束 |

## 二 从主轴上拆卸下刀柄

刀柄使用结束之后,要从机床主轴上拆卸下来,其操作步骤如下:

(1)将机床操作面板上的模式旋钮置于手动模式"JOG"。

(2)用左手握住主轴上的刀柄。

(3)用右手按换刀按钮,如图 12-2 所示,主轴夹紧装置松开刀柄。

**注意** 不能先按换刀按钮,否则刀具会掉到工作台上,损伤工作台及刀具。

(4)取下刀柄。

## ◉ 实训作业

1.把刀柄装入机床主轴。

2.从机床主轴上拆卸下刀柄。

# 项目 13 加工中心换刀

## ◉ 实训目的

通过在加工中心上的刀具安装与拆卸训练,学生应掌握用换刀指令向加工中心刀库装入刀具及自动换刀的操作方法。

## 实训任务

1. 刀具装入刀库的方法及操作。
2. 把刀库中的刀具装到主轴上的方法及操作。
3. 选刀与换刀指令。

## 实训条件

1. VMC850 立式加工中心。
2. BT40 型刀柄。
3. 拉钉。
4. 刃具。
5. 主轴清洁棒等。

## 实训内容与步骤

本项目所指的刀具是由刀柄、刃具及拉钉组成的一个系统。

### 一　刀具装入刀库的方法及操作

当加工所需要的刀具比较多时,要将全部刀具在加工之前根据工艺设计放置到刀库中,并给每一把刀具设定刀具号码,然后由程序调用。具体步骤如下:

(1)把拉钉、刀具装入到刀柄上,组成刀具系统。

(2)选择较低的快速进给速度,如图 13-1 所示。

(3)选择 MDI 输入方式,如图 13-2 所示。

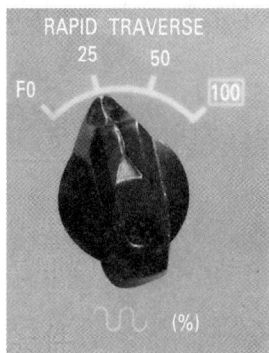

图 13-1　选择进给倍率

图 13-2　选择 MDI 输入方式

(4)手动将编号为 $n$ 的刀具装到主轴上,此时主轴上刀具即为 $n$ 号刀具(例如,把 01 号刀具手动装入机床主轴上,向主轴上装入刀具的具体操作方法见"项目 12 手动换刀")。

(5)手动输入"Tn M06"之后,再按机床操作面板上的循环启动按钮"CYCLE START",换刀装置则把 $n$ 号刀具装入到刀库中(如 T01 M06)。

(6)其他刀具按照以上步骤依次放入刀库。

## 二　把刀库中的刀具装到主轴上的方法及操作

刀库中的刀具不再使用或需要更换时,需要把刀库中的刀具更换到主轴上,再用人工方式把主轴上的刀具拆卸下来,其具体步骤如下:

(1)选择较低的快速进给速度,如图 13-1 所示。

(2)选择 MDI 输入方式,如图 13-2 所示。

(3)手动输入"Tn M06"之后,按机床操作面板上的循环启动按钮,则刀库中的 $n$ 号刀具被装入到主轴上。

(4)再用手动方法把 $n$ 号刀具从主轴上拆卸下来,从主轴上把刀具拆卸下来的具体操作方法见"项目 12 手动换刀"。

## ◉ 实训作业

1.把刀具装入加工中心的刀库中。

2.把加工中心刀库中的刀具安装到主轴上。

3.把主轴上的刀具取下来。

# 项目 14　对刀操作

## ◉ 实训目的

通过在数控铣床上的对刀实践操作,学生应掌握对刀操作的方法,并能根据对刀数据进行换算与系统参数设置。

## ◉ 实训任务

1.切削方式对刀步骤。

2.使用寻边器、塞尺的非切削方式对刀步骤。

3.对刀坐标值计算及象限确定。

4.数据换算及参数设置。

## ◉ 实训条件

1.MVC850 数控铣床或 VMC850 加工中心。

2.BT40 型刀柄。

3. 拉钉。

4. 刃具。

5. 主轴清洁棒。

6. 塞尺。

7. Z 向设定仪。

8. $\phi$10 mm 寻边器。

9. 0～150 mm 游标卡尺。

10. 0～10 mm 量程、0.01 mm 分辨率的百分表。

## 实训内容与步骤

### 一　切削方式对刀概述

**1. 切削方式对刀概念**

主轴旋转后,使用手轮使刀具与工件为轻微切削状态的接触,把刀具尺寸、工件尺寸及机床机械坐标系值进行综合运算,得到工件坐标系的方法,即为切削方式对刀。图 14-1 所示为切削方式对刀示意图。

切削方式对刀的优点是简单、易学;缺点是或多或少切削工件,计算坐标系结果不精确。简单粗加工、精度要求不高的加工及加工余量较大的工件加工,适用于此方法。

图 14-1　切削方式对刀示意图

**2. 对刀坐标值计算及象限确定**

（1）坐标值计算

如图 14-2 所示,工件坐标系零点设在工件中心;工件长度为 100 mm,宽度为 80 mm,刀具直径为 $\phi$16 mm。刀具中心在 X 方向上的坐标值＝刀具半径＋工件长度的 1/2;刀具中心在 Y 方向上的坐标值＝刀具半径＋工件宽度的 1/2;通过计算,图 14-2 所示的刀具中心的坐标为(58,48)。

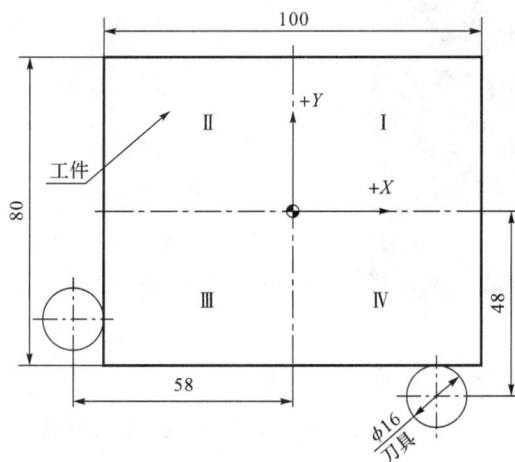

图 14-2　工件与象限

（2）象限的确定

对刀时，刀具在不同的象限，其坐标方向不同。如图 14-2 所示，刀具在第一象限，则为 ＋X＋Y；第二象限，－X＋Y；第三象限，－X－Y；第四象限，＋X－Y。如图 14-2 所示，如果刀具在工件左侧对刀，刀具可能在第Ⅱ、Ⅲ象限，X 坐标为－58；如果刀具在工件前侧对刀，刀具可能在第Ⅲ、Ⅳ象限，Y 坐标为－48。

思考：对刀刀具在工件后侧、右侧时，刀具中心的 X、Y 坐标为多少？

## 二  切削方式对刀实施步骤

### 1. Z 轴对刀

（1）将装有 φ16 mm 刀具的刀柄安装到机床主轴上。

（2）选择手动数据输入模式"MDI"。

（3）按程序键 PROG ，之后进入到 MDI 界面并进行如下操作：

①按换行键 EOB/E ，再按插入键 INSERT ；

②输入"M03 S600"，按换行键 EOB/E ；之后再按插入键 INSERT ；

③按光标移动键 ↑ ，使光标移到程序的最头部。

（4）按循环启动按钮"CYCLE START"，启动主轴正转。

（5）选择机床操作面板上的手轮模式"HANDLE"，操作手轮。

（6）选择手轮上的 X 轴或 Y 轴，倍率选择"×10"挡，将刀具移动至工件上表面约 20 mm 位置。

（7）倍率选择"×10"挡，选择 Z 轴，缓慢下移刀具，直到刀具轻微接触到工件上表面，如图 14-3 所示。

（8）保持 Z 轴不移动，按"OFS/SET"软键，再按"坐标系"软键，把光标移动到 G54 坐标系中的 Z 轴位置，输入"Z0"，之后再按"测量"软键，即把工件上表面作为工件坐标系的 Z0 位置，如图 14-4 所示。

| 工件坐标系设定 | | | | O1322  N01322 |
|---|---|---|---|---|
| （G54） | | | | |
| 番号 | | 数据 | 番号 | 数据 |
| 00 | X | 0.000 | 02 X | －386.807 |
| (EXT) | Y | 0.000 | (G55) Y | －183.533 |
| | Z | 0.000 | Z | －361.794 |
| | | | | |
| 01 | X | －514.000 | 03 X | －398.231 |
| (G54) | Y | －229.000 | (G56) Y | －184.146 |
| | Z | －185.120 | Z | －377.511 |
| | | | | |
| Z0_ | | | | S    0 L 0% |
| JOG ****  ***  *** | | | 12:57:09 | |
| （NO检索）（测量）（c.输入）（+输入）（输入） | | | | |

图 14-3  Z 轴对刀                 图 14-4  Z 轴测量

（9）使用手轮，顺时针摇动，将 Z 轴抬起约 20 mm，Z 轴测量结束。

**思考**  对刀在工件上表面，如把工件坐标系 Z0 位置设定在距工件上表面下方 5 mm 处，该如何设置？

**2. X 轴对刀**

保持主轴转动,在手轮模式"HANDLE"状态下:

(1)选择 X 轴,倍率选择"×100"挡,将刀具移动到工件左侧。

(2)选择 Z 轴,倍率选择"×10"挡,将刀具缓慢向下移动到距离工件上表面 5 mm 位置,如图 14-5 所示。

(3)选择 X 轴,顺时针缓慢摇动手轮,直到刀具与工件左侧轻微接触。

(4)保持 X 轴不移动,按"OFS/SET"软键,再按"坐标系"软键,把光标移动到 G54 坐标系中的 X 轴位置,输入"X−58",之后再按"测量"软键,如图 14-6 所示。

(5)选择 Z 轴,顺时针摇动手轮,将 Z 轴抬起约 20 mm,X 轴测量结束。

图 14-5　X 轴对刀

工件坐标系设定　　　　　　O1322 N01322
(G54)
| 番号 | | 数据 | 番号 | | 数据 |
|---|---|---|---|---|---|
| 00 | X | 0.000 | 02 | X | −386.807 |
| (EXT) | Y | 0.000 | (G55) | Y | −183.533 |
| | Z | 0.000 | | Z | −361.794 |
| 01 | X | −365.000 | 03 | X | −398.231 |
| (G54) | Y | −229.000 | (G56) | Y | −184.146 |
| | Z | −185.120 | | Z | −377.511 |

X−58_　　　　　　　　　　　　　S　　0 L 0%
JOG **** *** ***　　　　12:59:57
(NO检索)(测量)(c.输入)(+输入)(输入)

图 14-6　X 轴测量

**思考** 对刀在工件左侧,如果工件坐标系设定在距离工件左侧 20 mm,该如何设置?

**3. Y 轴对刀**

保持主轴转动,在手轮模式"HANDLE"状态下:

(1)选择 Y 轴,倍率选择"×100"挡,将刀具移动到工件前侧。

(2)选择 Z 轴,倍率选择"×10"挡,将刀具缓慢向下移动到距离工件上表面 5 mm 位置,如图 14-7 所示。

(3)选择 Y 轴,顺时针缓慢摇动手轮,直到刀具与工件外侧轻微接触。

(4)保持 Y 轴不移动,按"OFS/SET"软键,再按"坐标系"软键,把光标移动到 G54 坐标系中的 Y 轴位置,输入"Y−48",之后再按"测量"软键,如图 14-8 所示。

(5)选择 Z 轴,顺时针摇动手轮,将 Z 轴抬起约 20 mm,Y 轴测量结束。

图 14-7　Y 轴对刀

工件坐标系设定　　　　　　O2088 N02088
(G54)
| 番号 | | 数据 | 番号 | | 数据 |
|---|---|---|---|---|---|
| 00 | X | 0.000 | 02 | X | 0.000 |
| (EXT) | Y | 0.000 | (G55) | Y | 0.000 |
| | Z | 0.000 | | Z | 0.000 |
| 01 | X | −514.000 | 03 | X | 0.000 |
| (G54) | Y | −246.475 | (G56) | Y | 0.000 |
| | Z | −67.660 | | Z | 0.000 |

Y−48_　　　　　　　　　　　　　S　　0 L 0%
EDIT **** *** ***　　　　05:10:00
(NO检索)(测量)(c.输入)(+输入)(输入)

图 14-8　Y 轴测量

**注意** 这三个轴对刀无顺序要求,先对哪个都可以。

## 三 非切削方式对刀

### 1. 塞尺方式对刀

塞尺方式对刀步骤与切削方式对刀步骤基本相同,只是对刀时主轴不需要旋转,在刀具和工件之间加入塞尺(或块规),以塞尺恰好不能自由抽动为准,计算时将塞尺厚度减去。

优点:不需要主轴旋转,不会留下切削痕迹。

缺点:塞尺的抽动全凭手感,对刀精度略微差些。

### 2. 寻边器对刀

寻边器主要有机械式寻边器和光电式寻边器两种。

(1)机械式寻边器

机械式寻边器是利用可偏心旋转的两部分圆柱进行工作的,当这两部分圆柱在旋转时调整到同心,此时机床主轴中心距被测表面的距离为测量圆柱半径值。常用于工件上已加工表面的对刀。机械式寻边器 $X$ 轴方向对刀示意图如图 14-9、图 14-10 所示。

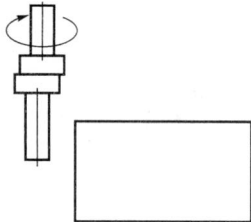

图 14-9　对刀前状态　　　　图 14-10　对刀后状态

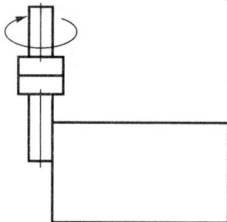

使用机械式寻边器对刀的注意事项如下:

①主轴必须旋转,转速不要超过 700 r/min。

②保证寻边器和工件接触面的清洁。

③寻边器将要接触工件时,手轮倍率调到"×10"挡。

④使用中请勿强行拉扯寻边器。

(2)光电式寻边器

光电式寻边器是利用金属导电原理进行工作的,只要光电式寻边器金属球接触到金属工件,形成回路,灯泡就会点亮,蜂鸣器也会响,表明对刀状态数据已获得。通过光电式寻边器的指示和机床 NC 系统操作面板上的坐标位置,可得到被测工件表面的坐标位置。常用于工件上已加工表面的对刀。光电式寻边器 $X$ 轴方向对刀示意图如图 14-11、图 14-12 所示。

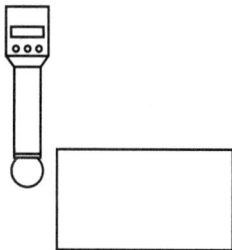

图 14-11　对刀前状态　　　　图 14-12　对刀后状态

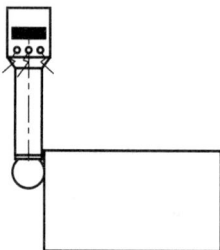

机械式寻边器和光电式寻边器的非切削方式对刀步骤与切削方式相同,本部分不再详

细叙述。

## 实训作业

如图 14-13、图 14-14 所示，进行工件坐标系设置，要求如下：

1. 采用切削方式对刀，并把对刀之后的数据设置在 G54 中。

2. 采用机械式寻边器对刀，并把对刀之后的数据设置在 G55 中。

3. 采用光电式寻边器对刀，并把对刀之后的数据设置在 G56 中。

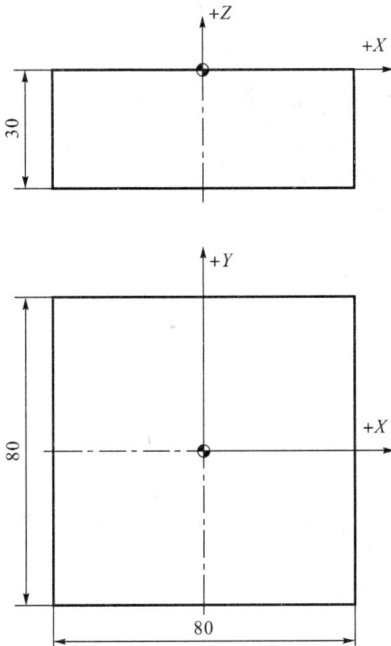

图 14-13  工件 1 坐标系          图 14-14  工件 2 坐标系

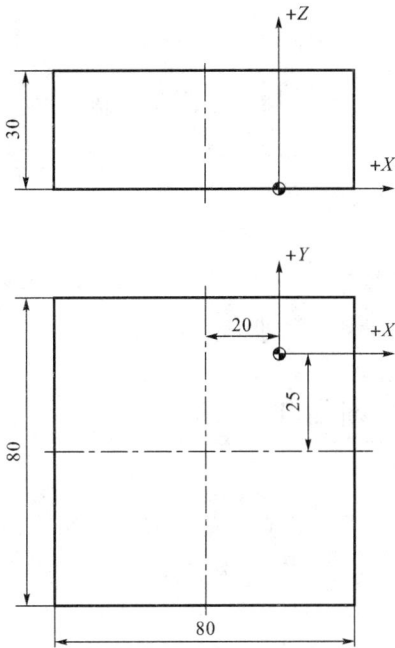

# 第3部分

# 数控铣床手工编程操作

## 项目 15 底座零件平面铣削加工
### ——基本插补指令应用

在实际生产中,平面铣削加工的应用是相当广泛的,比如零件的上下平面、基面加工等。本项目讨论如何既快又好地按技术要求完成平面铣削加工。

## ◉ 实训目的

通过零件平面铣削加工的训练,学生应掌握运用平面铣削工艺知识编制零件平面铣削加工程序,并能按工艺要点操作数控铣床铣削加工零件的平面。

## ◉ 实训任务

1. 平面铣削加工分析与工艺编制。

2. 机床、刀具及工量具条件确定。

3. 切削用量确定。

4. 基本插补指令与程序编制。

5. 平面铣削加工与精度检查。

6. 机床安全操作、日常维护及相关知识。

7. 如图 15-1 所示的底座零件,材料为 45 钢,生产规模为单件,其毛坯尺寸如图 15-2 所示。要求使用数控铣床(MVC850 或 VMC850 机床)完成底座毛坯零件的上下平面铣削加工,至基本尺寸 20 mm。

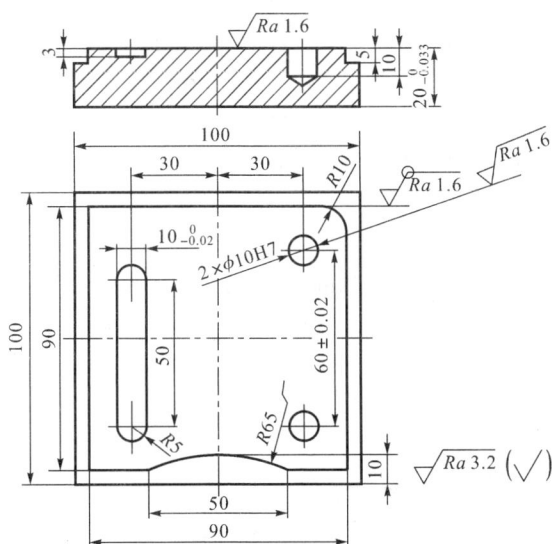

图 15-1 底座零件图

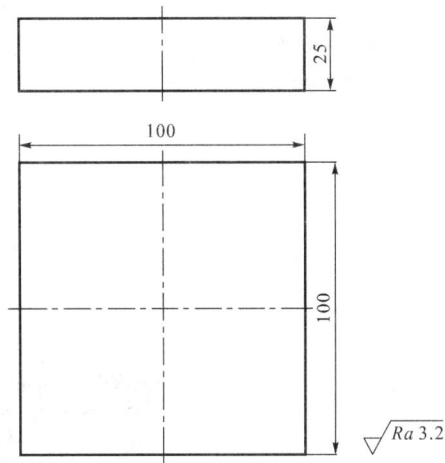

图 15-2 底座零件毛坯图

# 实训内容与步骤

## 一 平面铣削加工分析

分析要点如下：

（1）选择并确定数控铣削加工部位及工序内容。按照先面后孔原则，宜先加工零件的上、下平面。该零件的上、下平面形状简单，在一次安装中可顺带铣削出来，减少了二次安装的定位误差。

（2）零件图的工艺性分析。该零件的尺寸精度（$20_{-0.033}^{0}$ mm）及上、下表面质量（$Ra\ 3.2\ \mu m$）要求不高，通过平面铣削方法可以达到。尺寸标注方法有利于数控编程与加工。无其他干涉及圆弧等要求。块料有一定的厚度，加工过程中不易变形，不用采取其他工艺措施。

（3）零件毛坯的工艺性分析。该零件的毛坯是块料，块料毛坯尺寸 100 mm×100 mm×25 mm 由上道工序保证，平面铣削加工的余量足以满足数控平面铣削要求；如果毛坯余量不均匀，由于是单件生产，可用调整方法；毛坯尺寸规则，装夹方便，用平口钳或压板装夹即可满足加工要求。

## 二 平面铣削工艺编制

由上述分析可知，编制平面铣削加工工艺如下：

第一次安装，使用平口钳装夹零件，数控粗、精铣削上表面。

第二次安装，使用平口钳装夹零件，数控粗、精铣削下表面。

## 三    机床、刀具及工量具条件确定

### 1. 机床确定

根据被加工工件尺寸及加工精度,选择 MVC850 数控铣床即可满足要求。

### 2. 刀具选择

（1）刀盘选择

本例选择可转位 90°面铣刀,其刀盘（图 15-3）及配套刀片规格见表 15-1、表 15-2,结合面铣刀库存情况,选择 SA90-80R6AP16-P27 型号的可转位 90°面铣刀刀盘,最大铣削直径为 $\phi$80 mm。

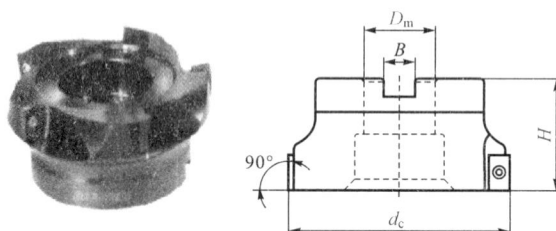

图 15-3    可转位 90°面铣刀刀盘

表 15-1                              某品牌可转位 90°面铣刀刀盘及配套刀片规格

| 型号 | 尺寸/mm | | | | 齿数 Z | 刀片 | 螺钉 | 扳手 |
|---|---|---|---|---|---|---|---|---|
| | $d_c$ | $D_m$ | $B$ | $H$ | | | | |
| SA90-40R2AP16-P16 | 40 | 16 | 8.4 | 40 | 2 | AP···1604··· | SIC035080 | FT15 |
| SA90-40R3AP16-P16 | | | | | 3 | | | |
| SA90-50R3AP16-P22 | 50 | 22 | 10.4 | 40 | 3 | | | |
| SA90-50R4AP16-P22 | | | | | 4 | | | |
| SA90-63R4AP16-P22 | 63 | 22 | 10.4 | 40 | 4 | | | |
| SA90-63R5AP16-P22 | | | | | 5 | | | |
| SA90-80R4AP16-P27 | 80 | 27 | 12.4 | 50 | 4 | | | |
| SA90-80R6AP16-P27 | | | | | 6 | | | |

表 15-2                                          配套刀片规格

| 图例 | 型号 | W | | C | | | P | |
|---|---|---|---|---|---|---|---|---|
| | | WNM10 | WKT20 | CKM15 | CPM25 | CPM35 | PPM35 | PMM35 |
| | APKT1604PDER-UL | | | | | | | ● |
| | APET1604PSWE-NL | ● | | | | | | |
| | APKR1604PSWE-UM | | | ● | | | | |
| 加工用途 | P:钢 | | | | ■ | ■ | ■ | ■ |
| | M:不锈钢 | | | | | | | ■ |
| | K:铸铁 | ■ | ■ | ■ | | | | |
| | S:耐热合金 | ■ | ■ | | | | | |

（2）刀片选择

被加工零件材料为 45 钢,根据表 15-2,选择型号为 APKT1604PDER-UL PMM35 的刀片。

（3）配合刀盘的刀柄选择

选择刀柄时,除了刀柄锥度与机床主轴锥度相符之外,还要使刀柄与刀盘连接端的直径公称尺寸相同,以使刀柄与选择的刀盘能配合上。选择的刀盘型号为 SA90-80R6AP16-P27,其 $D_m$ 为 $\phi27$ mm;根据图 15-4 所示的刀柄、参照表 15-3,选择型号为 BT40-XMA27-40 的刀柄,其 $d_m$ 为 $\phi27$ mm;两者直径相同,能够配合安装。

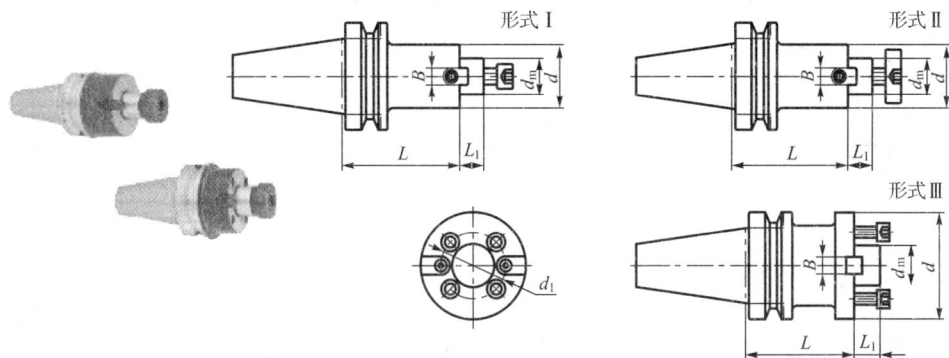

图 15-4 某品牌刀柄

表 15-3　　　　　　　　　　　　　　某品牌的刀柄规格

| 型号 | 锥柄形式 | 尺寸/mm | | | | | | 螺钉 | 扳手 | 键 | 形式 |
| --- | --- | --- | --- | --- | --- | --- | --- | --- | --- | --- | --- |
| | | $d_m$ | $d$ | $d_1$ | $B$ | $L_1$ | $L$ | | | | |
| BT40-XMA16-35 | BT40 | 16 | 38 | — | 8 | 17 | 35 | SCC080300 | S6 | KXM16 | I |
| BT40-XMA16-100 | | | | | | | 100 | | | | |
| BT40-XMA16-160 | | | | | | | 160 | | | | |
| BT40-XMA27-40 | BT40 | 27 | 60 | — | 12 | 31 | 40 | SCC120350 | S10 | KXM27 | I |
| BT40-XMA27-100 | | | | | | | 100 | | | | |
| BT40-XMA27-160 | | | | | | | 160 | | | | |

**3. 工量具等选择**

（1）0～150 mm 游标卡尺。

（2）粗糙度样板。

（3）0～10 mm 量程、0.01 mm 分辨率的百分表。

（4）0～150 mm 平口钳(图 15-5)。

（5）板刷子、扳手、抹布、垫块及铜皮等。

（6）MAS-403 P40T-I 型拉钉若干。

图 15-5 平口钳

## 四　切削用量确定

　　衡量切削用量的铣削参数一般包括切削速度 $v$、进给量 $f$、铣削宽度 $a_w$、铣削深度(背吃刀量在立式铣床上一般俗称为铣削深度)$a_p$ 四个要素。目前,关于数控切削用量的标准还不健全,切削用量的选用根据使用的刀具品牌,使用查表法、经验估计法等确定。

　　平面铣削时采用的切削用量,应在保证工件加工精度和刀具耐用度、不超过铣床允许的动力和扭矩前提下,获得最高的生产率和最低的成本。铣削过程中,如果能在一定的时间内切除较多的金属,就有较高的生产率,从刀具耐用度的角度考虑,切削用量选择的次序是:根据铣削宽度 $a_w$ 先选大的铣削深度 $a_p$,再选大的进给速度 $F$,最后选择大的切削速度 $v$(主轴转速 $n$)。根据表 15-4 来确定端铣平面的铣削深度、每齿进给量及切削速度。

表 15-4　　　　　　　　　　　　某品牌刀片切削参数推荐表

| 工件材料 | 热处理状态 | 硬度/(N/mm²) | W WNM15 无 | 有 | CVD CKM15 无 | 有 | CPM25 无 | 有 | CSM35 无 | 有 | CSM40 无 | 有 | PVD PPM35 无 | 有 | PMM35 无 | 有 |
|---|---|---|---|---|---|---|---|---|---|---|---|---|---|---|---|---|
| | | | 切削速度/(m/min) | | | | | | | | | | | | | |
| 钢 | 碳素钢($w_C$:0~0.45%) | <800 | — | — | — | — | 150~350 | 90~200 | — | — | — | — | 100~220 | 70~180 | 150~260 | 90~180 |
| | 低合金钢 | <1000 | — | — | — | — | 130~320 | 60~140 | — | — | — | — | 80~220 | 70~180 | 80~220 | 70~160 |
| | 高合金钢 | <1300 | — | — | — | — | 130~220 | 60~110 | — | — | — | — | 80~170 | 70~150 | 90~180 | 70~140 |
| | 铸钢 | <850 | — | — | — | — | 140~250 | 60~110 | — | — | — | — | 80~190 | 70~160 | 90~190 | 70~140 |
| 不锈钢 | 铁素体 | <750 | — | — | — | — | 140~180 | | 220~350 | | — | — | 160~220 | 70~140 | 160~250 | 60~140 |
| | 奥氏体 | <750 | — | — | — | — | 140~180 | 60~140 | 150~240 | | 160~240 | | 160~220 | 70~140 | 180~250 | 60~140 |
| | 复合型 | <1100 | — | — | — | — | — | | — | | 60~140 | | — | — | | 60~130 |
| | 马氏体 | <900 | — | — | — | — | 140~160 | | — | | 60~180 | | 70~140 | 70~140 | 160~250 | 60~140 |
| 铸铁 | 灰铸铁 | 300~1000 | — | — | 140~350 | 140~350 | 100~200 | 80~180 | — | — | — | — | — | — | — | — |
| | 球墨铸铁 | 30~800 | — | — | 100~250 | 100~250 | 90~190 | 70~170 | — | — | — | — | — | — | — | — |
| | 可锻或回火铸铁 | 350~700 | — | — | 120~320 | 120~320 | 90~180 | 70~140 | — | — | — | — | — | — | — | — |
| | 耐热合金铁基 | <350 | — | — | — | — | — | — | 30~250 | | 20~60 | | — | — | — | — |
| | 镍基或钴基 | 30~58 | — | — | — | — | — | — | 20~60 | | 10~50 | | — | — | | 20~30 |

续表

| 工件材料 | 热处理状态 | 硬度/(N/mm²) | W | | CVD | | | | | | | | PVD | | | |
|---|---|---|---|---|---|---|---|---|---|---|---|---|---|---|---|---|
| | | | WNM15 | | CKM15 | | CPM25 | | CSM35 | | CSM40 | | PPM35 | | PMM35 | |
| | | | \multicolumn{14}{切削液} | | | | | | | | | | | | | |
| | | | 无 | 有 | 无 | 有 | 无 | 有 | 无 | 有 | 无 | 有 | 无 | 有 | 无 | 有 |
| | | | 切削速度/(m/min) | | | | | | | | | | | | | |
| 铸铁 | 镍基或钴基 | <1300 | — | — | — | — | — | — | 10~60 | — | 10~40 | — | — | — | — | 20~30 |
| | 镍基或钴基 | >1300 | — | — | — | — | — | — | — | — | 10~40 | — | — | — | — | 20~30 |
| | 钛合金 | <900 | — | — | — | — | — | — | — | — | 10~40 | — | — | — | — | 20~30 |
| 有色金属 | 锻造铝合金 | <340 | — | 200~5800 | — | — | — | — | — | — | — | — | — | — | — | — |
| | 铸造铝合金 | <440 | — | 200~2000 | — | — | — | — | — | — | — | — | — | — | — | — |
| | 铜及铜合金 | <340 | — | 150~1000 | — | — | — | — | — | — | — | — | — | — | — | — |
| | 非金属材料 | — | 70~1000 | 70~1000 | — | — | — | — | — | — | — | — | — | — | — | — |

**1. 铣削宽度 $a_w$ 的确定**

铣刀直径的选择通常以工件宽度和机床的有效功率为依据。按照惯例,根据工件铣削宽度来选择铣刀直径,最好是铣刀直径能包络工件宽度,如本例工件宽度为100 mm,铣刀盘直径最好大于 $\phi100$ mm;但是对于给定的面铣刀(本例给定的 $\phi80$ mm 面铣刀),它的最佳铣削宽度是铣刀标称直径的 $70\%\sim80\%$($56\sim64$ mm)。本例采用不对称顺铣方法,铣削宽度 $a_w$ 范围为 $50\sim60$ mm,同一高度层面刀具分两次走刀即可完成平面铣削加工。

**2. 铣削深度 $a_p$ 的选择**

第一次安装,加工上表面:粗加工的 $a_p$ 取值 2 mm,该方向走刀一次;精加工的 $a_p$ 取值 0.5 mm,该方向走刀一次。

第二次安装,加工下表面:粗加工的 $a_p$ 取值 2 mm,该方向走刀一次;精加工的 $a_p$ 取值 0.5 mm,该方向走刀一次。

**3. 切削速度 $v$ 的选择与主轴转速 $n$ 的计算**

(1)切削速度 $v$ 的选择

根据表 15-4,加工 45 钢零件及选择的 PMM35 材料刀片,在有冷却液条件下,其切削速度为 $90\sim180$ m/min 之间。

粗加工切削速度 $v$ 取 $90\sim180$ m/min 的中间值,即 135 m/min;精加工切削速度 $v$ 取值为粗加工的 1.3 倍,约 180 m/min。

(2)主轴转速 $n$ 的计算

主轴转速 $n$(r/min)与切削速度 $v$(m/min)及铣刀直径 $d$(mm)的关系为

$$n=1000v/(\pi d)$$

计算粗、精加工的主轴转速如下:

粗加工:$n=(1000\times135)/(3.14\times80)=537.4$ r/min,取值为 550 r/min。

精加工：$n=1.3\times537.4=698.6$ r/min，取值为 700 r/min。

**4. 进给速度 $F$ 的确定**

根据表 15-5 确定每齿进给量 $f_z$。使用硬质合金刀片粗、精加工 45 钢的每齿进给量 $f_z$ 分别为 $0.1\sim0.25$ mm/z、$0.1\sim0.15$ mm/z，取中间值分别为 0.175 mm/z、0.125 mm/z。SA90-80R6AP16-P27 型号的可转位 90° 面铣刀齿数为 6。

粗加工的进给速度：$F=f_z zn=0.175\times6\times550=577.5$ mm/min，取值为 550 mm/min。

精加工的进给速度：$F=f_z zn=0.125\times6\times700=525$ mm/min，取值为 500 mm/min。

表 15-5　　　　　　　　　　铣刀每齿进给量

| 工件材料 | 每齿进给量 $f_z$/(mm/z) | | | |
| --- | --- | --- | --- | --- |
| | 粗铣 | | 精铣 | |
| | 高速钢铣刀 | 硬质合金铣刀 | 高速钢铣刀 | 硬质合金铣刀 |
| 钢 | $0.1\sim0.15$ | $0.1\sim0.25$ | $0.02\sim0.05$ | $0.1\sim0.15$ |
| 铸铁 | $0.12\sim0.2$ | $0.15\sim0.3$ | | |

## 五　程序编制

### 1. 刀具路径

本例采用不对称顺铣方法，平面走刀路线（即刀具路径）如图 15-6 所示。

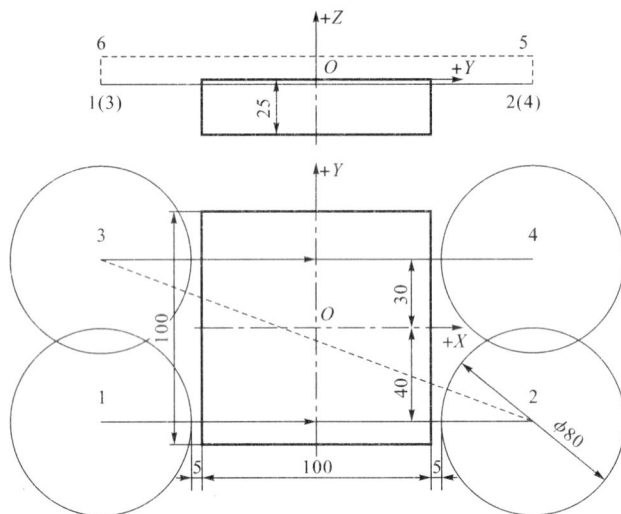

图 15-6　刀具路径

如图 15-6 所示，不论是粗加工还是精加工，采用不对称顺铣方法对平面铣削加工，刀具中心移动过程均为：从点 1 切削加工到点 2→快速抬刀到点 5→快速移动到点 6→下刀至点 3（高度方向与点 1 重合）→切削加工到点 4（高度方向与点 2 重合）。

设计刀具路径时，有要切入与切出段，本例为 5 mm。

### 2. 编程坐标系设定

本例的编程坐标系如图 15-6 所示，坐标系原点设在零件上表面的中心处，符合基准重合原则，有利于编程。

**3. 程序编制**

(1)平面铣削编程的主要代码

快速定位指令:G00 X_ Y_ Z_

直线插补指令:G01 X_ Y_ Z_ F_

(2)平面加工程序编制

粗、精加工程序轨迹一样,可通过修改编程坐标系原点的 Z 值或修改程序控制零件尺寸精度。

平面粗加工程序如下:

```
O1111
G91 G28 Z0                /回参考点/
G54                       /选择工件坐标系/
G90 G00 X−95 Y−40        /1 点/
M03 S550
G00 Z−2
M08                       /切削液开/
G01 X95 F550              /1～2 点/
G00 Z10                   /2～5 点/
    X−95                  /5～6 点/
    Z−2                   /6～3 点/
G01 X95 F550              /3～4 点/
M09                       /切削液关/
G00 Z200                  /便于零件检查/
M05                       /主轴停转/
M30                       /程序结束,光标回到程序首位置/
```

(3)思考与完善

①完善平面精加工程序。

②如图 15-6 所示,刀具中心运动轨迹$\overline{12}$与$\overline{34}$之间的距离应为多少才合适?

## 六 平面切削加工与精度检查

**1. 开启机床操作**

具体开启机床操作过程参照"项目 2 数控铣床的开关机操作"。在开启机床操作时,应注意如下事项:

(1)检查机床外观是否正常。

(2)检查工作台是否在合适位置。

(3)检查按键是否完好。

**2. 回参考点操作**

选择机床操作面板上的回参考点模式"ZRN",按 Z→X→Y 轴顺序进行回参考点操作。具体回参考点操作可参照"项目 2 数控铣床的开关机操作"。

**3. 平口钳装夹**

平口钳装夹的具体方法可参照"项目 8 工件在平口钳上的装夹"。

**4. 零件装夹**

使用平口钳装夹零件,如图 15-7 所示。采用托表法找正,用垫块、铜皮初步找正零件。

零件装夹的具体方法可参照"项目 8 工件在平口钳上的装夹"。

注意事项如下：

（1）安装工件时，平口钳钳口工作面及导轨面、平行垫铁工作面必须擦拭干净。

（2）安装工件时，必须轻拿轻放，防止碰伤手脚和机床工作台面。

（3）扳手、铁块等不能放在工作台面上。

图 15-7 使用平口钳装夹零件

### 5. 安装、夹紧刀具和刀柄

平面铣刀、刀柄等安装可参照"项目 11 刀具的安装操作"。注意事项如下：

（1）盘铣刀与刀柄之间的配合接触部位必须擦拭并用高压气吹干净才可装配夹紧。

（2）刀柄安装到主轴上之前，检查刀柄上的拉钉是否紧固。

（3）刀柄安装到主轴上之后，启动主轴，检查刀具是否有跳动。

### 6. 对刀，设定工件坐标系 G54

采用试切法对刀，并把对刀处理的数据输入到 G54 中，具体操作方法可参照"项目 14 对刀操作"。注意事项如下：

（1）用手轮的"×100"挡来快速靠近工件；当刀具距离工件较近时，必须把手轮切换到"×1"挡，以使刀具轻微碰触工件。

（2）刀具碰触到工件侧边后，建议先抬高刀具到离开工件，再进行下一步操作。

### 7. 录入与编辑程序

把上面编制好的 O1111 程序输入到系统中，进行粗加工。粗加工完成之后，修改 O1111 程序的切削用量及系统参数，更换刀具，再进行精加工。

### 8. 切削加工前的模拟显示

具体操作方法可参照"项目 6 切削加工前的模拟显示"。

### 9. 切削加工

程序切削加工前的模拟显示正确之后，就可以试切削加工零件。基本步骤如下：

（1）在编辑程序模式"EDIT"下，按 NC 系统操作面板上的复位键"RESET"，使程序中的光标处于程序首位置。

（2）将主轴倍率旋钮置于 100% 位置。

（3）按下循环启动按钮"CYCLE START"。

**注意** 在切削加工过程中，如果工件表面质量与要求有差距或切削有异声，可通过调整进给或转速倍率旋钮来调节。

零件在没有从平口钳上拆卸下来之前，在安全条件下应对零件进行必要的尺寸测量，如果尺寸没有加工到位，可修改程序或补偿控制尺寸精度。

切削加工零件时，应确保冷却充分和排屑顺利。

**10. 结束工作**

零件加工完毕后将其取出,去除毛刺;同时,做好清扫机床、擦净刀具和量具等相关工作,并按规定摆放整齐。

**11. 评估**

完成零件的加工后,从以下几方面评估整个加工过程,达到不断优化实训过程的目的。

(1)对工件尺寸精度进行评估,找出尺寸超差是工艺系统因素还是测量因素,为工件后续加工的尺寸精度控制提出解决办法、合理化建议及有益的经验。

(2)对工件的加工表面质量进行评估,总结经验或找出表面质量缺陷的原因,提出优化刀具路径的设计方法。

(3)对加工效率、刀具寿命等方面进行评估,找出加工效率与刀具寿命的内在规律,为进一步优化刀具切削参数夯实基础。

(4)评估切削加工过程,查找是否有需要改进的工艺方法和操作。

(5)评估每组(或名)成员工作过程中的知识技能、安全文明操作意识、协作能力、语言表达能力等。

(6)按要求形成实训报告,具体见表15-6。

表 15-6　　　　　　　　　　　　　实训报告

| 姓名 | 设备型号 | 指导与评阅教师 | | 实训日期 | 成绩 |
|---|---|---|---|---|---|
| | | | | | |
| 实训目的 | | | | | |
| 实训内容 | | | | | |
| 加工工序 | 工序号 | 工序内容 | 刀具号 | 刀具规格 | 主轴转速/(r/min) | 进给速度/(mm/r 或 mm/min) | 背吃刀量/mm |
| | 1 | | | | | | |
| | 2 | | | | | | |
| | | | | | | | |
| | $n$ | | | | | | |
| 刀具 | 工序号 | 刀具号 | 刀具规格名称 | 数量 | 加工要素 | 刀尖半径 | 备注 |
| | 1 | | | | | | |
| | 2 | | | | | | |
| | | | | | | | |
| | $n$ | | | | | | |
| 其他实训用品 | (刀具、量具、夹具、工具等) | | | | | | |
| 程序 | | | | | | | |
| 操作流程 | | | | | | | |

## 实训作业

根据现有的实训条件,编制程序并操作机床加工如图 15-8 所示零件三个位置的平面。

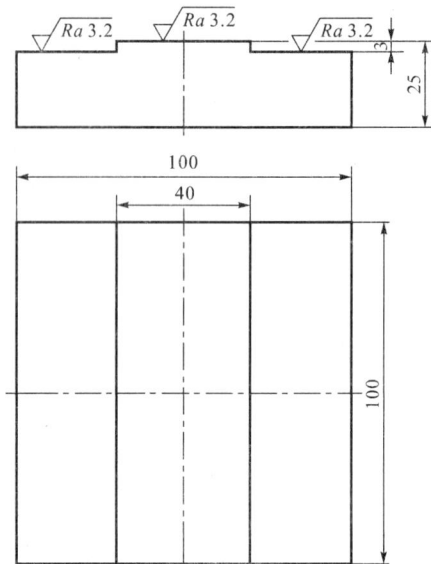

图 15-8　平面零件图

## 零件平面铣削加工辅助知识

### 一　平面铣削加工的编程代码及应用

**1.绝对编程指令 G90 和相对(或增量)编程指令 G91**

编程格式:G90/G91

功能:决定输入的坐标值是以工件坐标系原点为基准,还是以前一点为基准。

说明:G90/G91 之间的"/"表示要选择 G90 与 G91 之中的一个。数控铣床中绝对和增量不能在同一个程序段中混合使用,需要时用指令来选择。绝对编程与增量编程的坐标字是一样的,即 $X$、$Y$、$Z$。用 G90 时,机床移动部件(多数情况下,数控铣床移动部件指定为刀具)是以工件坐标系原点为基准来计算的。用 G91 时,机床移动部件是以移动部件的前一点为基准来计算的。系统默认 G90 方式。

**2.快速点定位指令 G00**

编程格式:G00 X_ Y_ Z_

功能:刀具以快速移动速度移动到指定的位置。

说明:用 G90 时,$X$、$Y$、$Z$ 是目标点的绝对坐标值;用 G91 时,$X$、$Y$、$Z$ 是目标点相对刀具前一点的增量值。各轴快速移动速度由机床厂家设定,不能用 $F$ 设定,可以用机床操作面板上的进给率旋钮来控制。一般情况下,为了确保设备及设备上的夹具等安全,先 $Z$ 向定位,再 $X$、$Y$ 向定位。

**3. 直线插补指令 G01**

编程格式:G01 X_ Y_ Z_ F_

功能:刀具以 F 指定的进给速度直线插补到指定位置。

说明:F 值的大小影响因素有刀具、被加工工件材料及加工精度等,其值一般通过查表、计算、经验等方法得到。G01 指令应用于孔、轮廓、面、槽加工和短距离的切入与切出。

**4. 圆弧插补指令 G02/G03**

编程格式:G17/G18/G19 G02/G03 X_ Y_ Z_ I_ J_ K_ /R_ F_

功能:顺、逆时针圆弧插补。

说明:平面选择指令 G17、G18、G19 用于选择刀具插补的平面,G17 选择 XY 平面,G18 选择 XZ 平面,G19 选择 YZ 平面,数控铣床默认 G17 平面。G02 为顺时针圆弧插补,G03 为逆时针圆弧插补。

I、J、K 为被加工圆弧圆心相对被加工圆弧起始点在 X、Y、Z 方向的坐标增量,其不受 G90、G91 影响。其值通常有两种计算方法,即投影法和计算法。

(1)投影法

①值大小判定:从被加工圆弧起始点向此圆弧圆心方向连线,分别在 X、Y、Z 轴上投影,I、J、K 值大小等于在 X、Y、Z 轴上的投影。

②方向判定:是通过被加工圆弧起始点指向圆心的方向与坐标轴正方向是否一致来判断。如果指向与坐标轴正方向相同,则为正;反之为负。

(2)计算法

I、J、K 值分别为被加工圆弧的圆心 X、Y、Z 坐标值减去被加工圆弧起始点的 X、Y、Z 坐标值。

R 为圆弧半径;整圆加工时不能用 R;I、J、K 和 R 可任意选择使用。当被加工圆弧对应的圆心角为 $0°\sim180°$ 时,R 取正值;当圆心角为 $180°\sim360°$ 时,R 取负值。在同一个程序段中,I、J、K 和 R 同时出现时,以 R 为准。

F 为圆弧的切向进给速度。

**5. 部分 M 代码 (表 15-7)**

表 15-7 部分 M 代码

| M 功能字 | 中国部颁标准 | 日本 Fanuc-0iT 系统 | 德国 Siemens-810 系统 |
|---|---|---|---|
| M00 | 程序停止 | 程序停止 | 程序停止 |
| M01 | 计划停止 | 计划停止 | 计划停止 |
| M02 | 程序结束 | 程序结束 | 程序结束 |
| M03 | 主轴顺时针方向转 | 主轴顺时针方向转 | 主轴顺时针方向转 |
| M04 | 主轴逆时针方向转 | 主轴逆时针方向转 | 主轴逆时针方向转 |
| M05 | 主轴停止 | 主轴停止 | 主轴停止 |
| M06 | 换刀 | 换刀 | 换刀 |
| M07 | 2 号切削液开 | 不指定 | 不指定 |

续表

| M 功能字 | 中国部颁标准 | 日本 Fanuc-0iT 系统 | 德国 Siemens-810 系统 |
|---|---|---|---|
| M08 | 1 号切削液开 | 切削液开 | 切削液开 |
| M09 | 切削液停 | 切削液停 | 切削液停 |
| M30 | 程序停止,光标<br>返回到程序开始处 | 程序停止,光标<br>返回到程序开始处 | 程序停止,光标<br>返回到程序开始处 |

**6.选择工件坐标系指令 G54～G59 应用方法**

编程格式:G54/G55 或 G56/G57/G58/G59

功能:在同一个零件上选择一个或多个工件坐标系。

原理:对完刀之后,把作为工件坐标系原点的机械坐标值记录下来,必要时进行适当处理,通过 NC 系统操作面板输入到 G54～G59 等代码中。编程时,若选择了相应的工件坐标系代码,数控系统就把此代码中的机械坐标值作为工件坐标系原点,程序运行时,就以此点为基准。

对刀实质:找工件坐标系原点在机床坐标系中的位置。

应用:工件坐标系设定。

## 二    平面铣削加工工艺

**1.顺铣与逆铣**

如图 15-9 所示为顺铣与逆铣示意图。

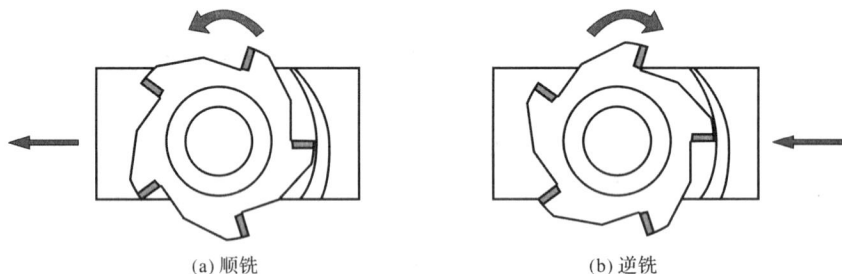

(a) 顺铣                    (b) 逆铣

图 15-9    顺铣与逆铣示意图

(1)顺铣:工件的进给方向与切削区域的铣刀旋转方向相同。刀片以最大铣削厚度切入工件而逐渐减小至零,后刀面与工件无挤压、摩擦现象,加工精度较高。因刀齿突然切入工件会加速刀齿的磨损,降低铣刀的寿命,故不适合带硬皮的工件加工。顺铣方式适合数控铣床使用。

(2)逆铣:工件的进给方向与切削区域的铣刀旋转方向相反。铣削厚度从零开始逐渐增至最大,当刀齿刚接触工件时,其铣削厚度为零,后刀面与工件产生挤压和摩擦,会加速刀齿的磨损,降低铣刀寿命和工件已加工表面的质量,造成加工硬化层。逆铣方式适合一般普通铣床使用。

总结:无论机床、刀具、夹具和工件要求如何,顺铣都是首选的方法。

**2.面铣刀的铣削方式(端面铣削)**

面铣刀的铣削方式见表 15-8,实践证明,最差的方式是不对称逆铣,一般不宜采用。

表 15-8 面铣刀的铣削方式

| 方式 | 图示 | 特点 |
|---|---|---|
| 对称铣削 |  | 铣刀位于工件宽度的对称线上,切入和切出处背吃刀量最小又不为零,因此,对称铣削对具有冷硬层的淬硬钢有利。其切入边为逆铣,切出边为顺铣 |
| 不对称逆铣 |  | 铣刀以最小背吃刀量(不为零)切入工件,以最大厚度切出工件。因切入厚度较小,减小了冲击,对提高铣刀寿命有利。适合于铣削碳钢和一般合金钢 |
| 不对称顺铣 |  | 铣刀以较大背吃刀量切入工件,又以较小厚度切出工件。虽然铣削时具有一定冲击性,但可以避免切削刃切入冷硬层。适合于铣削冷硬性材料与不锈钢、耐热钢等 |

对于薄板类零件的平面铣削加工,为了防止切削变形,除了采取必要的夹具装置之外,还可以采取正反面小切削厚度的反复加工方法。

**3. 平面铣削加工进给路线的确定**

数控铣削加工中进给路线(即走刀路线)的确定对零件的加工精度和表面质量有直接的影响,因此,确定好进给路线是保证铣削加工精度和表面质量的工艺措施之一。进给路线的确定与工件表面状况、要求的零件表面质量、机床进给机构的间隙、刀具耐用度以及零件轮廓形状等有关。在平面加工中,能使用的进给路线也是多种多样的,比较常用的有三种,即如图 15-10 所示的双向平行加工、单向平行加工和环绕加工。

注意:避免在被加工表面范围内的垂直方向抬刀或切入,因为这样将会留下较大的刀痕。

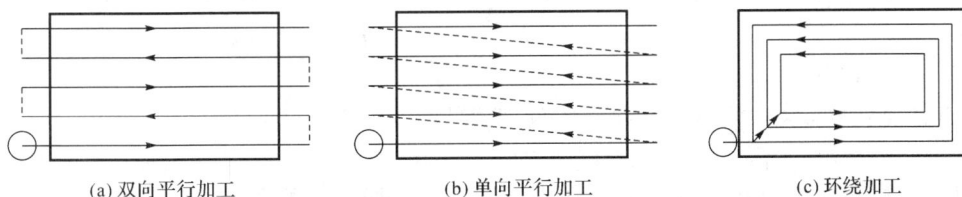

(a) 双向平行加工　　　(b) 单向平行加工　　　(c) 环绕加工

图 15-10 各种进给路线

其中,虚线为刀具中心快速移动路线,细实线为刀具中心切削移动路线。

#### 4.平面铣削刀具及切削用量

(1)平面铣削刀具

如图 15-11 所示为各种平面铣削的刀具与刀柄。

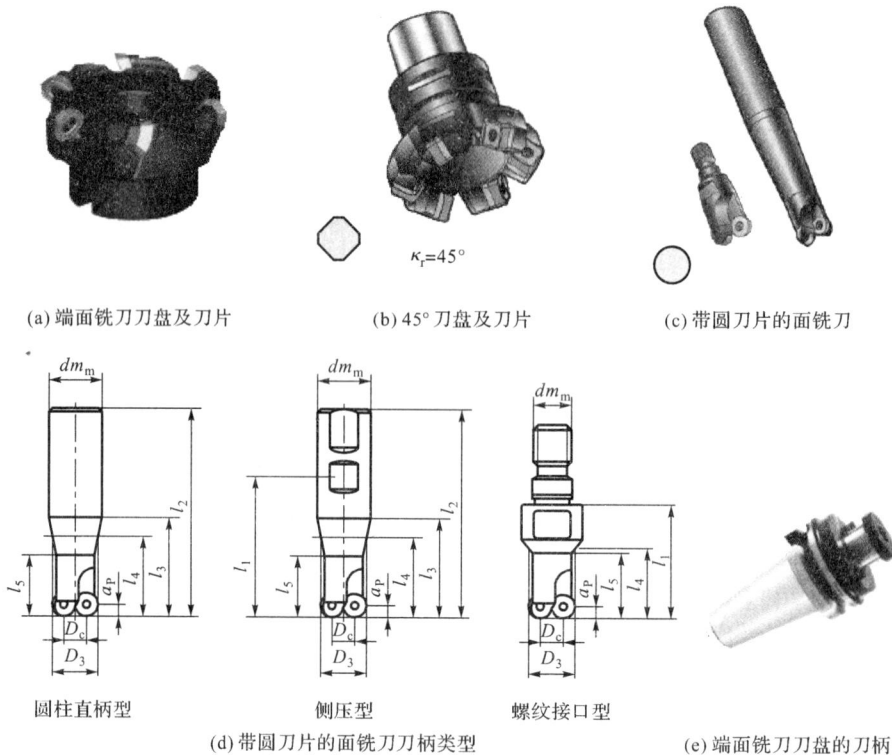

(a) 端面铣刀刀盘及刀片          (b) 45° 刀盘及刀片          (c) 带圆刀片的面铣刀

圆柱直柄型          侧压型          螺纹接口型

(d) 带圆刀片的面铣刀刀柄类型          (e) 端面铣刀刀盘的刀柄

图 15-11  平面铣削的刀具与刀柄

(2)切削用量

①切削速度 $v$(m/min)

$$v = \pi dn / 1000$$

式中    $d$——铣刀直径,mm;

$n$——铣刀转速,r/min。

②进给量

每转进给量 $f$:是指铣刀在其旋转一周的时间间隔内相对于工件的位移。

每齿进给量 $f_z$(mm/z):是指铣刀在其旋转一个齿的时间间隔内相对于工件的位移。

$$f_z = f / z$$

式中    $z$——铣刀刀齿数。

每分钟进给量 $F$(mm/min):是指每分钟内铣刀相对于工件的位移。

$$F = fn = f_z zn$$

③背吃刀量 $a_p$:是指平行于铣刀轴线方向的切削层尺寸,如图 15-12 所示。

④铣削宽度 $a_w$:是指垂直于铣刀轴线方向的切削层尺寸,如图 15-12 所示。

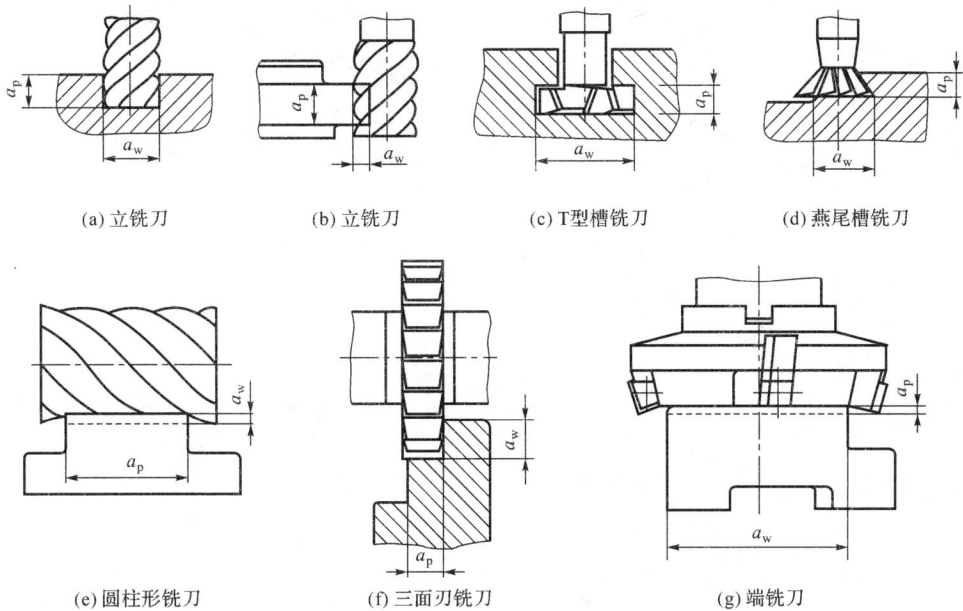

(a) 立铣刀　　　　(b) 立铣刀　　　　(c) T型槽铣刀　　　　(d) 燕尾槽铣刀

(e) 圆柱形铣刀　　　　(f) 三面刃铣刀　　　　(g) 端铣刀

图 15-12　背吃刀量 $a_p$ 与铣削宽度 $a_w$

（3）确定切削用量的基本步骤

第 1 步：刀具直径的选择

刀具直径可以在 $\phi 63$ mm 到 $\phi 160$ mm 之间进行选择。

前已述及，铣刀直径的选择通常以工件宽度和机床的有效功率为依据。按照惯例，根据工件尺寸特别是工件铣削宽度来选择铣刀直径，但是对于某个给定的面铣刀，它的最佳铣削宽度是铣刀标称直径的 70％～80％。

如果机床功率有限或工件太宽，应根据两次走刀或机床功率来选择铣刀直径；当刀具直径不够大时，选择适当的铣削加工位置也可获得良好的效果。

第 2 步：选择刀片

①选择刀片类型。

②确定工件材料。

③确定刀片材质。

第 3 步：确定切削用量

根据实际使用的刀具查看《机械工艺手册》，在确定使用某品牌刀具之后，可参照该品牌刀具的切削用量标准来确定切削用量。

（4）铣刀前角与主偏角技术的应用

①前角是刀具进入工件的切入角，是刀具的主要参数，如图 15-13 所示。正前角，切削轻快，用于布氏硬度 300 以下的所有材料，尤其适用于小功率铣床，适用于短屑加工。负前角，当切削硬度较高材料时，因要求较高的切削刃强度，负前角类型刀片更好。

|  (a) 正前角 | (b) 负前角 |

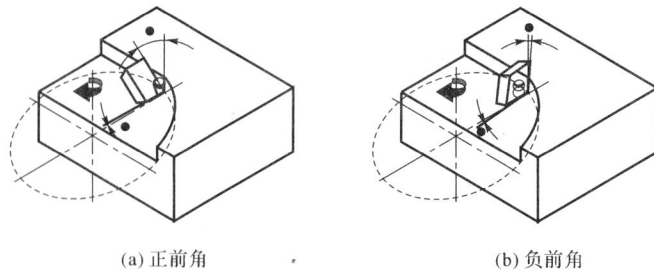

图 15-13　正、负前角示意图

②主偏角的选择,见表 15-9。

表 15-9　　　　　　　　　　　主偏角形式及应用

| 主偏角形式 | 示意图 | 应用 |
|---|---|---|
| 90° |  | 应用于薄壁零件。<br>要求正确的 90° 成形。<br>低强度结构及装夹较差的情况 |
| 45° |  | 主偏角为 45°,提供了优异的切削刃强度,尤其对悬伸长的切削更有效,轴向切削力与径向切削力接近相等。<br>铣铸铁时易崩刃,推荐使用 45°主偏角 |
| 圆形 |  | 可多次转位的最强切削刃。<br>薄切屑,最适合于耐热合金加工。<br>最常用的粗加工刀具 |

# 项目 16　底座零件平面轮廓铣削加工
## ——刀具半径补偿指令应用

　　零件平面轮廓要素铣削加工是最常见的,比如零件的内外轮廓、侧面等。通过对零件平面轮廓的铣削加工训练,学生应掌握零件平面轮廓加工程序编制与切削工艺知识的综合运用。

## 实训目的

根据轮廓数控铣削加工工艺基础知识,应用刀具半径补偿指令编制零件轮廓加工程序,并能操作数控铣床加工零件轮廓。

## 实训任务

1.平面轮廓铣削加工分析与工艺编制。

2.机床、刀具及工量具条件确定。

3.切削用量确定。

4.刀具半径补偿指令与程序编制。

5.轮廓铣削加工与精度检查。

6.机床操作及零件精度控制方法。

7.机床安全操作、日常维护及相关知识。

8.如图 16-1 所示的底座零件,材料为 45 钢,生产规模为单件,其毛坯尺寸如图 16-2 所示。要求使用数控铣床(MVC850 或 VMC850 机床)完成底座毛坯零件的外轮廓铣削加工,至尺寸 $90 \pm 0.027$ mm,表面粗糙度为 $Ra$ 1.6 $\mu$m。

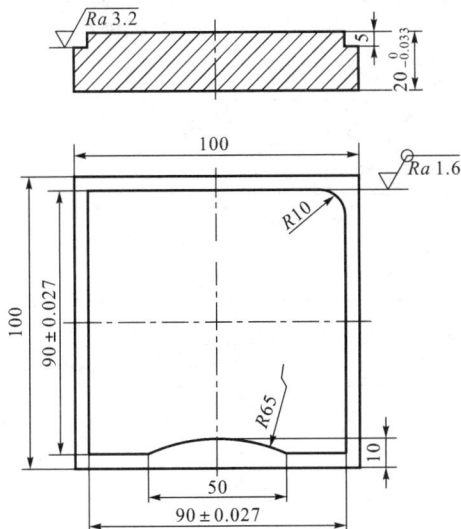

图 16-1 底座零件图(一)

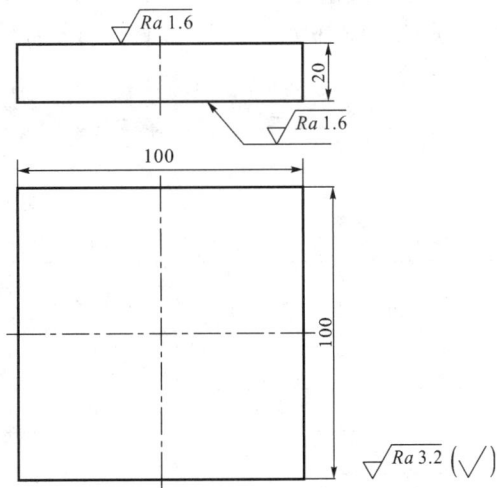

图 16-2 底座零件毛坯图

## 实训内容与步骤

### 一 平面轮廓铣削加工分析

分析要点如下:

(1)切削加工工艺分析。该零件的加工部位是垂直于 $XY$ 面的 90 mm $\times$ 90 mm $\times$ 5 mm 外轮廓,其含有直线、$R65$ mm、$R10$ mm 圆弧轮廓,形状简单,轮廓加工的刀具及其规格选择简单。轮廓尺寸精度(90±0.027 mm)及表面质量($Ra$ 1.6 μm)要求不高,通过轮廓铣削方法可以满足。

(2)零件毛坯的工艺性分析。零件的毛坯经过预处理加工,块料毛坯尺寸 100 mm×100 mm×20 mm 由上道工序保证,平面轮廓铣削加工的余量足以满足轮廓数控铣削要求;毛坯尺寸规则,装夹方便,用平口钳装夹即可满足加工要求。

## 二  平面轮廓铣削工艺编制

由上述分析可知,编制轮廓铣削加工工艺如下:

使用平口钳一次性装夹零件;粗铣削零件轮廓,侧边留 0.5 mm 作为精加工余量;精加工零件轮廓。

## 三  机床、刀具及工量具条件确定

### 1.机床确定

根据被加工工件尺寸及加工精度,选择 MVC850 数控铣床即可满足要求。

### 2.刀具选择

(1)刀具选择

凹圆弧轮廓 $R65$ mm 较大,$R10$ mm 是外圆弧轮廓,刀具直径基本不受圆弧半径大小的影响。零件单边最大切削宽度为 5 mm,材料为 45 钢,可切削加工性好。选择如图 16-3 所示的高速钢直柄机夹立铣刀,其规格见表 16-1。选择 φ12 mm(3 齿)立铣刀对零件轮廓进行粗加工;选择 φ10 mm(4 齿)立铣刀对零件轮廓进行半、精加工。

图 16-3  高速钢直柄机夹立铣刀

**表 16-1**                                                    高速钢直柄机夹立铣刀规格

| 直径 D/mm | 柄径 d/mm | 全长 L/mm | 刀长 l/mm | 齿数 | | |
|---|---|---|---|---|---|---|
| | | | | 粗齿 | 中齿 | 细齿 |
| 5 | 5 | 47 | 13 | | | |
| 6 | 6 | 57 | 13 | | | — |
| 7 | 8 | 60 | 16 | | | |
| 8 | 8 | 63 | 19 | | | |
| 9 | 10 | 69 | 19 | 3 | 4 | |
| 10 | 10 | 72 | 22 | | | 5 |
| 12 | 12 | 83 | 26 | | | |
| 14 | 12 | 83 | 26 | | | |
| 16 | 16 | 92 | 32 | | | 6 |

(2)刀柄选择

根据刀柄库存情况,选择如图 16-4 所示的型号为 BT40-ER25-100 的弹簧夹头刀柄,其规格见表 16-2。

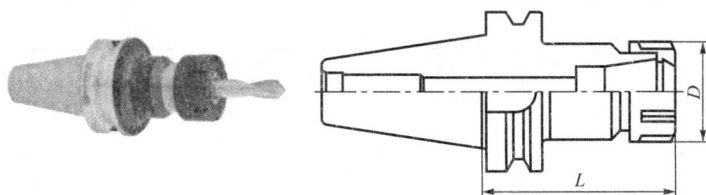

图 16-4 BT40-ER25-100 弹簧夹头刀柄

表 16-2 BT40 型刀柄规格

| 型号 | 锥柄形式 | 尺寸/mm | | 螺母 | 附件 | | |
| | | D | L | | 扳手 | 卡簧 | 螺钉 |
|---|---|---|---|---|---|---|---|
| BT40-ER16-70 | BT40 | 32 | 70 | LN16 | WER16 | ER16 | SGC100150 |
| BT40-ER16-100 | | 32 | 100 | | | | |
| BT40-ER16-160 | | 32 | 160 | | | | |
| BT40-ER20-70 | BT40 | 35 | 70 | LN20 | WER20 | ER20 | SGC120200 |
| BT40-ER20-100 | | 35 | 100 | | | | |
| BT40-ER20-160 | | 35 | 160 | | | | |
| BT40-ER25-70 | BT40 | 42 | 70 | LN25 | WER25 | ER25 | SGC160200 |
| BT40-ER25-100 | | 42 | 100 | | | | |
| BT40-ER25-160 | | 42 | 160 | | | | |
| BT40-ER32-70 | BT40 | 50 | 70 | LN32 | WER32 | ER32 | SGC200250 |
| BT40-ER32-100 | | 50 | 100 | | | | |
| BT40-ER32-160 | | 50 | 160 | | | | |

(3)ER 卡簧夹头选择

根据表 16-2 的附件栏，BT40-ER25-100 弹簧夹头刀柄对应 ER25 规格卡簧。本例夹持的刀具直径分别为 φ10 mm、φ12 mm，故选择如图 16-5 所示的型号为 ER25-10、ER25-12 的卡簧夹头，其规格见表 16-3。

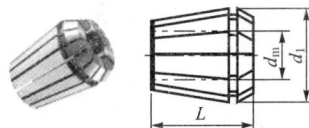

图 16-5 卡簧夹头

表 16-3 ER 卡簧夹头规格

| ER11 | | ER16 | | ER20 | | ER25 | | ER32 | | ER40 | |
| 型号 | 夹持范围/mm | 型号 | 夹持范围/mm | 型号 | 夹持范围/mm | 型号 | 夹持范围/mm | 型号 | 夹持范围/mm | 型号 | 夹持范围/mm |
|---|---|---|---|---|---|---|---|---|---|---|---|
| ER11-1 | 0.5～1.0 | ER16-1 | 0.5～1.0 | ER20-2 | 1.0～2.0 | ER25-2 | 1.0～2.0 | ER32-3 | 2.0～3.0 | ER40-4 | 3.0～4.0 |
| ER11-1.5 | 1.0～1.5 | ER16-2 | 1.0～2.0 | ER20-3 | 2.0～3.0 | ER25-3 | 2.0～3.0 | ER32-4 | 3.0～4.0 | ER40-5 | 4.0～5.0 |
| ER11-2 | 1.5～2.0 | ER16-3 | 2.0～3.0 | ER20-4 | 3.0～4.0 | ER25-4 | 3.0～4.0 | ER32-5 | 4.0～5.0 | ER40-6 | 5.0～6.0 |

| ER11 | | ER16 | | ER20 | | ER25 | | ER32 | | ER40 | |
|---|---|---|---|---|---|---|---|---|---|---|---|
| 型号 | 夹持范围/mm | 型号 | 夹持范围/mm | 型号 | 夹持范围/mm | 型号 | 夹持范围/mm | 型号 | 夹持范围/mm | 型号 | 夹持范围/mm |
| ER11-2.5 | 2.0~2.5 | ER16-4 | 3.0~4.0 | ER20-5 | 4.0~5.0 | ER25-5 | 4.0~5.0 | ER32-6 | 5.0~6.0 | ER40-7 | 6.0~7.0 |
| ER11-3 | 2.5~3.0 | ER16-5 | 4.0~5.0 | ER20-6 | 5.0~6.0 | ER25-6 | 5.0~6.0 | ER32-7 | 6.0~7.0 | ER40-8 | 7.0~8.0 |
| ER11-3.5 | 3.0~3.5 | ER16-6 | 5.0~6.0 | ER20-7 | 6.0~7.0 | ER25-7 | 6.0~7.0 | ER32-8 | 7.0~8.0 | ER40-9 | 8.0~9.0 |
| ER11-4 | 3.5~4.0 | ER16-7 | 6.0~7.0 | ER20-8 | 7.0~8.0 | ER25-8 | 7.0~8.0 | ER32-9 | 8.0~9.0 | ER40-10 | 9.0~10 |
| ER11-4.5 | 4.0~4.5 | ER16-8 | 7.0~8.0 | ER20-9 | 8.0~9.0 | ER25-9 | 8.0~9.0 | ER32-10 | 9.0~10 | ER40-11 | 10~11 |
| ER11-5 | 4.5~5.0 | ER16-9 | 8.0~9.0 | ER20-10 | 9.0~10 | ER25-10 | 9.0~10 | ER32-11 | 10~11 | ER40-12 | 11~12 |
| ER11-5.5 | 5.0~5.5 | ER16-10 | 9.0~10 | ER20-11 | 10~11 | ER25-11 | 10~11 | ER32-12 | 11~12 | ER40-13 | 12~13 |
| ER11-6 | 5.5~6.0 | | | ER20-12 | 11~12 | ER25-12 | 11~12 | ER32-13 | 12~13 | ER40-14 | 13~14 |
| ER11-6.5 | 6.0~6.5 | | | ER20-13 | 12~13 | ER25-13 | 12~13 | ER32-14 | 13~14 | ER40-15 | 14~15 |
| ER11-7 | 6.5~7.0 | | | | | ER25-14 | 13~14 | ER32-15 | 14~15 | ER40-16 | 15~16 |
| | | | | | | ER25-15 | 14~15 | ER32-16 | 15~16 | ER40-17 | 16~17 |
| | | | | | | ER25-16 | 15~16 | ER32-17 | 16~17 | ER40-18 | 17~18 |
| | | | | | | | | ER32-18 | 17~18 | ER40-19 | 18~19 |
| | | | | | | | | ER32-19 | 18~19 | ER40-20 | 19~20 |
| | | | | | | | | ER32-20 | 19~20 | ER40-21 | 20~21 |
| | | | | | | | | | | ER40-22 | 21~22 |
| | | | | | | | | | | ER40-23 | 22~23 |
| | | | | | | | | | | ER40-24 | 23~24 |
| | | | | | | | | | | ER40-25 | 24~25 |
| | | | | | | | | | | ER40-26 | 25~26 |

**3. 工量具等选择**

(1)0~150 mm 游标卡尺。

(2)粗糙度样板。

(3)0~10 mm 量程、0.01 mm 分辨率的百分表。

(4)0~150 mm 平口钳。

(5)寻边器及 Z 轴设定器(图 16-6)。

(6)板刷子、扳手、抹布、垫块及铜皮等。

(7)MAS-403 P40T-Ⅰ型拉钉若干。

(a) 机械式寻边器(φ10 mm)    (b) 光电式寻边器(φ10 mm)    (c) Z轴设定器

图 16-6  寻边器及 Z 轴设定器

## 四 切削用量确定

前已述及,衡量切削用量的铣削参数一般包括切削速度 $v$、进给量 $f$、铣削宽度 $a_w$、铣削深度 $a_p$ 四个要素。参数的选用由工艺条件决定,可使用查表法、经验估计法等确定。本例采用经验估计法与查表法综合进行。

切削用量经验值如下:铣削宽度 $a_w < d/2$($d$ 为铣刀直径)时,取 $a_p = (1/3 \sim 1/2)d$;铣削宽度 $d/2 \leqslant a_w < d$ 时,取 $a_p = (1/4 \sim 1/3)d$;铣削宽度 $a_w = d$ 时,取 $a_p = (1/5 \sim 1/4)d$。

### 1. 铣削宽度 $a_w$、铣削深度 $a_p$ 的确定

粗加工时,选择 $\phi 12$ mm 高速钢立铣刀。根据经验估计法,铣削宽度取值范围为 $a_w < d/2$ 时,$a_p = (1/3 \sim 1/2)d$。即 $a_w$ 取值 4.5 mm,$a_p$ 取值 5 mm。铣削宽度 $a_w = 4.5$ mm 分为两次走刀切削,第一次 2.5 mm,第二次 2 mm,铣削深度 $a_p = 5$ mm 设为一次下刀切削值。

精加工时,选择 $\phi 10$ mm 高速钢立铣刀。根据经验估计法,铣削宽度取值范围为 $a_w < d/2$ 时,$a_p = (1/3 \sim 1/2)d$。即 $a_w$ 取值 0.5 mm,$a_p$ 取值 5 mm。铣削宽度 $a_w = 0.5$ mm 设为一次下刀切削值。

### 2. 切削速度 $v$ 的选择与主轴转速 $n$ 的计算

选择的高速钢立铣刀加工 45 钢材料,根据表 16-4,切削速度范围为 $20 \sim 40$ m/min。

表 16-4 切削速度

| 工件材料 | 硬度(HB) | 切削速度 $v$/(m/min) | |
| --- | --- | --- | --- |
| | | 硬质合金铣刀 | 高速钢铣刀 |
| 低、中碳钢 | <220 | 60~150 | 20~40 |
| | 225~290 | 55~115 | 15~35 |
| | 300~425 | 35~75 | 10~15 |
| 高碳钢 | <220 | 60~130 | 20~35 |
| | 225~325 | 50~105 | 15~25 |
| | 325~375 | 35~50 | 10~12 |
| 合金钢 | <220 | 55~120 | 15~25 |
| | 225~325 | 35~80 | 10~25 |
| | 325~425 | 30~60 | 5~10 |
| 工具钢 | 200~250 | 45~80 | 12~25 |
| 灰铸铁 | 100~140 | 110~115 | 25~35 |
| | 150~225 | 60~110 | 15~20 |
| | 230~290 | 45~90 | 10~18 |

主轴转速 $n$(r/min)与切削速度 $v$(m/min)及铣刀直径 $d$(mm)的关系为

$$n = 1000v/(\pi d)$$

计算粗、精加工的主轴转速如下:

粗加工:$n = [1000 \times (20 \sim 40)]/(3.14 \times 12) \approx (531 \sim 1062)$ r/min,取值为 800 r/min。

精加工:$n = [1000 \times (20 \sim 40)]/(3.14 \times 10) \approx (637 \sim 1274)$ r/min,取值为 950 r/min。

### 3. 进给速度 $F$ 的确定

选择高速钢立铣刀加工 45 钢材料,根据表 16-5,每齿进给量 $f_z$ 范围为 $0.04 \sim 0.20$ mm/z。

表 16-5 铣刀每齿进给量 $f_z$ 推荐值 mm/z

| 工件材料 | 硬度（HB） | 高速钢铣刀 | | 硬质合金铣刀 | |
|---|---|---|---|---|---|
| | | 立铣刀 | 端铣刀 | 立铣刀 | 端铣刀 |
| 低碳钢 | <150 | 0.04～0.20 | 0.15～0.30 | 0.07～0.25 | 0.20～0.40 |
| | 150～200 | 0.03～0.18 | 0.15～0.30 | 0.06～0.22 | 0.20～0.35 |
| 中、高碳钢 | <220 | 0.04～0.20 | 0.15～0.25 | 0.06～0.22 | 0.15～0.35 |
| | 225～325 | 0.03～0.15 | 0.10～0.20 | 0.05～0.20 | 0.12～0.25 |
| | 325～425 | 0.03～0.12 | 0.08～0.15 | 0.04～0.15 | 0.10～0.20 |
| 灰铸铁 | 150～180 | 0.07～0.18 | 0.20～0.35 | 0.12～0.25 | 0.20～0.50 |
| | 180～220 | 0.05～0.15 | 0.15～0.25 | 0.10～0.20 | 0.20～0.40 |
| | 220～300 | 0.03～0.10 | 0.10～0.20 | 0.08～0.15 | 0.15～0.30 |
| 合金钢 | <220 | 0.05～0.18 | 0.15～0.25 | 0.08～0.20 | 0.12～0.40 |
| | 220～280 | 0.05～0.15 | 0.12～0.15 | 0.06～0.15 | 0.10～0.30 |
| | 280～320 | 0.03～0.12 | 0.07～0.12 | 0.05～0.12 | 0.08～0.20 |
| 工具钢 | 退火状态 | 0.05～0.10 | 0.12～0.20 | 0.08～0.15 | 0.15～0.50 |
| | <36 HRC | 0.03～0.08 | 0.07～0.12 | 0.05～0.12 | 0.12～0.25 |
| 铝镁合金 | 90～100 | 0.05～0.12 | 0.20～0.30 | 0.08～0.30 | 0.15～0.38 |

粗加工时，选用的是 3 齿 $\phi$12 mm 高速钢立铣刀，进给速度 $F = f_z z n = (0.04～0.20) \times 3 \times 800 = (96～480)$ mm/min，取值为 300 mm/min。

精加工时，选用的是 4 齿 $\phi$10 mm 高速钢立铣刀，进给速度 $F = f_z z n = (0.04～0.20) \times 4 \times 950 = (152～760)$ mm/min，取值为 450 mm/min。

综上所述，轮廓粗加工时，使用 3 齿 $\phi$12 mm 高速钢立铣刀，主轴转速为 800 r/min，进给速度为 300 mm/min；切削宽度方向，分两次切削，第一次切削 2.5 mm，第二次切削 2 mm；一次切削深度 5 mm。由于使用刀具半径补偿指令，切削宽度可纳入刀具半径补偿功能 D 指令地址中，即：第一次 D01 中的值 = 2.5（第一次切削后的余量）+ 12/2 = 8.5 mm；第二次 D01 中的值 = 0.5（精加工余量）+ 12/2 = 6.5 mm。

轮廓精加工时，使用 4 齿 $\phi$10 mm 高速钢立铣刀，主轴转速为 950 r/min，进给速度为 450 mm/min；精加工余量为 0.5 mm，切削宽度方向一次切削，即 0.5 mm。D01 中的值即为刀具半径值 5 mm。

## 五 程序编制与输入

### 1. 刀具路径

采用顺铣方法，平面走刀路线（即刀具路径）如图 16-7 所示（粗加工第一次走刀，切削宽度 2.5 mm）；粗加工第二次走刀、精加工走刀的走刀路线与图 16-7 基本一致，不再赘述。

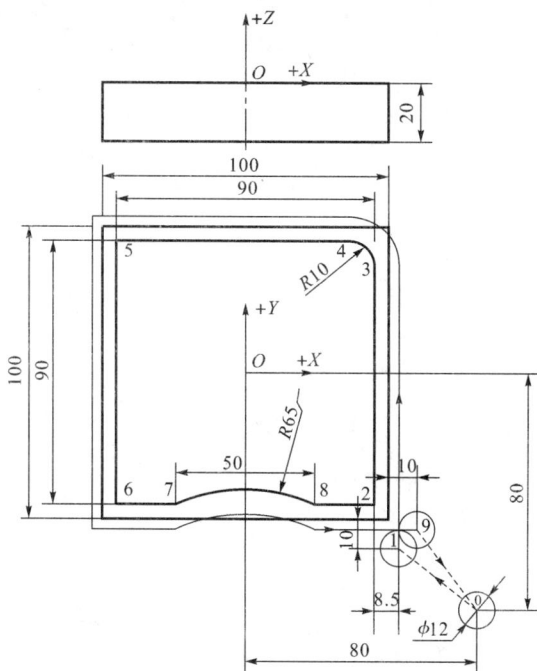

图 16-7　刀具路径

图 16-7 所示的刀具中心移动轨迹为:刀具从 0 点开始→快速运动建立刀具半径补偿到 1 点→直线切削到 3 点→逆时针圆弧切削到 4 点→直线切削到 5 点→直线切削到 6 点→直线切削到 7 点→顺时针圆弧切削到 8 点→直线切削到 9 点→快速运动取消刀具半径补偿到 0 点。

设计刀具路径时,有要切入与切出段,本例 $Y$ 方向的切入段为 10 mm,$X$ 方向的切出段为 10 mm。

**2. 编程坐标系设定**

本例编程坐标系如图 16-7 所示,坐标原点设在零件上表面的中心处,符合基准重合原则,有利于编程。

**3. 数值计算**

轮廓加工控制尺寸 $90 \pm 0.027$ mm 是对称偏差,取中间值 90 mm 编程。

由计算知,各点 $XY$ 平面坐标如下:

0(X80,Y−80),1(X45,Y−47),2(X45,Y−45),3(X45,Y35),4(X35,Y45),5(X−45,Y45),6(X−45,Y−45),7(X−25,Y−45),8(X25,Y−45),9(X47,Y−45)。

**4. 程序编制**

(1)轮廓铣削编程的主要代码

快速定位指令:G00 X_ Y_ Z_

直线插补指令:G01 X_ Y_ Z_ F_

刀具半径补偿指令:

G17/G18/G19 G41/G42 G00/G01 X_ Y_ Z_ F_ D_　　　　/建立刀具半径补偿/

……　　　　　　　　　　　　　　　　　　　　　　　　　/执行刀具半径补偿/

……

......                                        /执行刀具半径补偿/

G40 G00/G01 X_ Y_ Z_ F                        /取消刀具半径补偿/

（2）轮廓铣削加工程序编制

粗、精加工程序轨迹一样，可用一个程序控制。轮廓方向尺寸精度可通过修改刀具半径指令中的 D 地址值控制；粗、精加工除了 D 地址值之外，还要修改 S 及 F 值。

粗加工程序如下：

O2222

G91 G28 Z0                    /回参考点/

G54                           /选择工件坐标系/

G90 G00 X80 Y−80             /0 点/

M03 S800

G00 Z−5

G42 X45 Y−47 D01            /0～1 点/

M08                          /切削液开/

G01 X45 Y35 F300            /1～3 点/

G03 X35 Y45 R10            /3～4 点/

G01 X−45 Y45              /4～5 点/

        Y−45              /5～6 点/

        X−25              /6～7 点/

G02 X25 Y−45 R65          /7～8 点/

G01 X47 Y−45 F300         /8～9 点/

G40 G00 X80 Y−80          /9～0 点/

M09                        /切削液关/

G00 Z200                   /便于零件检查/

M05                        /主轴停转/

M30                        /程序结束，光标回到程序首位置/

（3）思考

①轮廓加工控制尺寸如果是 $90_{-0.033}^{0}$ mm，编程基本尺寸如何取值？ 如果不采用中间值编程方式，如何控制轮廓尺寸不超差？

②在粗加工程序的基础上，完善精加工程序。

## 六　轮廓铣削加工与精度检查

### 1. 开启机床操作

具体开启机床操作过程参照"项目 2 数控铣床的开关机操作"。在开启机床操作时，应注意如下事项：

（1）检查机床外观是否正常。

（2）检查工作台是否在合适位置。

（3）检查按键是否完好。

### 2. 回参考点操作

选择机床操作面板上的回参考点模式"ZRN"，按 $Z→X→Y$ 轴顺序进行回参考点操作。具体回参考点操作可参照"项目 2 数控铣床的开关机操作"。

### 3. 平口钳装夹

平口钳装夹的具体方法可参照"项目8 工件在平口钳上的装夹"。

### 4. 零件装夹

使用平口钳装夹零件,如图16-8所示。采用托表法找正,用垫块、铜皮初步找正零件。零件装夹的具体方法可参照"项目8 工件在平口钳上的装夹"。

图16-8 使用平口钳装夹零件

注意事项如下:

(1)安装工件时,平口钳钳口工作面及导轨面、平行垫铁工作面必须擦拭干净。

(2)安装工件时,必须轻拿轻放,防止碰伤手脚和机床工作台面。

(3)扳手、铁块等不能放在工作台面上。

### 5. 安装、夹紧刀具和刀柄

平面铣刀、刀柄等安装可参照"项目11 刀具的安装操作"。注意事项如下:

(1)刀柄锥度部分必须擦拭并用高压气吹干净。

(2)刀柄安装到主轴上之前,检查刀柄上的拉钉是否紧固。

(3)刀柄安装到主轴上之后,启动主轴,检查刀具是否有跳动。

### 6. 对刀,设定工件坐标系 G54

采用试切法对刀,并把对刀处理的数据输入到G54中,具体操作方法可参照"项目14 对刀操作"。注意事项如下:

(1)用手轮的"×100"挡来快速靠近工件;当刀具距离工件较近时,必须把手轮切换到"×1"挡,以使刀具轻微碰触工件。

(2)刀具碰触到工件侧边后,建议先抬高刀具到离开工件,再进行下一步操作。

### 7. 设定刀具半径补偿值

轮廓粗加工时:使用3齿$\phi$12 mm高速钢立铣刀,第一次D01中的值=2.5(第一次切削后的余量)+12/6=8.5 mm;第二次D01中的值=0.5(精加工余量)+12/6=6.5 mm。

轮廓精加工时:使用4齿$\phi$10 mm高速钢立铣刀,精加工余量为0.5 mm,D01中的值为刀具半径值5 mm。

刀具半径补偿值设定在半径补偿代码D01中,其界面如图16-9所示,三次刀具半径补偿值分别为8.5 mm、6.5 mm及5 mm,以配合粗、精加工程序使用。

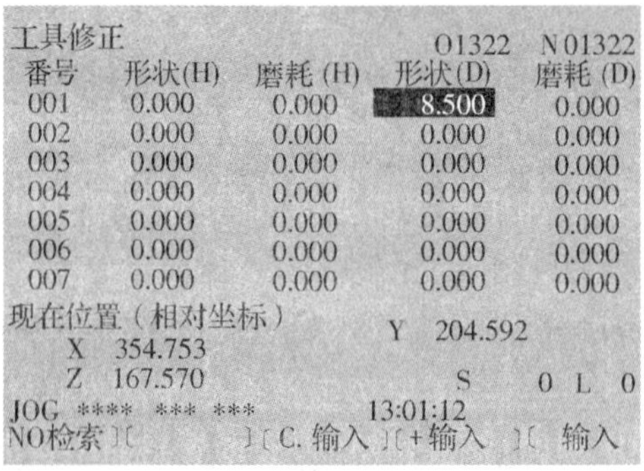

图 16-9　刀具半径补偿界面(D01)

**8. 录入与编辑程序**

把上面编制好的 O2222 程序输入到系统中,进行粗加工。粗加工完成之后;修改 O2222 程序中的 F、S 值及系统中的刀具半径补偿值,更换刀具,实现半精及精加工。

**9. 切削加工前的模拟显示**

具体操作方法可参照"项目 6 切削加工前的模拟显示"。

**10. 切削加工**

程序切削加工前的模拟显示正确之后,就可以试切削加工零件。基本步骤如下:

(1)在编辑程序模式"EDIT"下,按 NC 系统操作面板上的复位键"RESET",使程序中的光标处于程序首位置。

(2)将倍率旋钮置于 100% 位置。

(3)按下循环启动按钮"CYCLE START"。

**注意**　在切削加工过程中,如果工件表面质量与要求有差距或切削有异声,可通过调整进给或转速倍率旋钮来调节。

零件在没有从平口钳上拆卸下来之前,在安全条件下应对零件进行必要的尺寸测量,如果尺寸没有加工到位,可修改程序或补偿控制尺寸精度。

切削加工零件时,应确保冷却充分和排屑顺利。

**11. 结束工作**

零件加工完毕后将其取出,去除毛刺;同时,做好清扫机床、擦净刀具和量具等相关工作,并按规定摆放整齐。

**12. 评估**

完成零件的加工后,从以下几方面评估整个加工过程,达到不断优化实训过程的目的。

(1)对工件尺寸精度进行评估,找出尺寸超差是工艺系统因素还是测量因素,为工件后续加工的尺寸精度控制提出解决办法、合理化建议及有益的经验。

(2)对工件的加工表面质量进行评估,总结经验或找出表面质量缺陷的原因,提出优化刀具路径的设计方法。

(3)对加工效率、刀具寿命等方面进行评估,找出加工效率与刀具寿命的内在规律,为进一步优化刀具切削参数夯实基础。

(4)评估切削加工过程,查找是否有需要改进的工艺方法和操作。

(5)评估每组(或名)成员工作过程中的知识技能、安全文明操作意识、协作能力、语言表达能力等。

（6）按要求形成实训报告，具体见表 16-6。

表 16-6                           **实训报告**

| 姓名 | 设备型号 | | 指导与评阅教师 | 实训日期 | 成绩 |
|---|---|---|---|---|---|
| 实训目的 | | | | | |
| 实训内容 | | | | | |

| | 工序号 | 工序内容 | 刀具号 | 刀具规格 | 主轴转速 /(r/min) | 进给速度 /(mm/r 或 mm/min) | 背吃刀量 /mm |
|---|---|---|---|---|---|---|---|
| 加工 工序 | 1 | | | | | | |
| | 2 | | | | | | |
| | | | | | | | |
| | n | | | | | | |

| | 工序号 | 刀具号 | 刀具规格名称 | 数量 | 加工要素 | D**中值名义 半径/mm | 备注 |
|---|---|---|---|---|---|---|---|
| 刀具 | 1 | | | | | | |
| | 2 | | | | | | |
| | | | | | | | |
| | n | | | | | | |

| 其他实训 用品 | （刀具、量具、夹具、工具等） |
|---|---|
| 程序 | |
| 操作流程 | |

## ⊙ 实训作业

1. 修改 O2222 程序，对轮廓进行粗、精加工至要求的精度。

2. 如果上述零件外轮廓实际测量尺寸为 90.6 mm，如何控制在 $90 + 0.027$ mm？

3. 底座零件图如图 16-10 所示，加工其上 40 mm×40 mm×3 mm 的半封闭内轮廓。

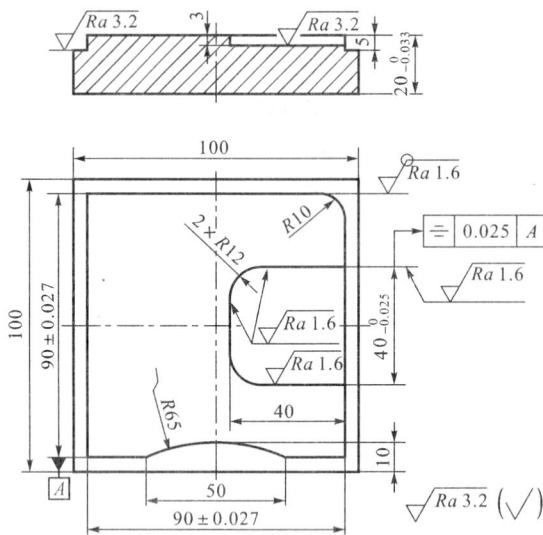

图 16-10　底座零件图(二)

4.底座零件图如图 16-11 所示,加工其上 70 mm×60 mm×10 mm 的封闭内轮廓。

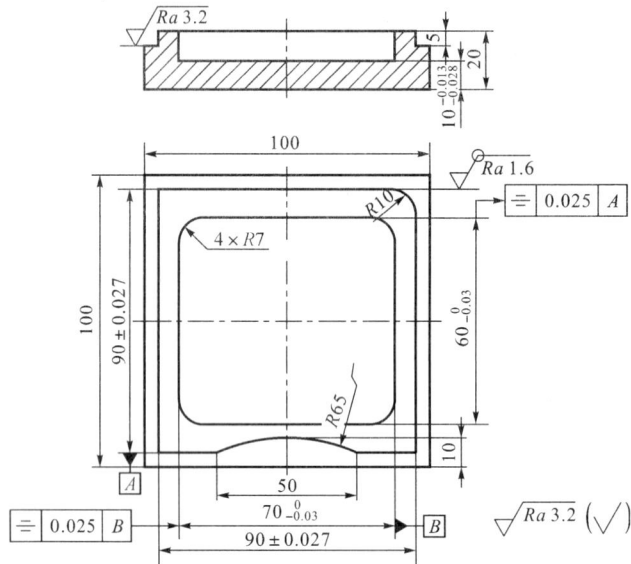

图 16-11　底座零件图(三)

# 零件平面轮廓铣削加工辅助知识

## 一　刀具半径补偿指令

### 1.编程指令格式

G17/G18/G19 G41/G42 G00/G01 X_ Y_ Z_ F_ D_　　　　/建立刀具半径补偿/

……　　　　　　　　　　　　　　　　　　　　　　　/执行刀具半径补偿/

……

......　　　　　　　　　　　　　　　　　　/执行刀具半径补偿/

G40 G00/G01 X_ Y_ Z_ F_　　　　　　　/取消刀具半径补偿/

**2. 功能**

编程者按工件的实际轮廓尺寸编程,同时给出刀具半径补偿指令及刀具半径值,数控系统自动计算刀具刀位点的中心运动轨迹坐标,以实现轮廓插补功能。

**3. 说明**

(1)编程格式包括建立、执行和取消刀具半径补偿的三个过程。

(2)G41 为左刀补,其定义为:顺着刀具的加工(或运动)方向看,如果刀具在被加工工件轮廓的加工部位左侧,则为左刀补;反之为右刀补 G42。

(3)X、Y、Z 为加工每段的终点坐标,与 G90、G91 配合使用,分为相对和绝对两种情况。

(4)D 为刀具半径补偿寄存器地址字,其表示形式为 D+两位数字,数字从 00~99。

(5)D 中的值可以是刀具的实际半径,也可以是理论半径值。

(6)建立或取消刀具半径补偿编程格式中不能含有 G02、G03 指令,只能用 G00、G01 指令。

(7)用 G00 或 G01 指令建立刀具半径补偿的起始点要保证不破坏刀具和工件。

**4. 应用**

配合 G00、G01、G02、G03 等指令,进行面、槽、轮廓及孔加工等。

**5. 对刀具半径补偿寄存器 D 中存放的刀具半径值理解**

D 地址中存放的值并不一定是刀具的真实半径值,也可能比刀具半径值大或小。在不改变刀具的情况下,可通过改变 D 中的刀具半径值来控制轮廓尺寸大小或实现轮廓的粗、精加工。

## 二　轮廓铣削的数控加工工艺设计要点

**1. 顺铣与逆铣**

如图 16-12 所示为顺铣与逆铣示意图。

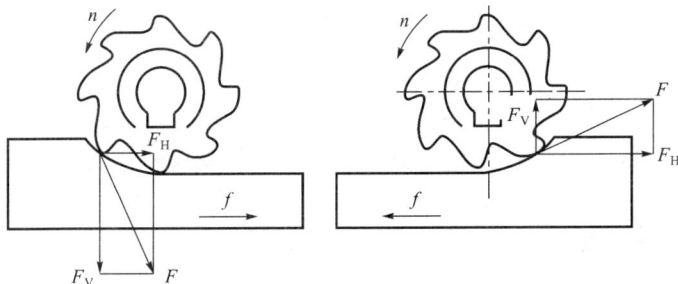

图 16-12　顺铣与逆铣示意图

(1)顺铣:工件的进给方向与切削区域的铣刀旋转方向相同。刀片以最大铣削厚度切入工件而后逐渐减小至零,后刀面与工件无挤压、摩擦现象,加工精度较高。因刀齿突然切入工件会加速刀齿的磨损,降低铣刀的寿命,故不适合带硬皮的工件。顺铣方式适合数控铣床使用。

(2)逆铣:工件的进给方向与切削区域的铣刀旋转方向相反。铣削厚度从零开始逐渐增至最大,当刀齿刚接触工件时,其铣削厚度为零,后刀面与工件产生挤压和摩擦,会加速刀齿的磨损,降低铣刀寿命和工件已加工表面的质量,造成加工硬化层。逆铣方式适合一般普通铣床使用。

　　总结:无论机床、刀具、夹具和工件要求如何,顺铣都是首选的方法。

## 三　数控加工的工艺性分析

### 1. 零件轮廓几何要素分析

零件轮廓是数控加工的最终轨迹,也是数控编程的依据。分析轮廓要素时,可借助CAD软件对轮廓几何要素进行分析。

### 2. 精度及技术要求分析

对被加工零件的精度及技术要求进行分析,是零件工艺性分析的重要内容。只有在分析零件尺寸精度、形状精度、位置精度和表面粗糙度的基础上,才能对加工方法、装夹方式、刀具及切削用量进行正确而合理的选择。

### 3. 零件图的数学处理

零件图的数学处理主要是计算零件加工轨迹的尺寸,以便编制加工程序。可借助CAD软件绘图,然后捕获节点的坐标值。

## 四　数控加工阶段及工序的划分

### 1. 加工阶段的划分

当零件的加工质量要求较高时,往往不可能用一道工序来满足其要求,而要用几道工序逐步达到所要求的加工质量。为保证加工质量和合理地使用设备,零件的加工过程常常按工序性质不同可分为粗加工、半精加工、精加工和光整加工四个阶段。

(1)粗加工阶段,其任务是以最大生产率切除毛坯上大部分多余的金属。

(2)半精加工阶段,其任务是使主要表面达到一定的精度,留有一定的精加工余量,主要为后面的精加工(如精车、精磨)做好准备,并可完成一些次要表面的加工,如扩孔、攻螺纹、铣键槽等。

(3)精加工阶段,其任务是保证各主要表面达到图样规定的精度要求和表面质量要求。

(4)光整加工阶段,对零件上精度和表面质量要求很高(IT6级以上,表面粗糙度为 $Ra$ 0.2 $\mu$m 以下)的表面,需进行光整加工,其主要目标是提高尺寸精度、减小表面粗糙度,一般不用来提高位置精度。

### 2. 数控加工工序的划分原则

(1)保证精度的原则

数控加工要求工序尽可能集中,常常粗、精加工在一次装夹下完成,为了减少热变形和切削力引起的变形对工件的形状精度、位置精度、尺寸精度和表面粗糙度的影响,应将粗、精加工分开进行。对既有内表面(内型腔)又有外表面需加工的零件,安排加工工序时,应先进行内外表面的粗加工,后进行内外表面的精加工。切不可将零件上一部分表面(外表面或内表面)加工完毕后,再加工其他表面(内表面或外表面)。

（2）提高生产效率的原则

数控加工中为减少更换刀具次数,节省换刀时间,应将需用同一把刀具加工的部位全部加工完成后,再换另一把刀具来加工其他部位,同时应尽量减少刀具的空行程。用同一把刀具加工工件的多个部位时,应以最短的路线到达各加工部位。

## 五　加工路线的确定

加工路线就是指数控机床在加工过程中,刀具中心相对于工件运动的轨迹和方向。确定加工路线就是确定刀具运动的轨迹和方向,以确定程序编制的轨迹和运动方向。加工路线的确定原则主要有以下几点:能保证零件的加工精度和表面粗糙度要求;尽量缩短加工路线,减少刀具空行程移动时间;使数值计算简单,程序段数量少,以减少编程工作量。

### 1.轮廓铣削的加工路线总体要求

在数控铣床上加工零件轮廓时,为了保证轮廓表面质量要求,减少接刀的痕迹,要有刀具的"切入"和"切出"程序段。

在铣削平面轮廓零件外形时,一般用立铣刀的周刃进行铣削。这样在加工时,其"切入"和"切出"部分应设计外延程序,以保证工件轮廓形状的平滑。避免法向进刀切入或切出零件轮廓,这样可以避免在轮廓的切入、切出处留下刀痕。

铣削凹槽类零件时,其切入和切出不允许有外延而只能沿零件轮廓的法向切入和切出。这时,切入点和切出点要尽可能选在零件轮廓两几何元素的交点处。

### 2.轮廓(挖槽和型腔)铣削加工中的进刀方式

对于封闭型腔零件的加工,下刀方式主要有垂直下刀、螺旋下刀和斜线下刀。

（1）垂直下刀

小面积铣削和零件表面粗糙度要求不高的情况,使用键槽铣刀直接垂直下刀并进行铣削。虽然键槽铣刀其端部刀刃通过铣刀中心,有垂直吃刀的能力,但由于键槽铣刀只有两刃切削,加工时的平稳性也就较差,因而表面粗糙度较大;同时在同等切削条件下,键槽铣刀较立铣刀的每刃切削量大,因而刀刃的磨损也较大,在大面积切削中效率较低。所以,采用键槽铣刀直接垂直下刀的切削方式,通常只适用于小面积切削或被加工零件表面粗糙度要求不高的情况。

大面积的型腔一般采用具有较高的平稳性和较长寿命的立铣刀来加工,但由于立铣刀的底切削刃没有到刀具中心,因此一般采用键槽铣刀垂直进刀,或预钻起始孔后再换立铣刀加工型腔。

（2）螺旋下刀

螺旋下刀方式是现代数控加工中应用较为广泛的下刀方式,在模具制造行业中最为常见,一般借助 CAM 软件中的螺旋下刀功能来实现。

（3）斜线下刀

斜线下刀时,刀具快速下至加工表面上一个距离后,改为以一个与工件表面成一角度的方向,以斜线的方式切入工件来达到 $Z$ 向进刀的目的。

### 3.铣圆形轮廓的走刀路线

圆形外轮廓半精、精加工的走刀路线,如图 16-13 所示。圆形内轮廓型腔半精、精加工的走刀路线,如图 16-14 所示。

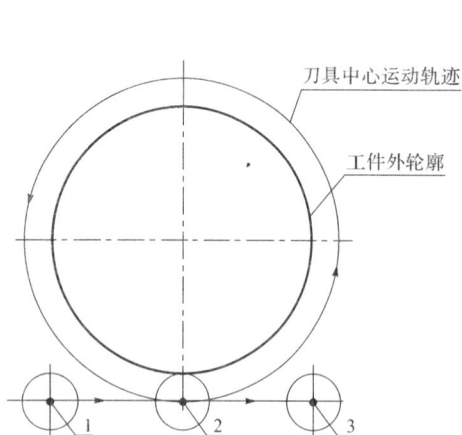

图 16-13　圆形外轮廓半精、精加工的走刀路线

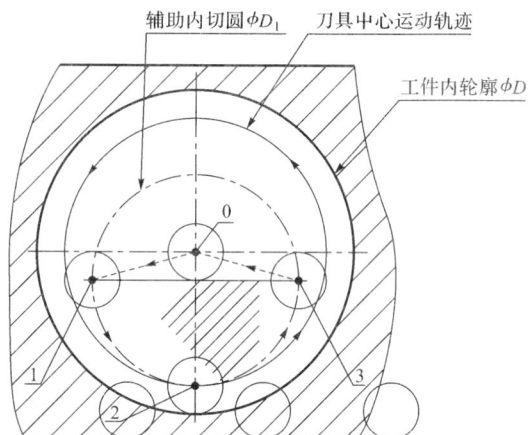

图 16-14　圆形内轮廓型腔半精、精加工的走刀路线

### 4. 挖型腔走刀路线

通槽铣削,可采用行切法加工,走刀换向在工件外部进行,如图 16-15(a)所示。

敞口槽铣削,可采用环切法,如图 16-15(b)所示。

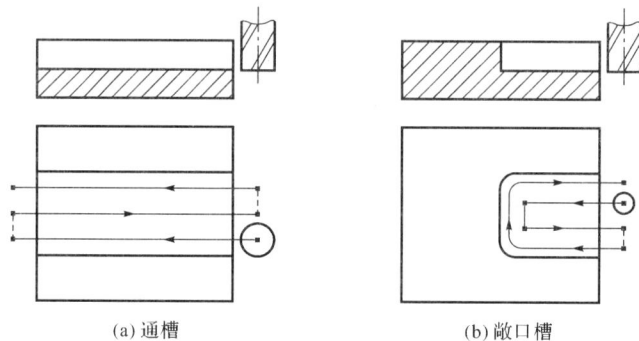

(a)通槽

(b)敞口槽

图 16-15　槽走刀路线

封闭凹槽铣削,有图 16-16 所示的三种方法,粗切时采用行切法,如图 16-16(a)所示;精切时采用环切法,如图 16-16(b)、图 16-16(c)所示,以走刀路线最短者为首选。

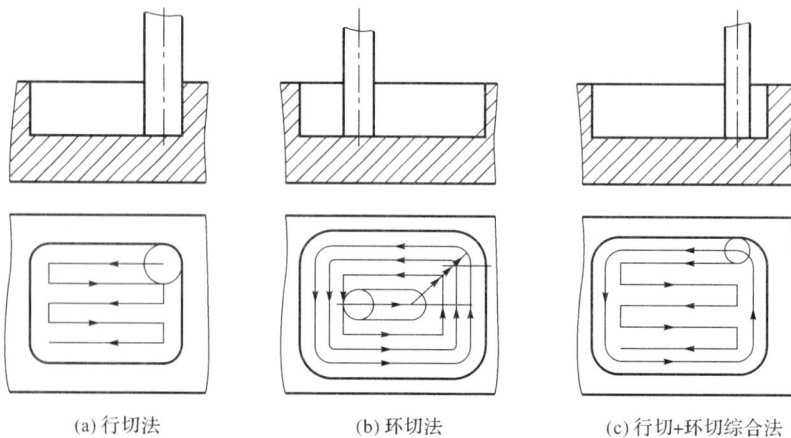

(a)行切法

(b)环切法

(c)行切+环切综合法

图 16-16　封闭槽走刀路线

其中,虚线为刀具中心快速移动路线,细实线为刀具中心切削路线。

## 六　工件的定位、装夹与夹具的选择

**1. 工件定位、装夹的基本原则**

(1)力求设计基准、工艺基准与编程原点统一,以减少基准不重合误差。

(2)设法减少装夹次数,尽可能做到一次定位装夹后能加工出工件上全部或大部分待加工表面,以减少装夹误差。

(3)避免采用停机人工调整方式,以免停机时间太长,影响加工效率。

**2. 夹具的选择**

(1)单件小批量生产时,优先选用组合夹具、可调夹具和其他通用夹具,以缩短生产准备和节省生产费用。

(2)在成批生产时,才考虑采用专用夹具,并力求结构简单。

(3)夹具上各零部件应不妨碍机床对零件各表面的加工,其定位、夹紧件不能影响加工中的进给(如产生碰撞等)。

(4)为提高数控加工的效率,批量较大的零件加工可以采用多工位、气动或液压夹具。

**3. 常用的数控夹具**

数控铣床夹具一般安装在工作台上,其形式根据被加工零件特点不同而多种多样,如通用台虎钳、压板套装、专用夹具、数控分度转台等。

## 七　刀具的选择

选择刀具时一般优先采用标准刀具,必要时也可采用各种高生产率的复合刀具及一些专用刀具。此外,应结合实际情况,尽可能选用各种先进刀具,如可转位刀具、整体硬质合金刀具、陶瓷刀具等。刀具的类型、规格和精度等级应符合加工要求,刀具材料应与工件材料相适应。

铣削用刀具介绍如下:

(1)平底立铣刀,如图 16-17 所示,该类型铣刀常用于铣削平面零件及其内外轮廓,该刀具有关参数的经验数据如下:

铣刀半径 $R$ 应小于零件内轮廓面的最小曲率半径 $R_{min}$,一般取 $R=(0.8\sim0.9)R_{min}$,加工的零件高度 $H\leqslant(4\sim6)R$,以保证刀具有足够的刚度。用平底立铣刀铣削内槽底部时,由于槽底两次走刀需要搭接,而刀具底刃起作用的半径为 $R_e=R-r$,即每次切槽的直径为 $2R_e$,故编程时应取刀具半径为 $R_e=0.95(R-r)$,以避免两次走刀之间出现过高的刀痕。

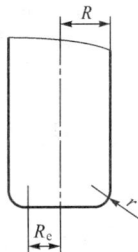

图 16-17　平底立铣刀

通常说的立铣刀,还包括键槽铣刀一类,其外形特点与立铣刀基本相似,但普通圆柱立铣刀与键槽铣刀是有区别的。首先是齿数不同,键槽铣刀齿数较少,通常为 2~3 齿,而普通圆柱立铣刀为 3~6 齿;其次是端面切削刃不同,键槽铣刀的端面切削刃是过中心的,具有插钻功能,而普通圆柱立铣刀是切削刃不过中心且其上有中心孔。实际工作中,不提倡用普通圆柱立铣刀铣键槽,而使用键槽铣刀铣削键槽或粗加工。

(2)常用的其他铣刀,对于一些立体型面和变斜角轮廓外形的加工,常用鼓形铣刀、锥形铣刀。

①普通可转位立铣刀

如图 16-18 所示,刀体上可镶嵌 1～4 个刀片。普通可转位立铣刀承受切向力好,切削中无振动,可用以铣削开口槽、台阶表面、内表面和立面等。更换刀片材质,可加工多种材料。它适用于普通铣床、加工中心或数控铣床等。

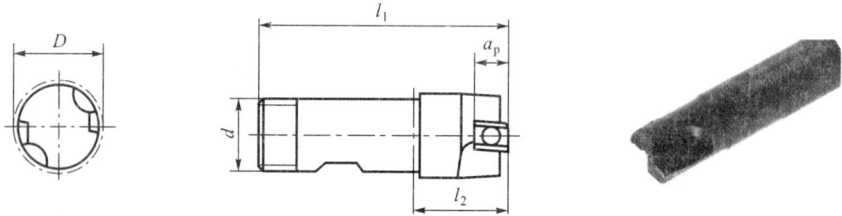

图 16-18　可转位立铣刀

②可转位螺旋齿立铣刀

如图 16-19 所示,可转位螺旋齿立铣刀的刀片按螺旋线排列在铣刀的圆柱面上,刀片的位置相互交错、重叠,形成长的切削刃。这种螺旋齿立铣刀铣削平稳、轻快,适于在龙门铣床、镗铣床上粗铣或半精铣各种材质的平面、阶梯面、开口槽以及内外成形侧面等。柄部形式有削平型直柄、莫氏锥柄和 7：24 锥度的锥柄。

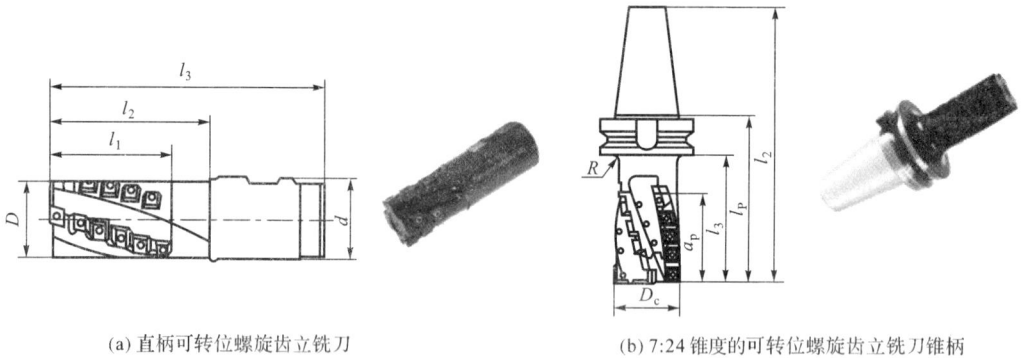

(a) 直柄可转位螺旋齿立铣刀　　　　　(b) 7:24 锥度的可转位螺旋齿立铣刀锥柄

图 16-19　可转位螺旋齿立铣刀

（3）刀柄

通常使用弹簧卡头刀柄、侧固式刀柄、扁尾刀柄等夹持立铣刀。

## 八　切削用量的选择

### 1.切削用量的选择原则

粗加工时,一般以提高生产率为主,但也应考虑经济性和加工成本;半精加工和精加工时,应在保证加工质量的前提下,兼顾切削效率、经济性和加工成本。具体数值应根据机床说明书、切削用量手册,并结合经验而定。

### 2.背吃刀量的确定

背吃刀量由机床、工件和刀具的刚度来决定,在刚度允许的条件下,应尽可能使背吃刀量等于工件的加工余量,这样可以减少进给次数,提高生产率。

切削用量经验值如下:铣削宽度 $a_w < d/2$（$d$ 为铣刀直径）时,背吃刀量 $a_p = (1/3 \sim 1/2)d$；

铣削宽度 $d/2 \leqslant a_w < d$ 时,取 $a_p = (1/4 \sim 1/3)d$;铣削宽度 $a_w = d$ 时,取 $a_p = (1/5 \sim 1/4)d$。

确定背吃刀量的原则是:

(1)在工件表面粗糙度要求为 $Ra$ 12.5～25 μm 时,如果数控加工的加工余量小于 5～6 mm,粗加工一次进给就可以达到要求。但在余量较大、工艺系统刚性较差或机床动力不足时,可分多次进给完成。

(2)在工件表面粗糙度要求为 $Ra$ 3.2～12.5 μm 时,可分粗加工和半精加工两步进行。粗加工时的背吃刀量选取同前。粗加工后留 0.5～1.0 mm 余量,在半精加工时切除。

(3)在工件表面粗糙度要求为 $Ra$ 0.8～3.2 μm 时,可分粗加工、半精加工、精加工三步进行。半精加工时的背吃刀量 1.5～2 mm,精加工时背吃刀量取 0.3～0.5 mm。

**3. 进给量的确定**

进给量主要根据零件的加工精度和表面粗糙度要求以及刀具、工件的材料选取。最大进给量受机床刚度和进给系统的性能限制。确定进给量的原则是:

(1)当工件的质量要求能够得到保证时,为提高生产率,可选择较高的进给量。一般在 100～200 mm/min 范围内选取。

(2)当加工精度、表面质量要求高时,进给量应选小些,一般在 20～50 mm/min 范围内选取。

(3)刀具空行程时,可以选择该机床数控系统设定的最高进给量。

**4. 主轴转速的确定**

主轴转速应根据允许的切削速度和工件(或刀具)直径来选择。计算的主轴转速,最后要根据机床说明书选取机床固有的转速或较接近的转速。

**5. 数控铣刀的切削速度及铣刀的进给量**

对于不同的铣削加工情况,需选用不同的切削用量,具体可根据表格、经验等方法确定。

**6. 提高切削用量的方法**

(1)采用加工性能更好的刀具材料,如采用超硬高速钢、陶瓷等。

(2)采用性能优良的新型切削液及冷却方式,改善切削过程中的冷却和润滑条件,可提高刀具寿命和切削用量。例如,采用极压乳化液、极压切削油以及喷雾冷却等。

## 九 程序编制、校验与首件试切

**1. 加工程序编制**

数控编程一般分为手工编程和自动编程。

(1)手工编程

对于形状简单的零件加工,计算比较简单,程序不多,采用手工编程较容易完成;对于形状复杂(如空间曲线、曲面)、计算烦琐的零件加工,应采用自动编程。

(2)自动编程

自动编程是利用计算机专用软件编制数控加工程序的过程,它包括数控语言编程和图形交互式编程。图形交互式自动编程是利用计算机辅助设计(CAD)软件的图形编程功能,将零件的几何图形绘制到计算机上,形成零件的图形文件,或者直接调用由 CAD 系统完成的零件图形文件,然后再用专用软件生成刀位文件,再经相应的后置处理,自动生成数控加工程序。

**2. 程序校验和首件试切**

数控机床是根据数控加工程序（NC 代码）来进行加工的，一旦程序出现错误，结果可能导致工件形状不符合要求，出现废品，甚至有时还会损坏刀具、机床。因此零件的数控加工程序在投入实际加工之前，有效地检验和验证其正确性，是数控加工编程中的重要环节。加工程序在经过试运行和首件试切两步检验后才能进入正式加工阶段。

（1）试运行

试运行可以在计算机模拟系统中进行，也可以在数控机床上进行。试运行时，可以检验程序语法是否有错，零件是否发生过切、少切，所选择的刀具、进给路线、进退刀方式是否合理，零件与刀具、刀具与夹具、刀具与工作台是否干涉和碰撞等。如果发现程序存在语法或计算错误，运行中会自动显示编程出错报警，根据报警号内容，可对相应出错程序段进行检查、修改。加工程序试运行只能检验数控加工程序是否正确，不能检验出被加工零件的加工精度、加工质量和加工工效。因此，还需进行零件的首件试切。

（2）首件试切

首件试切一般采用逐段运行的方法进行加工，即每按一次自动循环键，系统只执行一段程序，执行完一段停一下，通过一段一段运行程序来检查机床的每次动作。同时在首件试切过程中也可以根据需要，通过调节进给倍率和主轴修调开关来调节切削用量，以获得合格的首件零件。通过分析首件的加工效果，可以发现加工是否有加工超差的现象，如果有应分析超差产生的原因，找出问题所在，并加以修正，直至达到零件图样的要求。

## 十　工艺文件的填写与归档

工艺文件主要包括数控加工编程任务书、数控加工工艺卡片、数控加工程序单等。

# 项目 17　模板零件孔系加工——孔加工固定循环

指令应用

机械加工中，孔是最常见的，如通孔和盲孔、大孔和小孔、螺纹孔等。孔的加工方法有很多种，如铸锻、钻孔、扩孔、铰孔、镗孔、冲孔、挤压等。

## ◉ 实训目的

根据孔加工工艺基础知识，应用孔加工固定循环指令、极坐标系指令编制零件上的孔系加工程序，并能操作数控铣床加工零件上的孔。

## ◉ 实训任务

1. 孔加工分析与工艺编制。

2.机床、刀具及工量具条件确定。

3.切削用量确定。

4.孔加工固定循环指令与程序编制。

6.坐标系旋转及极坐标指令在孔系加工中的应用。

5.孔切削加工与精度检查。

7.机床安全操作、日常维护及相关知识。

8.如图 17-1 所示的模板零件,材料为 45 钢,生产规模为单件,其毛坯尺寸如图 17-2 所示。要求使用数控铣床(MVC850 或 VMC850 机床)完成该模板零件上的孔系加工。

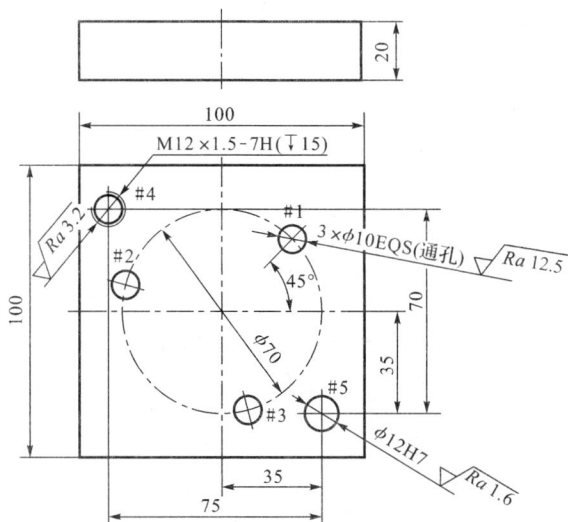

图 17-1　模板零件图　　　　　　图 17-2　模板零件毛坯图

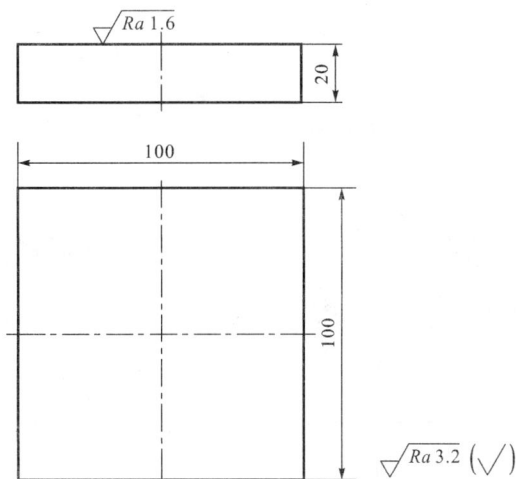

## 实训内容与步骤

### 一　孔加工分析

分析要点如下:

(1)切削加工工艺分析。孔加工之前零件的毛坯已经过加工处理。零件上有 $\phi12H7$ mm($Ra$ 1.6 $\mu$m)孔、$3\times\phi10$ mm($Ra$ 12.5 $\mu$m)通孔、M12×1.5－7H mm(深 15 mm,$Ra$ 3.2 $\mu$m)螺纹孔,孔加工的刀具及其规格选择简单,孔尺寸精度(H7)及表面质量($Ra$ 1.6 $\mu$m)要求不高,通过常规孔加工方法即可达到要求。

(2)零件毛坯的工艺性分析。该零件的毛坯已经过预处理加工,块料毛坯尺寸100mm×100 mm×20 mm 由上道工序保证,满足先面后孔的加工要求;毛坯尺寸规则,装夹方便,用平口钳装夹即可满足加工要求。

### 二　孔加工工艺编制

由上述分析可知,编制孔加工工艺如下:

(1)使用中心钻点窝＃1～＃5孔;

(2)使用钻头钻削加工♯1～♯3的3×φ10 mm通孔；

(3)使用钻头钻削加工M12×1.5 mm螺纹底孔；

(4)使用丝锥攻螺纹M12×1.5--7H mm；

(5)加工φ12H7 mm孔。

## 三　机床、刀具及工量具条件确定

### 1.机床确定

根据被加工工件尺寸及加工精度,选择MVC850数控铣床即可满足要求。

### 2.刀具选择

(1)点窝♯1～♯5孔的中心钻选择

使用如图17-3所示的高速钢中心钻,用其点窝♯1～♯5孔,以方便刀具正确引入。加工图17-1所示模板零件上的孔,选择表17-1中的φ2.5 mm中心钻。

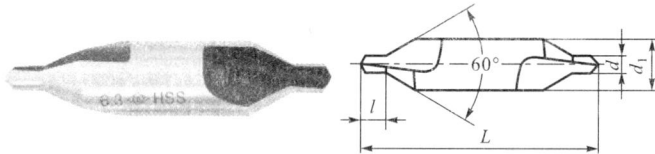

图17-3　高速钢中心钻

表 17-1　　　　　　　　　　　　中心钻尺寸

| $d$/mm | $d_1$/mm | $L$/mm | $l$/mm | $d$/mm | $d_1$/mm | $L$/mm | $l$/mm |
|---|---|---|---|---|---|---|---|
| 1.0 | 3.15 | 31.5 | 1.3 | 4.0 | 10 | 56 | 5.0 |
| 1.6 | 4 | 35.5 | 2.0 | 5.0 | 12.5 | 63 | 6.3 |
| 2.0 | 5 | 40 | 2.5 | 8.0 | 20 | 80 | 10.1 |
| 2.5 | 6.3 | 45 | 3.1 | 10.0 | 25 | 100 | 12.8 |

(2)3×φ10 mm通孔刀具选择

根据表17-2给出的孔径精度及表面粗糙度要求,加工3×φ10 mm($Ra$ 12.5 $\mu$m)通孔,使用钻削加工方法就可达到。刀具选择如图17-4所示的高速钢钻头,直径选择φ10 mm,其规格见表17-3。

表 17-2　　　　　　不同加工方法达到的孔径精度与表面粗糙度

| 加工方法 | 孔径精度(IT) | 表面粗糙度 $Ra$/$\mu$m | 加工方法 | 孔径精度(IT) | 表面粗糙度 $Ra$/$\mu$m |
|---|---|---|---|---|---|
| 钻 | 12～13 | 12.5 | 钻、扩、粗铰、精铰 | 6～8 | 0.8～1.6 |
| 钻、扩 | 10～12 | 3.2～6.3 | 抛光 | 5～6 | 0.025～0.4 |
| 钻、铰 | 8～11 | 1.6～3.2 | 滚压 | 6～8 | 0.05～0.4 |
| 钻、扩、铰 | 6～8 | 0.8～3.2 | | | |

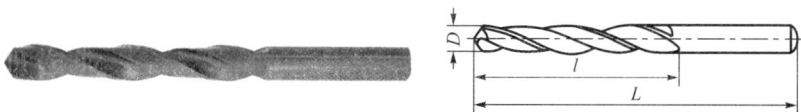

图17-4　高速钢钻头

表 17-3　　　　　　　　高速钢钻头规格($\phi8\sim\phi20$ mm 部分直径)　　　　　　mm

| 直径 D | 全长 L | 刃长 l | 直径 D | 全长 L | 刃长 l |
|--------|--------|--------|--------|--------|--------|
| 8.00 | 117 | 75 | 12.50 | 151 | 101 |
| 8.20 | 117 | 75 | 12.90 | 151 | 101 |
| 8.50 | 117 | 75 | 13.00 | 151 | 101 |
| 8.60 | 125 | 81 | 13.50 | 160 | 108 |
| 8.80 | 125 | 81 | 13.90 | 160 | 108 |
| 8.90 | 125 | 81 | 14.00 | 160 | 108 |
| 9.00 | 125 | 81 | 14.50 | 169 | 114 |
| 9.80 | 133 | 87 | 15.00 | 169 | 114 |
| 9.90 | 133 | 87 | 15.50 | 178 | 120 |
| 10.00 | 133 | 87 | 16.00 | 178 | 120 |
| 10.80 | 142 | 94 | 17.00 | 184 | 125 |
| 10.90 | 142 | 94 | 17.50 | 191 | 130 |
| 11.00 | 142 | 94 | 18.00 | 191 | 130 |
| 11.80 | 142 | 94 | 19.00 | 198 | 135 |
| 11.90 | 151 | 101 | 19.50 | 205 | 140 |
| 12.00 | 151 | 101 | 20.00 | 205 | 140 |

(3)M12×1.5 mm 螺纹刀具选择

按照螺纹加工工艺,一般先钻螺纹底孔,再加工螺纹。根据表 17-4,选择使用 $\phi10.5$ mm高速钢钻头钻削加工 M12×1.5 mm 螺纹底孔;之后再用如图 17-5 所示的机用高速钢丝锥攻螺纹 M12×1.5—7H mm,其规格见表 17-5。

表 17-4　　　　　　　　普通螺纹攻螺纹前钻孔用麻花钻头直径　　　　　　mm

| 公称直径 D | 螺距 P | | 钻头直径 d |
|-----------|--------|--------|-----------|
| 3 | 粗牙 | 0.5 | 2.5 |
| | 细牙 | 0.35 | 2.65 |
| 4 | 粗牙 | 0.7 | 3.3 |
| | 细牙 | 0.5 | 3.5 |
| 5 | 粗牙 | 0.8 | 4.2 |
| | 细牙 | 0.5 | 4.5 |
| 6 | 粗牙 | 1 | 5 |
| | 细牙 | 0.75 | 5.2 |
| 8 | 粗牙 | 1.25 | 6.7 |
| | 细牙 | 1 | 7 |
| | | 0.75 | 7.2 |

续表

| 公称直径 D | 螺距 P | | 钻头直径 d |
|---|---|---|---|
| 10 | 粗牙 | 1.5 | 8.6 |
| | 细牙 | 1.25 | 8.7 |
| | | 1 | 9 |
| | | 0.75 | 9.2 |
| 12 | 粗牙 | 1.75 | 10.2 |
| | 细牙 | 1.5 | 10.5 |
| | | 1.25 | 10.7 |
| | | 1 | 11 |

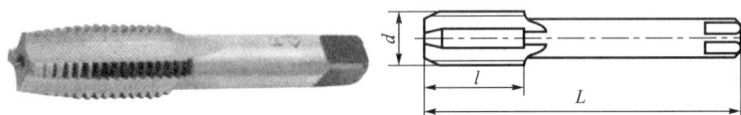

图 17-5　机用高速钢丝锥

**表 17-5　　　　机用高速钢丝锥规格(细牙 M8～M20 部分)　　　　mm**

| 公称尺寸 d | 螺距 P | 全长 L | 刃长 l | 公称尺寸 d | 螺距 P | 全长 L | 刃长 l |
|---|---|---|---|---|---|---|---|
| M8×0.75 | 0.75 | 66 | 19 | M14×1 | 1 | 87 | 22 |
| M8×1 | 1 | 72 | 22 | M14×1.25 | 1.25 | 95 | 30 |
| M9×0.75 | 075 | 66 | 19 | M14×1.5 | 1.5 | 95 | 30 |
| M9×1 | 1 | 72 | 19 | M16×1 | 1 | 92 | 22 |
| M10×0.75 | 0.75 | 73 | 20 | M16×1.5 | 1.5 | 102 | 32 |
| M10×1 | 1 | 80 | 24 | M18×1 | 1 | 97 | 22 |
| M10×1.25 | 1.25 | 80 | 24 | M18×1.5 | 1.5 | 112 | 37 |
| M11×0.75 | 0.75 | 73 | 22 | M18×2 | 5 | 112 | 37 |
| M11×1 | 1 | 80 | 22 | M20×1 | 2 | 102 | 22 |
| M12×1 | 1 | 73 | 22 | M20×1.5 | 1.5 | 112 | 37 |
| M12×1.25 | 1.25 | 80 | 29 | M20×2 | 5 | 112 | 37 |
| M12×1.5 | 1.5 | 89 | 29 | M22×1 | 1 | 109 | 24 |

(4)$\phi$12H7 mm 孔刀具选择

由表 17-6 可知,$\phi$12H7 mm($Ra$ 1.6 $\mu$m)孔需要经过钻→扩→粗铰→精铰等加工能达到要求。其各加工阶段的刀具选择见表 17-6,即钻头 $\phi$11 mm→扩孔钻 $\phi$11.85 mm→粗铰刀 $\phi$11.95 mm→精铰刀 $\phi$12H7 mm。直柄扩孔钻如图 17-6 所示,其规格见表 17-7;直柄机用铰刀如图 17-7 所示,其规格见表 17-8。

表 17-6            基孔制 7 级精度(H7)孔的加工(φ6～φ20 mm 部分)            mm

| 零件公称尺寸 | 直径 | | | | | |
|---|---|---|---|---|---|---|
| | 钻 | | 用车刀镗以后 | 扩孔钻 | 粗铰 | 精铰 |
| | 第一次 | 第二次 | | | | |
| 6 | 5.8 | — | — | — | — | 6H7 |
| 8 | 7.8 | — | — | — | 7.96 | 8H7 |
| 10 | 9.8 | — | — | — | 9.96 | 10H7 |
| 12 | 11 | — | — | 11.85 | 11.95 | 12H7 |
| 13 | 12 | — | — | 12.85 | 12.95 | 13H7 |
| 14 | 13 | — | — | 13.85 | 13.95 | 14H7 |
| 15 | 14 | — | — | 14.85 | 14.95 | 15H7 |
| 16 | 15 | — | — | 15.85 | 15.95 | 16H7 |
| 18 | 17 | — | — | 17.85 | 17.94 | 18H7 |

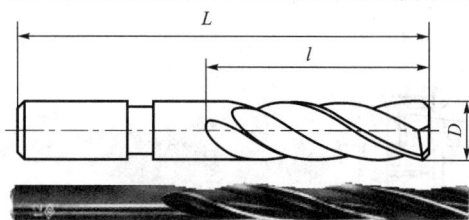

图 17-6   直柄扩孔钻

表 17-7            直柄扩孔钻规格(φ6～φ20 mm 部分)            mm

| 规格 $D$ | 全长 $L$ | 刃长 $l$ | 规格 $D$ | 全长 $L$ | 刃长 $l$ |
|---|---|---|---|---|---|
| 6.00 | 101 | 63 | 14.00 | 160 | 108 |
| 7.00 | 109 | 69 | 15.00 | 169 | 114 |
| 8.00 | 117 | 75 | 16.00 | 178 | 120 |
| 9.00 | 125 | 81 | 17.00 | 184 | 125 |
| 10.00 | 133 | 87 | 18.00 | 191 | 130 |
| 11.00 | 142 | 94 | 19.00 | 198 | 135 |
| 12.00 | 151 | 101 | 20.00 | 205 | 140 |
| 13.00 | 151 | 101 | | | |

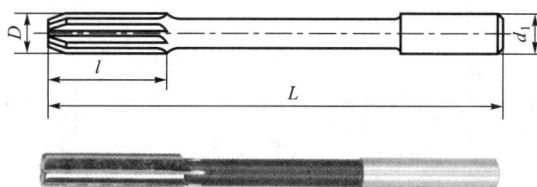

图 17-7   直柄机用铰刀

表 17-8                                           直柄机用铰刀规格                                           mm

| D | L | l | $d_1$ | D | L | l | $d_1$ |
|---|---|---|---|---|---|---|---|
| 5 | 86 | 23 | 5 | 12 | 151 | 44 | 10 |
| 6 | 93 | 26 | 5.6 | 15 | 162 | 50 | 12.5 |
| 8 | 117 | 33 | 8 | 16 | 170 | 52 | 12.5 |
| 10 | 133 | 38 | 10 | 18 | 182 | 56 | 14 |

(5)刀柄选择

根据机床主轴锥孔类型,采用 BT40 型刀柄。根据上述分析确定的刀具(中心钻 $\phi$2.5 mm;钻头 $\phi$10 mm;钻头 $\phi$10.5 mm;丝锥 M12×1.5 mm;钻头 $\phi$11 mm;扩孔钻 $\phi$11.85 mm;粗铰刀 $\phi$11.95 mm;精铰刀 $\phi$12H7 mm),刀柄选择如下:

①选择如图 17-8 所示的 BT40 型弹簧夹头刀柄及卡簧,夹持中心钻、丝锥、扩孔钻及铰刀。根据表 17-9、表 17-10,选择 BT40-ER32-70 弹簧夹头刀柄及其配套的卡簧 ER32-3(夹持中心钻 $\phi$2.5 mm)、卡簧 ER32-12(分别夹持扩孔钻 $\phi$11.85 mm、粗铰刀 $\phi$11.95 mm、精铰刀 $\phi$12H7mm、丝锥 M12×1.5 mm)。

(a)BT40型弹簧夹头刀柄                                    (b)卡簧

图 17-8   BT40 型弹簧夹头刀柄及卡簧

表 17-9                                           BT40 型刀柄规格

| 型号 | 锥柄形式 | 尺寸/mm | | 螺母 | 附件 | | |
|---|---|---|---|---|---|---|---|
| | | D | L | | 扳手 | 卡簧 | 螺钉 |
| BT40-ER16-70 | BT40 | 32 | 70 | LN16 | WER16 | ER16 | SGC100150 |
| BT40-ER16-100 | | 32 | 100 | | | | |
| BT40-ER20-70 | BT40 | 35 | 70 | LN20 | WER20 | ER20 | SGC120200 |
| BT40-ER20-100 | | 35 | 100 | | | | |
| BT40-ER25-70 | BT40 | 42 | 70 | LN25 | WER25 | ER25 | SGC160200 |
| BT40-ER25-100 | | 42 | 100 | | | | |
| BT40-ER32-70 | BT40 | 50 | 70 | LN32 | WER32 | ER32 | SGC200250 |
| BT40-ER32-100 | | 50 | 100 | | | | |
| BT40-ER32-160 | | 50 | 160 | | | | |

表 17-10 　　　　　　　　　　　　ER 卡簧规格

| ER11 | | ER16 | | ER20 | | ER25 | | ER32 | | ER40 | |
|---|---|---|---|---|---|---|---|---|---|---|---|
| 型号 | 夹持范围/mm | 型号 | 夹持范围/mm | 型号 | 夹持范围/mm | 型号 | 夹持范围/mm | 型号 | 夹持范围/mm | 型号 | 夹持范围/mm |
| ER11-1 | 0.5~1.0 | ER16-1 | 0.5~1.0 | ER20-2 | 1.0~2.0 | ER25-2 | 1.0~2.0 | ER32-3 | 2.0~3.0 | ER40-4 | 3.0~4.0 |
| ER11-1.5 | 1.0~1.5 | ER16-2 | 1.0~2.0 | ER20-3 | 2.0~3.0 | ER25-3 | 2.0~3.0 | ER32-4 | 3.0~4.0 | ER40-5 | 4.0~5.0 |
| ER11-2 | 1.5~2.0 | ER16-3 | 2.0~3.0 | ER20-4 | 3.0~4.0 | ER25-4 | 3.0~4.0 | ER32-5 | 4.0~5.0 | ER40-6 | 5.0~6.0 |
| ER11-2.5 | 2.0~2.5 | ER16-4 | 3.0~4.0 | ER20-5 | 4.0~5.0 | ER25-5 | 4.0~5.0 | ER32-6 | 5.0~6.0 | ER40-7 | 6.0~7.0 |
| ER11-3 | 2.5~3.0 | ER16-5 | 4.0~5.0 | ER20-6 | 5.0~6.0 | ER25-6 | 5.0~6.0 | ER32-7 | 6.0~7.0 | ER40-8 | 7.0~8.0 |
| ER11-3.5 | 3.0~3.5 | ER16-6 | 5.0~6.0 | ER20-7 | 6.0~7.0 | ER25-7 | 6.0~7.0 | ER32-8 | 7.0~8.0 | ER40-9 | 8.0~9.0 |
| ER11-4 | 3.5~4.0 | ER16-7 | 6.0~7.0 | ER20-8 | 7.0~8.0 | ER25-8 | 7.0~8.0 | ER32-9 | 8.0~9.0 | ER40-10 | 9.0~10 |
| ER11-4.5 | 4.0~4.5 | ER16-8 | 7.0~8.0 | ER20-9 | 8.0~9.0 | ER25-9 | 8.0~9.0 | ER32-10 | 9.0~10 | ER40-11 | 10~11 |
| ER11-5 | 4.5~5.0 | ER16-9 | 8.0~9.0 | ER20-10 | 9.0~10 | ER25-10 | 9.0~10 | ER32-11 | 10~11 | ER40-12 | 11~12 |
| ER11-5.5 | 5.0~5.5 | ER16-10 | 9.0~10 | ER20-11 | 10~11 | ER25-11 | 10~11 | ER32-12 | 11~12 | ER40-13 | 12~13 |
| ER11-6 | 5.5~6.0 | | | ER20-12 | 11~12 | ER25-12 | 11~12 | ER32-13 | 12~13 | ER40-14 | 13~14 |
| ER11-6.5 | 6.0~6.5 | | | ER20-13 | 12~13 | ER25-13 | 12~13 | ER32-14 | 13~14 | ER40-15 | 14~15 |
| ER11-7 | 6.5~7.0 | | | | | ER25-14 | 13~14 | ER32-15 | 14~15 | ER40-16 | 15~16 |
| | | | | | | ER25-15 | 14~15 | ER32-16 | 15~16 | ER40-17 | 16~17 |
| | | | | | | ER25-16 | 15~16 | ER32-17 | 16~17 | ER40-18 | 17~18 |
| | | | | | | | | ER32-18 | 17~18 | ER40-19 | 18~19 |
| | | | | | | | | ER32-19 | 18~19 | ER40-20 | 19~20 |
| | | | | | | | | ER32-20 | 19~20 | ER40-21 | 20~21 |
| | | | | | | | | | | ER40-22 | 21~22 |
| | | | | | | | | | | ER40-23 | 22~23 |
| | | | | | | | | | | ER40-24 | 23~24 |
| | | | | | | | | | | ER40-25 | 24~25 |
| | | | | | | | | | | ER40-26 | 25~26 |

②选择如图 17-9 所示的 BT40 型钻夹头刀柄,夹持钻头。根据图 17-9 及表 17-11,结合现有的条件,选择型号为 BT40-KPU13-95 的钻夹头刀柄,其夹持范围为 0.5~13 mm,可以满足夹持钻头 $\phi$10 mm、$\phi$10.5 mm 及 $\phi$11 mm 要求。

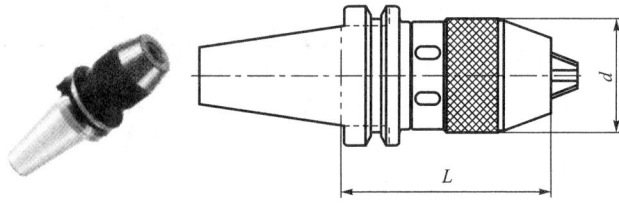

图 17-9　BT40 型钻夹头刀柄

表 17-11　　　　　　　　　　　　　　　BT 钻夹头刀柄规格

| 型号 | 锥柄形式 | 尺寸/mm | | 夹持范围/mm | 可选附件 |
| | | $d$ | $L$ | | 扳手 |
| --- | --- | --- | --- | --- | --- |
| BT30-KPU08-75 | BT30 | 37.5 | 75 | 0.5～8 | WKPU08 |
| BT40-KPU08-80 | BT40 | 37.5 | 80 | | |
| BT40-KPU13-95 | BT40 | 50.5 | 90 | 0.5～13 | WKPU13 |
| BT40-KPU13-150 | | 50.5 | 150 | | |
| BT40-KPU16-100 | BT40 | 57 | 100 | 3～16 | WKPU16 |
| BT40-KPU08-90 | BT40 | 37.5 | 90 | 0.5～8 | WKPU08 |
| BT40-KPU13-105 | | 50.5 | 150 | 0.3～13 | WKPU13 |
| BT40-KPU13-180 | | 57 | 180 | | |
| BT40-KPU16-110 | | | 110 | 3～16 | WKPU16 |

**4. 工量具等选择**

(1)0～150 mm 游标卡尺(带深度测量功能)。

(2)0～10 mm 量程、0.01 mm 分辨率的百分表。

(3)0～25 mm 内径千分尺。

(4)$\phi$10H7 mm 孔用塞规。

(5)M12×1.5—7H mm 螺纹塞规。

(6)0～150 mm 平口钳。

(7)寻边器及 $Z$ 轴设定器(图 17-10)。

(8)板刷子、扳手、抹布、垫块及铜皮等。

(9)MAS-403 P40T-Ⅰ型拉钉若干。

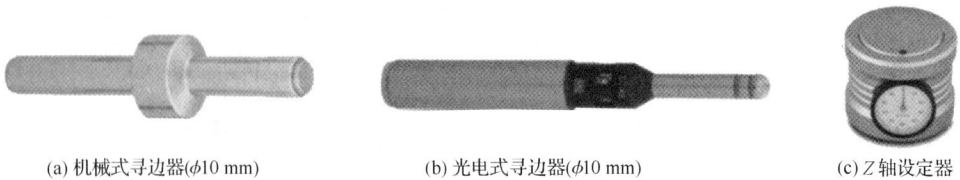

(a) 机械式寻边器($\phi$10 mm)　　　(b) 光电式寻边器($\phi$10 mm)　　　(c) $Z$ 轴设定器

图 17-10　寻边器及 $Z$ 轴设定器

## 四 切削用量确定

根据分析及计算确定切削用量,见表17-12,具体计算及确定过程如下:

表 17-12                 孔加工工序及切削用量

| 序号 | 工序名称 | 刀具名称 | 刀具直径 /mm | 加工部位 | 切削用量 | | 程序名 |
| --- | --- | --- | --- | --- | --- | --- | --- |
| | | | | | 主轴转速 /(m/min) | 进给量 /(mm/r) | |
| 1 | 点窝中心孔 | 中心钻 | 2.5 | #1～#5孔 | 2500 | 0.08 | O5000 |
| 2 | 钻削 3×φ10 mm 通孔 | 钻头 | 10 | #1～#3孔 | 650 | 0.2 | O5001 |
| 3 | 钻削 M12×1.5 mm 螺纹底孔至 φ10.5 mm | 钻头 | 10.5 | #4孔 | 600 | 0.2 | O5002 |
| 4 | 攻 M12×1.5—7 H mm 螺纹 | 机用丝锥 | M12×1.5 | #4孔 | 300 | 1.5 | O5003 |
| 5 | 钻削 φ12H7 mm 底孔至 φ11 mm | 钻头 | 11 | #5孔 | 600 | 0.2 | O5004 |
| 6 | 扩削 φ12H7 mm 底孔至 φ11.85 mm | 扩孔钻 | 11.85 | #5孔 | 300 | 0.3 | O5004 |
| 7 | 粗铰 φ12H7 mm 底孔至 φ11.95 mm | 粗铰刀 | 11.95 | #5孔 | 700 | 0.2 | O5004 |
| 8 | 精铰至 φ12H7 mm | 精铰刀 | 12H7 | #5孔 | 700 | 0.2 | O5004 |

根据表 17-13,加工碳钢的含碳量在 0～0.5% 范围内,本例所用高速钢钻头及中心钻的切削速度选择为 20 m/min,进给量及计算的主轴转速见表 17-12。

**1. 钻孔**

点窝中心孔的主轴转速：$n=1000v/(\pi d)=(1000\times 20)/(3.14\times 2.5)=2548$ r/min,取值为 2500 r/min。

钻削 3×φ10 mm 通孔的主轴转速：$n=1000v/(\pi d)=(1000\times 20)/(3.14\times 10)=637$ r/min,取值为 650 r/min。

钻削 M12×1.5 mm 螺纹底孔至 φ10.5 mm 的主轴转速：$n=1000v/(\pi d)=(1\,000\times 20)/(3.14\times 10.5)=607$ r/min,取值为 600 r/min。

钻削 φ12H7 mm 底孔至 φ11 mm 的主轴转速：$n=1000v/(\pi d)=(1000\times 20)/(3.14\times 11)=579$ r/min,取值为 600 r/min。

**2. 扩孔**

按一般经验,扩孔钻 φ11.85 mm 刀具的切削速度为钻其孔的 1/2,即取值为 10 m/min,进给量约为钻其孔的 1.2～2 倍,即取值为 0.3 mm/r,进给量及计算的主轴转速见表 17-12。

扩削 φ12H7 mm 底孔至 φ11.85 mm 时的主轴速度为：$n=1000v/(\pi d)=(1000\times 10)/(3.14\times 11.85)=269$ r/min,取值为 300 r/min。

**表 17-13**　　　　　　　　高速钢钻头钻削不同材料的切削用量

| 加工材料 | | 硬度 | | 切削速度 $v$/ (m/min) | 钻头直径 $d_0$/mm | | | | | 钻头螺旋角/(°) | 钻尖角/(°) |
| --- | --- | --- | --- | --- | --- | --- | --- | --- | --- | --- | --- |
| | | 布氏 (HBW) | 洛氏 (HRB) | | <3 | 3～6 | 6～13 | 13～19 | 19～25 | | |
| | | | | | 进给量 $f$/(mm/r) | | | | | | |
| 铝及铝合金 | | 45～105 | 0～62 | 105 | 0.08 | 0.15 | 0.25 | 0.40 | 0.48 | 32～42 | 90～118 |
| 铜及铜合金 | 高加工性 | 0～124 | 10～70 | 60 | 0.08 | 0.15 | 0.25 | 0.40 | 0.48 | 15～40 | 118 |
| | 低加工性 | 124～ | 10～70 | 20 | 0.08 | 0.15 | 0.25 | 0.40 | 0.48 | 0～25 | 118 |
| 镁及镁合金 | | 50～90 | 0～52 | 45～120 | 0.08 | 0.15 | 0.25 | 0.40 | 0.48 | 25～35 | 118 |
| 锌合金 | | 80～100 | 41～62 | 75 | 0.08 | 0.15 | 0.25 | 0.40 | 0.48 | 32～42 | 118 |
| 碳钢 | 0～0.25% | 125～175 | 71～88 | 24 | 0.08 | 0.13 | 0.20 | 0.26 | 0.32 | 25～35 | 118 |
| | 0.25%～0.50% | 175～225 | 88～98 | 20 | 0.08 | 0.13 | 0.20 | 0.26 | 0.32 | 25～35 | 118 |
| | 0.50%～0.90% | 175～225 | 88～98 | 17 | 0.08 | 0.13 | 0.20 | 0.26 | 0.32 | 25～35 | 118 |

**3. 铰孔**

根据表 17-14,高速钢铰刀的切削速度选择为 27 m/min,进给量选择为 0.20 mm/r。进给量及计算的主轴转速见表 17-12。

粗铰 $\phi$12H7 mm 底孔至 $\phi$11.95 mm 的主轴转速:$n=1000v/(\pi d)=(1000\times27)/(3.14\times11.95)=720$ r/min,取值为 700 r/min。

精铰至 $\phi$12H7 mm 的主轴转速:$n=1000v/(\pi d)=(1000\times27)/(3.14\times12)=717$ r/min,取值为 700 r/min。

**表 17-14**　　　　　　　　高速钢铰刀加工不同材料的切削用量

| 铰刀直径 $d_0$/mm | 低碳钢 120～220 HBW | | 低合金钢 200～300 HBW | | 高合金钢 300～400 HBW | | 软铸铁 130 HBW | | 中硬铸铁 175 HBW | | 硬铸铁 230 HBW | |
| --- | --- | --- | --- | --- | --- | --- | --- | --- | --- | --- | --- | --- |
| | $f$/ (mm/r) | $v$/ (m/min) | $f$/ (mm/r) | $v$/ (m/min) | $f$/ (mm/r) | $v$/ (m/min) | $f$/ (mm/r) | $v$/ (m/min) | $f$/ (mm/r) | $v$/ (m/min) | $f$/ (mm/r) | $v$/ (m/min) |
| 6 | 0.13 | 23 | 0.10 | 18 | 0.10 | 7.5 | 0.15 | 30.5 | 0.15 | 26 | 0.15 | 21 |
| 9 | 0.18 | 23 | 0.18 | 18 | 0.15 | 7.5 | 0.20 | 30.5 | 0.20 | 26 | 0.20 | 21 |
| 12 | 0.20 | 27 | 0.20 | 21 | 0.18 | 9 | 0.25 | 36.5 | 0.25 | 29 | 0.25 | 24 |
| 15 | 0.25 | 27 | 0.25 | 21 | 0.20 | 9 | 0.30 | 36.5 | 0.30 | 29 | 0.30 | 24 |
| 19 | 0.30 | 27 | 0.30 | 21 | 0.25 | 9 | 0.38 | 36.5 | 0.38 | 29 | 0.36 | 24 |
| 22 | 0.33 | 27 | 0.33 | 21 | 0.25 | 9 | 0.43 | 36.5 | 0.43 | 29 | 0.41 | 24 |
| 25 | 0.51 | 27 | 0.38 | 21 | 0.30 | 9 | 0.51 | 36.5 | 0.51 | 29 | 0.41 | 24 |

**4. 螺纹加工**

根据表 17-15,机用高速钢丝锥的切削速度取值为 10 m/min,进给量及计算的主轴转速见表 17-12。

攻 M12×1.5 mm 螺纹的主轴转速:$n=1000v/(\pi d)=(1000\times10)/(3.14\times12)=265$ r/min,取值为 300 r/min。

| 表 17-15 | | 机用高速钢丝锥攻螺纹的切削速度 | |
|---|---|---|---|
| 螺孔材料 | 切削速度/(m/min) | 螺孔材料 | 切削速度/(m/min) |
| 一般钢材 | 6~15 | 不锈钢 | 2~7 |
| 调质钢或硬钢 | 5~10 | 铸铁 | 8~10 |

## 五 程序编制与输入

### 1. 编程坐标系设定

本例编程坐标系原点设在零件上表面的中心处,符合基准重合原则,有利于编程,如图 17-11 所示。

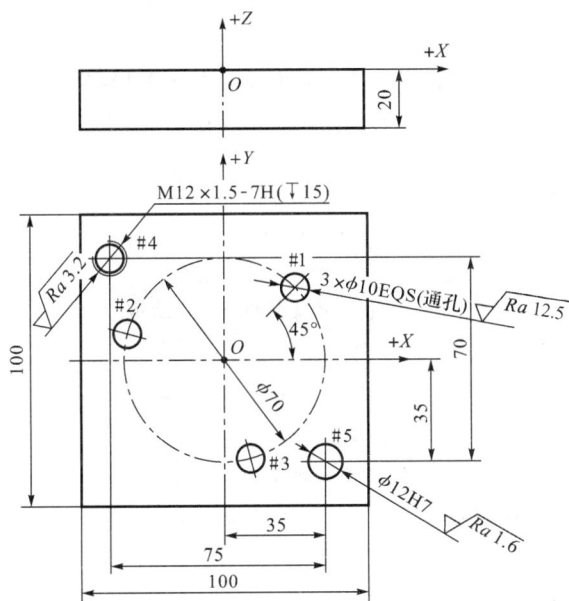

图 17-11 编程坐标系

### 2. 数值计算

♯1~♯3孔在 $XY$ 平面内的 φ70 mm 圆周上均匀分布,采用直角坐标系方法计算坐标较为麻烦,可利用极坐标方法定义该3个孔位的坐标(极径,极角),即♯1(35,45)、♯2(35,165)、♯3(35,285)。

♯4、♯5孔位用直角坐标($X,Y$)表示,分别为 ♯4(−40,35)、♯5(35,−35)。

### 3. 程序编制

(1)孔加工编程的主要代码

①快速定位指令:G00 X_ Y_ Z_

②直线插补指令:G01 X_ Y_ Z_ F_

③孔加工固定循环指令:

G98/G99 G90/G91 G81 X_ Y_ Z_ R_ F_ K_

......

G80

④极坐标系指令：

G17/G18/G19 G16

……

G15

⑤螺纹循环指令：

G98/G99 G90/G91 G84 X_ Y_ Z_ R_ P_ F_ K_

……

G80

(2)孔加工程序编制

主要编程代码：孔加工固定循环指令 G81\G80；极坐标系指令 G16\G15；螺纹循环指令G84\G80。

根据表 17-12 给出的孔加工工序及切削用量，编制加工程序。

(1)从主轴上取下其他刀柄，装上带有 φ2.5 mm 中心钻的刀柄，点窝中心孔的加工程序如下：

| O5000 | |
| G91 G28 Z0 | /回参考点/ |
| G54 | /选择工件坐标系/ |
| G95 | /系统设定的每转进给量/ |
| G90 G00 X0 Y0 | |
| M03 S2500 | |
| G00 Z5 | |
| G16 | |
| M08 | /切削液开/ |
| G99 G81 X35 Y45 Z－2 R2 F0.08 | /♯1/ |
| 　　　X35 Y165 | /♯2/ |
| G98　　X35 Y285 | /♯3/ |
| M09 | /切削液关/ |
| G80 G15 | /孔加工循环取消，极坐标取消/ |
| M08 | |
| G99 G81 X－40 Y35 Z－2 R2 F0.08 | /♯4/ |
| G98　　X35 Y－35 | /♯5/ |
| G80 M09 | |
| G00 Z200 | /便于零件检查/ |
| M05 | /主轴停转/ |
| M30 | /程序结束，光标回到程序首位置/ |

(2)从主轴上取下其他刀柄，装上带有 φ10 mm 钻头的刀柄，钻削 3×φ10 mm 通孔的加工程序如下：

| O5001 | |
| G91 G28 Z0 | /回参考点/ |
| G54 | /选择工件坐标系/ |
| G95 | /系统设定的每转进给量/ |
| G90 G00 X0 Y0 | |
| M03 S650 | |
| G00 Z5 | |

```
G16
M08                              /切削液开/
G99 G81 X35 Y45 Z－25 R2 F0.2     /♯1/
        X35 Y165                 /♯2/
G98     X35 Y285                 /♯3/
G80 M09                          /切削液关/
G15
G00 Z200                         /便于零件检查/
M05                              /主轴停转/
M30                              /程序结束,光标回到程序首位置/
```

(3)从主轴上取下其他刀柄,装上带有 φ10.5 mm 钻头的刀柄,钻削 M12×1.5 mm 螺纹底孔至 φ10.5 mm 的加工程序如下:

```
O5002
G91 G28 Z0                       /回参考点/
G54                              /选择工件坐标系/
G95                              /系统设定的每转进给量/
G90 G00 X0 Y0
M03 S600
G00 Z5
M08                              /切削液开/
G98 G81 X－40 Y35 Z－25 R2 F0.2    /♯4/
G80 M09                          /切削液关/
G00 Z200                         /便于零件检查/
M05                              /主轴停转/
M30                              /程序结束,光标回到程序首位置/
```

(4)从主轴上取下其他刀柄,装上带有 M12×1.5 mm 丝锥的刀柄,攻 M12×1.5—7H mm螺纹的加工程序如下:

```
O5003
G91 G28 Z0                       /回参考点/
G54                              /选择工件坐标系/
G95                              /系统设定的每转进给量/
G90 G00 X0 Y0
M03 S300
G00 Z5
M08                              /切削液开/
G98 G84 X－40 Y35 Z－25 R2 F1.5    /♯4/
G80 M09                          /切削液关/
G00 Z200                         /便于零件检查/
M05                              /主轴停转/
M30                              /程序结束,光标回到程序首位置/
```

(5)从主轴上取下其他刀柄,装上带有 φ11 mm 钻头的刀柄,钻削 φ12H7 mm 底孔至 φ11 mm 的加工程序如下:

```
O5004
G91 G28 Z0                       /回参考点/
G54                              /选择工件坐标系/
G95                              /系统设定的每转进给量/
G90 G00 X0 Y0
```

N1010 M03 S600

G00 Z5

M08　　　　　　　　　　　　　　　　　　　/切削液开/

N1020 G98 G81 X35 Y-35 Z-25 R2 F0.2　/♯5/

G80 M09　　　　　　　　　　　　　　　　/切削液关/

G00 Z200　　　　　　　　　　　　　　　 /便于零件检查/

M05　　　　　　　　　　　　　　　　　　/主轴停转/

M30　　　　　　　　　　　　　　　/程序结束,光标回到程序首位置/

(6)$\phi$12H7 mm 孔加工使用同一个程序 O5004,不同工序修改刀具及切削用量即可。

①扩削 $\phi$12H7 mm 底孔至 $\phi$11.85 mm 时,装夹上 $\phi$11.85 mm 扩孔钻,修改 N1010 程序段的主轴转速为 S300;修改 N1020 程序段的进给量为 F0.3。

②粗铰 $\phi$12H7 mm 底孔至 $\phi$11.95 mm 时,装夹上 $\phi$11.95 mm 粗铰刀,修改 N1010 程序段的主轴转速为 S700;修改 N1020 程序段的进给量为 F0.2。

③精铰至 $\phi$12H7 mm 时,装夹上 $\phi$12H7 mm 精铰刀,修改 N1010 程序段的主轴转速为 S700;修改 N1020 程序段的进给量为 F0.2。

**注意** 铰孔完成之后,应保持铰刀按原方向旋转退出刀具,再停车。

(7)思考:已知各刀具齿数,中心钻 2 齿、钻头 2 齿、扩孔钻 3 刃、铰刀 6 刃,钻头的进给量以 mm/min 为单位,如何计算进给量及修改程序?

## 六　孔切削加工与精度检查

### 1. 开启机床操作

具体开启机床操作过程参照"项目 2 数控铣床的开关机操作"。在开启机床操作时,应注意如下事项:

(1)检查机床外观是否正常。

(2)检查工作台是否在合适位置。

(3)检查按键是否完好。

### 2. 回参考点操作

选择机床操作面板上的回参考点模式"ZRN",按 Z→X→Y 轴顺序进行回参考点操作。具体回参考点操作可参照"项目 2 数控铣床的开关机操作"。

### 3. 平口钳装夹

平口钳装夹的具体方法可参照"项目 8 工件在平口钳上的装夹"。

### 4. 零件装夹

使用平口钳装夹零件,如图 17-12 所示。采用托表法找正,用垫块、铜皮初步找正零件。零件装夹的具体方法可参照"项目 8 工件在平口钳上的装夹"。

图 17-12　零件装夹

注意事项如下：

(1)安装工件时,平口钳钳口工作面及导轨面、平行垫铁工作面必须擦拭干净。

(2)安装工件时,必须轻拿轻放,防止碰伤手脚和机床工作台面。

(3)扳手、铁块等不能放在工作台面上。

**5. 安装、夹紧刀具和刀柄**

刀具、刀柄等安装可参照"项目11 刀具的安装操作"。注意事项如下：

(1)刀柄锥度部分必须擦拭并用高压气吹干净。

(2)刀柄安装到主轴上之前,检查刀柄上的拉钉是否紧固。

(3)刀柄安装到主轴上之后,启动主轴,检查刀具是否有跳动。

**6. 对刀,设定工件坐标系 G54**

采用试切法对刀,并把对刀处理的数据输入到 G54 中,具体操作方法可参照"项目 14 对刀操作"。注意事项如下：

(1)用手轮的"×100"挡来快速靠近工件;当刀具距离工件较近时,必须把手轮切换到"×1"挡,以使刀具轻微碰触工件。

(2)刀具碰触到工件侧边后,建议先抬高刀具到离开工件,再进行下一步操作。

**7. 录入与编辑程序**

把上面编制好的程序输入到系统中,选择不同的程序,装夹对应的刀具,进行各工序内容的加工。

**8. 切削加工前的模拟显示**

具体操作方法可参照"项目6 切削加工前的模拟显示"。

**9. 切削加工**

程序切削加工前的模拟显示正确之后,就可以试切削加工零件。基本步骤如下：

(1)在编辑程序模式"EDIT"下,按 NC 系统操作面板上的复位键"RESET",使程序中的光标处于程序首位置。

(2)将倍率旋钮置于100%位置。

(3)按下循环启动按钮"CYCLE START"。

**注意** 在切削加工过程中,如果工件表面质量与要求有差距或切削有异声,可通过调整进给或转速倍率旋钮来调节。

零件在没有从平口钳上拆卸下来之前,在安全条件下应对零件进行必要的尺寸测量,如果尺寸没有加工到位,可修改程序或补偿控制尺寸精度。

切削加工零件时,应确保冷却充分和排屑顺利。

**10. 结束工作**

零件加工完毕后将其取出,去除毛刺;同时,做好清扫机床、擦净刀具和量具等相关工作,并按规定摆放整齐。

**11. 评估**

完成零件的加工后,从以下几方面评估整个加工过程,达到不断优化实训过程的目的。

(1)对工件尺寸精度进行评估,找出尺寸超差是工艺系统因素还是测量因素,为工件后续加工的尺寸精度控制提出解决办法、合理化建议及有益的经验。

(2)对工件的加工表面质量进行评估,总结经验或找出表面质量缺陷的原因,提出优化刀具路径的设计方法。

（3）对加工效率、刀具寿命等方面进行评估，找出加工效率与刀具寿命的内在规律，为进一步优化刀具切削参数夯实基础。

（4）评估切削加工过程，查找是否有需要改进的工艺方法和操作。

（5）评估每组（或名）成员工作过程中的知识技能、安全文明操作意识、协作能力、语言表达能力等。

（6）按要求形成实训报告，具体见表 17-16。

表 17-16　　　　　　　　　　　　　　实训报告

| 姓名 | 设备型号 | | 指导与评阅教师 | | 实训日期 | 成绩 |
|---|---|---|---|---|---|---|
| | | | | | | |
| 实训目的 | | | | | | |
| 实训内容 | | | | | | |

| | 工序号 | 工序内容 | 刀具号 | 刀具规格 | 主轴转速 /(r/min) | 进给速度 /(mm/r 或 mm/min) | 背吃刀量 /mm |
|---|---|---|---|---|---|---|---|
| 加工工序 | 1 | | | | | | |
| | 2 | | | | | | |
| | | | | | | | |
| | | | | | | | |
| | $n$ | | | | | | |

| | 工序号 | 刀具号 | 刀具规格名称 | 数量 | 加工要素 | D**中值名义半径/mm | 备注 |
|---|---|---|---|---|---|---|---|
| 刀具 | 1 | | | | | | |
| | 2 | | | | | | |
| | | | | | | | |
| | | | | | | | |
| | $n$ | | | | | | |

| 其他实训用品 | （刀具、量具、夹具、工具等） |
|---|---|
| | |

| 程序 | |
|---|---|
| | |

| 操作流程 | |
|---|---|
| | |

## 实训作业

如图 17-13 所示,零件毛坯已进行预加工,根据给定的条件,编制程序,操作数控铣床加工指定内容。

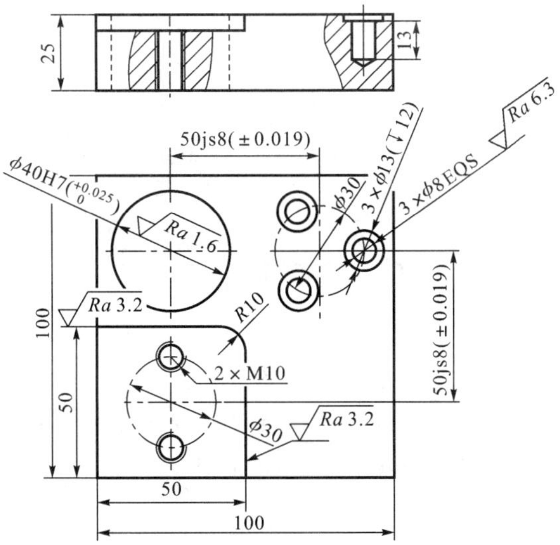

图 17-13 零件图

(1)刀具条件

$\phi$12 mm 立铣刀、$\phi$16 mm 立铣刀、$\phi$8mm 钻头、$\phi$13 mm 锪孔钻、$\phi$3 mm 中心钻、$\phi$35~$\phi$40 mm 粗、精镗刀。

(2)加工内容

①50 mm×50 mm×2 mm 槽轮廓。

②螺纹孔 2×M10 mm 螺纹孔、3×$\phi$13 mm 沉孔、3×$\phi$8mm 孔。

③$\phi$40H7 mm 孔。

## 孔系加工辅助知识

### 一 孔系加工编程指令

孔加工固定循环指令及应用见表 17-17。

表 17-17　　　　　　　　　　孔加工固定循环指令及应用

| G 代码 | 钻削(-Z 向) | 在孔底的动作 | 回退(+Z 方向) | 应用 |
|--------|-------------|--------------|----------------|------|
| G73 | 间歇进给 | — | 快速移动 | 高速深孔钻循环 |
| G74 | 切削进给 | 停刀→主轴正转 | 切削进给 | 左旋攻丝循环 |
| G76 | 切削进给 | 主轴定向停止 | 快速移动 | 精镗循环 |
| G80 | — | — | — | 取消固定循环 |

续表

| G代码 | 钻削(−Z向) | 在孔底的动作 | 回退(+Z方向) | 应用 |
|---|---|---|---|---|
| G81 | 切削进给 | — | 快速移动 | 钻孔、点钻循环 |
| G82 | 切削进给 | 停刀 | 快速移动 | 钻孔、锪镗循环 |
| G83 | 间歇进给 | — | 快速移动 | 深孔钻循环 |
| G84 | 切削进给 | 停刀→主轴反转 | 切削进给 | 右旋攻丝循环 |
| G85 | 切削进给 | — | 切削进给 | 镗孔循环 |
| G86 | 切削进给 | 主轴停止 | 快速移动 | 镗孔循环 |
| G87 | 切削进给 | 主轴正转 | 快速移动 | 背镗循环 |
| G88 | 切削进给 | 停刀→主轴停止 | 手动移动 | 镗孔循环 |
| G89 | 切削进给 | 停刀 | 切削进给 | 镗孔循环 |

下面介绍常用指令的具体应用。

**1. 钻孔、钻中心孔循环 G81**

编程格式：G98/G99 G90/G91 G81 X_ Y_ Z_ R_ F_ K_

功能与应用：刀具沿着 $X$、$Y$ 轴定位后快速移动到 $R$ 面；切削进给执行到孔底；刀具从孔底快速移动退回。G81 主要用于正常钻孔、钻中心孔。

说明：

(1)$Z$ 值确定方法，当使用 G90 时，$Z$ 值为工件高度方向上的 $O$ 面到孔底的距离；当使用 G91 时，$Z$ 值为高度方向上的 $R$ 面到孔底距离。

(2)$R$ 值确定方法：当使用 G90 时，$R$ 值为 $R$ 面到 $O$ 面①的距离；当使用 G91 时，$R$ 值为初始平面到 $R$ 面的距离。$F$ 为切削进给速度；$K$ 为重复次数。

**注意**　在指定 G81 之前，用辅助功能代码 M 旋转主轴；如果用刀具长度补偿指令，应加到固定循环代码之前。

**2. 高速排屑钻孔循环 G73**

编程格式：G98/G99 G90/G91 G73 X_ Y_ Z_ R_ Q_ F_ K_

功能与应用：刀具沿着 $X$、$Y$ 轴定位后快速移动到 $R$ 面；执行间歇进给，即每进给 $Q$ 距离就回退 $d$ 距离，回退过程中，从孔中排除切屑，之后再进给 $Q$，再退回 $d$，直至把孔加工结束。G73 主要用于深孔加工。

说明：$Z$、$R$ 确定方法同 G81；$Q$ 为每次切削进给的切削深度；$d$ 值在系统参数中设置。

**3. 精镗循环 G76**

编程格式：G98/G99 G90/G91 G76 X_ Y_ Z_ R_ Q_ P_ F_ K_

功能与应用：刀具沿着 $X$、$Y$ 轴定位后快速移动到 $R$ 面；镗削精密孔，当刀具到孔底时，主轴在固定的旋转位置定向停止(图 17-14 左图)，刀具沿刀尖的相反方向移动一段距离 $q$，之后 $Z$ 向退刀，这样保证加工面不被刀尖破坏，实现精密和有效的镗削加工，其工作过程如图 17-14 所示。G76 主要用于精密孔镗削加工。

说明：$Z$、$R$ 值确定方法同前；$Q$ 为刀具在孔底的偏移量，$Q$ 指定为正值；$P$ 为在孔底的暂

---

①　$R$ 面和 $O$ 面是在零件上表面的上或下设置的刀具快进与攻进的转换面。

停时间。

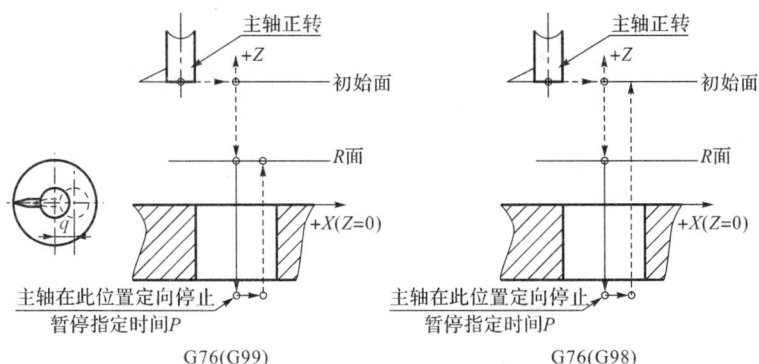

图 17-14 G76 方式工作过程

**4. 攻丝循环 G84(右旋)**

编程格式:G98/G99 G90/G91 G84 X_ Y_ Z_ R_ P_ F_ K_

功能与应用:刀具沿着 X、Y 轴定位后快速移动到 R 面;主轴顺时针旋转执行攻丝,当刀具到达孔底时,主轴以反方向旋转,快速回退出来。G84 主要用于右旋螺纹加工。

说明:螺纹切削时,进给倍率忽略,固定在 100% 位置上;进给暂停但机床运动不停止,直到回退动作完成。F 为切削螺纹的螺距;P 为在孔底的暂停时间;K 为重复次数。

**5. 排屑钻孔循环 G83**

编程格式:G98/G99 G90/G91 G83 X_ Y_ Z_ R_ Q_ F_ K_

功能与应用:刀具沿着 X、Y 轴定位后快速移动到 R 面;执行间歇切削进给进行深孔加工,钻孔过程中从孔中排除切屑,其工作过程如图 17-15 所示。G83 主要用于小孔钻削加工。

说明:Q 为每次切削进给的切削深度;d 在系统参数中设置。

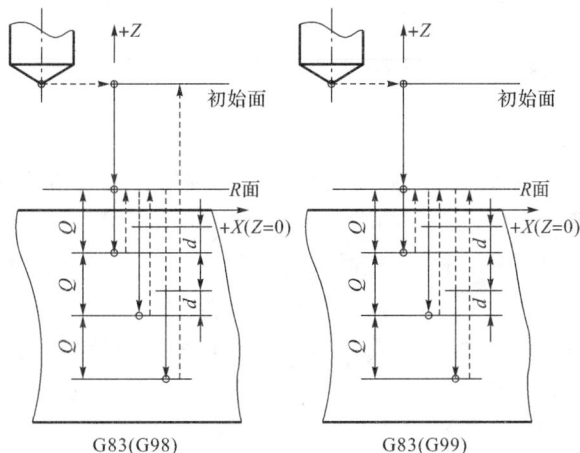

图 17-15 G83 方式工作过程

**6. 固定循环取消 G80**

编程格式:G80

功能:取消所有的固定循环。

应用:在所有固定循环指令应用结束之后配合用 G80 即可。

**7.极坐标系指令**

极坐标系就是以半径和角度方式表达加工位置所建立的坐标系统。通常情况下,图样尺寸以半径与角度形式表示的零件及圆周分布的孔类零件,一般采用极坐标方式确认加工位置,以减少编程时的计算工作量,较为方便。

编程格式:

G17/G18/G19 G16

……

G15

功能:终点的坐标值用极坐标(半径和角度)输入方式定位。

说明:G16 为极坐标系建立;G15 为极坐标系取消。当用 G17 时,G16 与 G15 之间的 $X$、$Y$ 分别为极径或半径、角度,对 $Z$ 值不起作用。角度的正向是以所选平面的第一坐标轴正向为 $0°$ 位置,沿逆时针转动的转向。无论是用 G90 还是用 G91,只对极角 $Y$ 坐标起作用,对极径 $X$ 坐标没有作用。

**8.坐标系旋转指令**

当编程坐标系围绕工件中心旋转之后,使工件轮廓处于容易编程的位置,此时可应用坐标系旋转指令,以简化计算的工作量。

编程格式:

G17 G68 X_ Y_ R_

……

G69

功能:坐标系绕指定旋转中心旋转指定角度。

说明:$X$、$Y$ 为坐标系旋转中心。$R$ 为旋转角,旋转角度的 $0°$ 方向为第一坐标轴的正方向,逆时针方向为正。取消旋转指令 G69 使之后旋转的坐标系复位。

## 二  孔加工程序编制的工艺处理要点

**1.编程前的准备工作**

在编程工作开始前,编程人员应熟悉所用机床的规格、性能、精度及所配套使用的刀柄、刀具的详细情况,熟悉所用数控系统的功能、代码、程序格式等,熟读有关的使用说明书、编程手册、操作手册等有关技术资料,并应准备有关切削工艺方面的图书、手册、样本等,以便随时查阅。

其次,应对所要加工的零件图进行分析,明确毛坯情况及所留加工余量、生产节拍等要求。在编程方法方面,对一般孔加工,可用手工编程;但对孔数较多、计算工作量较大的,有条件的应采用自动编程方法。

**2.编程中的工艺处理**

一般按照下列步骤进行:

(1)分析零件图,确定加工部位

①零件加工部位的可接近性,如图 17-16(a)所示,加工该零件的中心孔(用中心钻),钻夹头或刀柄与该零件碰撞。如发生上述问题,可采取如下措施解决:采用加长刀柄或刀具;

采用小直径专用夹头;对夹具设计提出特殊要求;此道工序不加工。

②$Z$ 向尺寸的可容纳性分析,如图 17-16(b)所示,当工件高度较高,并且用长柄刀具加工较深的孔时,刀具无法从工件退出。此情况下可采取如下措施解决:一是采用小长度的刀柄或刀具;二是选择行程大的设备。

根据以上各项分析,最后再确定该零件上可加工的部位。如有必要,须提出对夹具或专用刀具设计的要求。

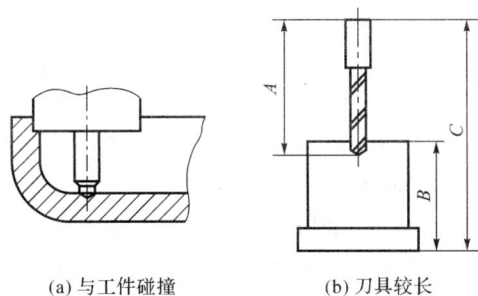

(a) 与工件碰撞      (b) 刀具较长

图 17-16　钻孔

(2)确定定位装夹方法和设计专用夹具

在数控机床上零件的定位装夹方法与普通机床上基本相同,定位基准应尽量与设计基准一致。根据已确定的定位方法,即可进行夹具选择或设计。

①优先选用组合夹具。对中小批量又经常变换品种的加工,使用组合夹具可节省夹具和准备时间,应作为首选。

②在保证零件的加工精度及夹具刚性的情况下,尽量减少夹压变形,选择合理的定位点及夹紧点。

③为了充分利用工作台的有效面积,对中小型零件可考虑在工作台面上同时装夹几个零件加工。

④避免干涉。在切削加工时,绝对不许刀具或刀柄与夹具发生碰撞。

(3)工件坐标系和编程原点的选择

对零件进行编程时,是根据零件图来确定工件坐标系和编程原点的。对于有中心定位孔的零件,则以孔的中心作为编程原点来确定工件坐标系;对于有对称中心线的零件,则以中心线上的某点作为编程原点来确定工件坐标系。

对于多工位夹具,工件坐标系可能有几个,在编程时用坐标系原点偏移代码来进行转换,一般是 G54、G55、G56、G57、G58、G59 代码。

(4)确定加工顺序、布置刀具并选定刀具

①根据工艺原则,应先粗后精。各种孔加工工艺所能达到的加工精度及表面粗糙度,见表 17-2。当位置精度要求较高时,在钻孔前应先用中心钻引正。对钻孔表面不垂直钻孔轴线的加工部位,如图 17-17 所示,可先用铣刀铣一个小平面 $A$,再进行 $\phi D$ 孔的加工。

②在一次装夹中,尽量一次完成该刀具所能加工的所有部位,以减少换刀次数,提高生产率。

③钻削 $\phi 20$ mm 以上的孔,一般先钻后扩至尺寸。

④根据柄部不同,麻花钻头有锥柄、直柄之分。较大规格的麻花

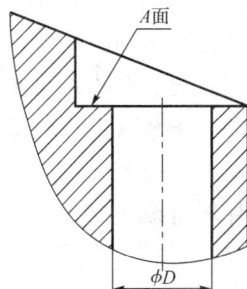

图 17-17　斜面钻孔

钻头多为锥柄,可直接装在带有莫氏锥孔的刀柄内。小直径麻花钻头多为直柄,可装在钻夹头刀柄上。麻花钻头有标准型及加长型两种,为了提高钻头刚性,应尽量选用较短的钻头。对一般深度的孔(长径比小于 5～10),无论是通孔或盲孔,可一次钻成,采用 G81 钻孔固定循环指令。对于孔底要求准确或表面粗糙度要求较高的孔,可在孔底增加暂停时间,采用 G82 固定循环指令。对深孔钻削(长径比大于 5～10),因排屑困难,不能一次钻成。对通孔,可采用两面对钻,或使用钻削固定循环(G83)分级进给,即钻到一定深度后,自动退刀而带出切屑,再进再退,分几次钻到全深。

(5)确定走刀路线

确定加工顺序并选定刀具后,应再确定每把刀具的走刀路线,亦即每把刀具相对于工件的运动轨迹及方向。

①确定走刀路线的原则,有下述几条:

●尽量使走刀路线最短,以减少空程时间,提高加工效率。如图 17-18(a)所示的孔系加工,采取图 17-18(c)所示的方案要优于图 17-18(b)所示的方案。

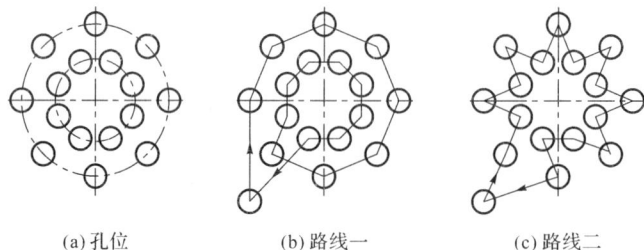

(a)孔位　　　　　(b)路线一　　　　　(c)路线二

图 17-18　孔加工路线

●当某段走刀路线重复使用时,为了简化编程,缩短程序长度,应使用子程序。

●当在一个平面上加工几个孔时,钻孔后退刀到加工表面以上一个小距离,不退到起始平面,以减少退刀行程。

②孔加工时走刀路线的确定。孔加工时,一般首先将刀具在 $XY$ 平面内快速定位运动到对准孔中心线的位置上,然后刀具再轴向运动($Z$ 向)进行加工。所以走刀路线的确定可分成下述两部分:孔位顺序的确定及其坐标值的计算、孔加工轴向($Z$ 向)有关距离尺寸的确定。

孔位顺序的确定及其坐标值的计算采取两种方法表示,一是孔距对称性公差的转换。一般在零件图纸上孔位数据都已给出,但有时其孔间距离的公差或对基准尺寸距离的公差是非对称性公差,应将其转换成对称性公差。例如某尺寸为 $80^{+0.055}_{+0.027}$ mm,转换成对称性公差尺寸为 $80.041\pm0.014$ mm,按 $80.041$ mm 中间尺寸进行编程。二是孔位的绝对和增量方式表示。绝对方式是以工件坐标系原点为基准,加工精度不受前一孔位置精度影响,使用 G90 指令指定。增量方式是后一孔的位置以前一孔的位置为基准,选择哪一种视图纸情况而定。图 17-19 所示孔位坐标值适合选择绝对编程方式,图 17-20 所示孔位坐标值适合选择增量编程方式。

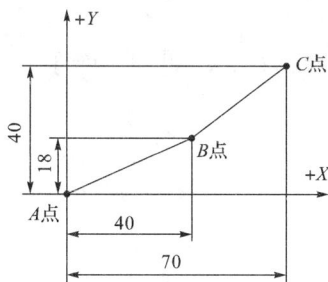

图 17-19　绝对编程

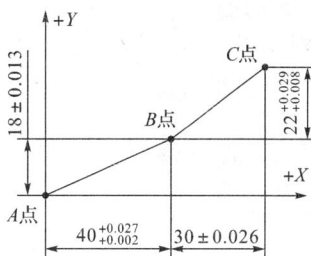

图 17-20　增量编程

孔加工轴向($Z$ 向)有关距离尺寸的确定。如图 17-21 所示，$\Delta Z$ 尺寸一般推荐如下值：在已加工表面上钻孔、扩孔及铰孔时，取 $1\sim3$ mm；在毛坯面上钻孔、扩孔、铰孔时，取 $5\sim8$ mm。钻削通孔时，刀具 $Z$ 向编程尺寸除了工件厚度尺寸之外，还要考虑刀具的尖端锥度部分的长度，一般 $Z_p$ 取值 $0.3d$（$d$ 为钻头直径），总计编程长度为 $H+Z_p(0.3d)$。当刀具底部为平端时，$Z_p=0$，一般情况下，为了使被加工孔端部加工完整，$Z_p$ 应有一定的值。

③要考虑机床间隙对孔位置精度的影响

位置精度要求较高的孔系加工，要注意孔的加工顺序，原因是加工过程中容易把机床的反向间隙引入到工件尺寸上，影响孔系的位置精度。如图 17-22(a)所示的孔位，从图中可以看出孔的位置精度要求较高。如果按图 17-22(b)所示路线加工，由于加工 5、

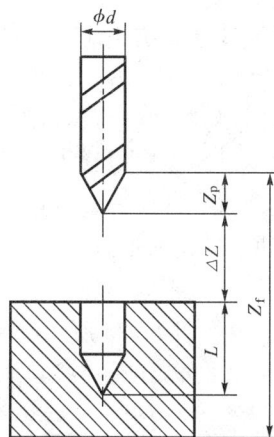

图 17-21　通孔钻削

6 孔与加工 1、2、3、4 孔走刀方向相反，$Y$ 向反向间隙会使定位误差增加，从而影响 5、6 孔与其他孔的位置精度，误差如图 17-22(c)所示。如果反向间隙为 $\Delta$，则 5、6 孔与其他孔错位 $\Delta$，尽管 5 孔与 6 孔之间距离满足要求，但整个孔系不能满足位置精度要求。要想满足孔系的位置精度要求，可按图 17-22(d)所示路线进行孔系加工，加工完 4 孔之后，刀具折返回去到 7 点，再进行 6、5 孔顺序加工，这样，所有孔 $Y$ 轴方向的加工方向一致，可避免机床反向间隙的引入。

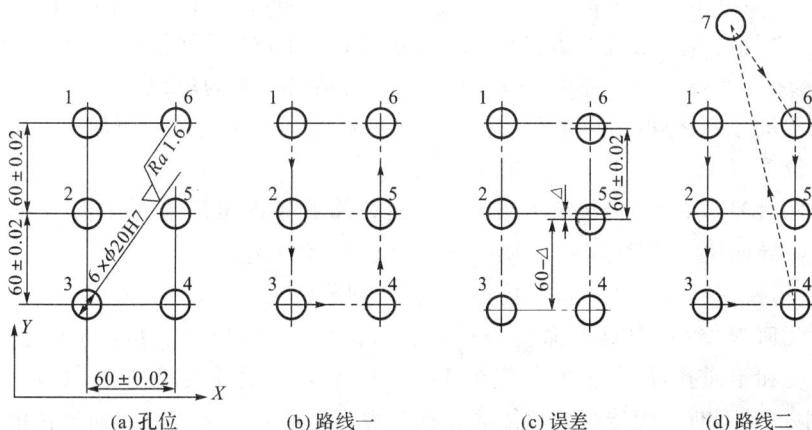

(a)孔位　　　(b)路线一　　　(c)误差　　　(d)路线二

图 17-22　孔刀走路线

（6）确定切削用量

孔加工时的切削用量一般与刀具材料和工件材料有关，可借助各种手册查取，也可结合实践经验确定。

## 三　孔加工的其他刀具

### 1. 刀具材料种类

（1）超硬刀具，以聚晶金刚石 PCD 和聚晶立方氮化硼 PCBN 为代表。PCD 主要用于有色金属及其合金、陶瓷、玻璃、木材、石墨等非金属材料加工。PCBN 主要用于高速加工铸铁、淬硬钢等难加工的材料加工。

（2）陶瓷刀具，广泛用于钢、铸铁及其合金和难加工材料的加工，可进行超高速切削、高速干切削和硬材料切削。

（3）涂层刀具，适合各种材料的加工要求。

（4）硬质合金刀具，取代了高速钢刀具，适应一般材料的加工要求。

### 2. 孔加工刀具

（1）常规刀具

如图 17-23 所示为钻削的加工范围，其涉及钻头、扩孔刀、铰刀、丝锥、锪孔钻等刀具。除此之外，还有一些其他孔用刀具。

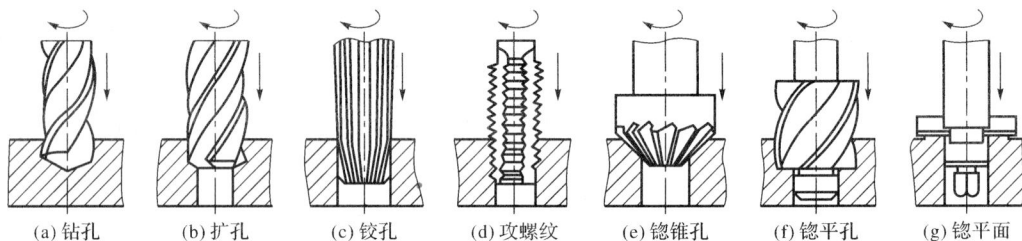

| (a)钻孔 | (b)扩孔 | (c)铰孔 | (d)攻螺纹 | (e)锪锥孔 | (f)锪平孔 | (g)锪平面 |

图 17-23　钻削的加工范围

（2）可转位刀片钻头

如图 17-24(a)所示为螺旋槽可转位刀片钻头，其头部镶嵌两个刀片，钻削直径为 $D_c$，$dm_m$ 为刀柄的夹持直径。这种钻头也称为可转位浅钻，用于加工深径比为 2～2.5 的浅孔，其直径范围为 $\phi16$～$\phi82$ mm，直径 $\phi16$～$\phi22$ mm 的钻头一般为单刃。这种钻头具有切削效率高、加工质量好的特点，适用于在数控机床上钻孔、扩孔、镗孔及端面加工。

（3）可转位单刃铰刀

如图 17-24(b)所示为可转位单刃铰刀。它由刀体 1、轴向定位销 2、压板 3、压板螺钉 4、垫圈 5、刀片 6、导向块 7、调整螺钉 8、调整顶销 9 和刀座 10 组成。

可转位单刃铰刀具有刀片转位与更换方便，切削平稳无振动，加工精度高，铰削余量大，切削速度高，几何误差小，刀具寿命长等优点。目前可转位单刃铰刀可加工直径为 $\phi6$～$\phi60$ mm 的通孔和不通孔，加工精度一般为 IT6～IT9，表面粗糙度可达 $Ra$ 0.4～1.6 $\mu$m。在铰削加工中正在不断替代传统的整体高速钢和焊接硬质合金多刃铰刀而迅速推广应用。

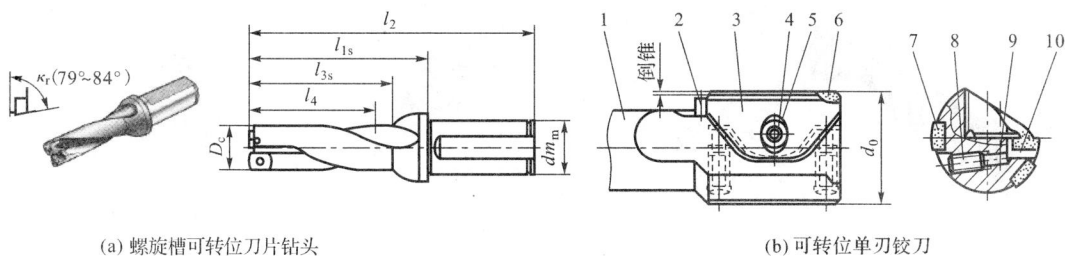

(a) 螺旋槽可转位刀片钻头　　　　　　　　　(b) 可转位单刃铰刀

图 17-24　钻头与铰刀

1—刀体；2—轴向定位销；3—压板；4—压板螺钉；5—垫圈；6—刀片；

7—导向块；8—调整螺钉；9—调整顶销；10—刀座

（4）数控可转位镗刀

按切削刃的数量，可转位镗刀有单刃、双刃和多刃之分。图 17-25 所示为用于粗加工的镗刀；图 17-26 所示为用于半精、精加工的镗刀。

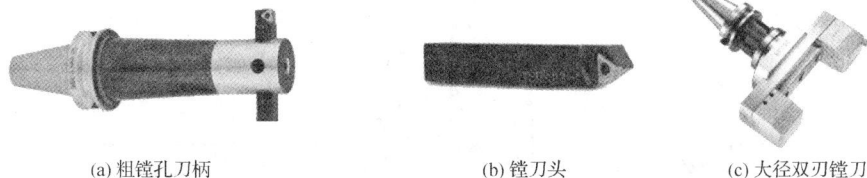

(a) 粗镗孔刀柄　　　　　　　(b) 镗刀头　　　　　　　(c) 大径双刃镗刀

图 17-25　粗镗刀

(a) 小孔径精镗头　　(b) 小径微调镗刀柄　　(c) 镗刀杆　　(d) 大径双刃镗刀

图 17-26　精镗刀

可转位双刃镗刀的特点是有一对对称的切削刃同时参与切削。与单刃镗刀相比，每转进给量可提高一倍左右，生产率很高。

如图 17-27 所示为精镗微调刀头，这种镗刀径向尺寸可以在一定范围内微调。调整尺寸时的步骤如下：松开螺钉 4，转动调整螺母 5 至规定尺寸，之后拧紧螺钉 4。导向块 3 用来防止刀块垫块转动。为了消除镗孔时径向力对镗刀杆 2 的影响，可采用双刃镗刀，它的两刃同时参与切削，径向力可互相抵消，与单刃相比，每转进给量可提高一倍，生产率高。

（5）可转位螺纹铣刀

图 17-28（a）、图 17-28（b）所示分别为多刃铣削螺纹刀杆及刀片，刀片有多刃及单刃之分。图 17-28（c）所示为丝锥夹头刀柄，适用于夹持自动攻丝时的丝锥，其上要配有攻丝夹套，如图 17-28（d）所示。

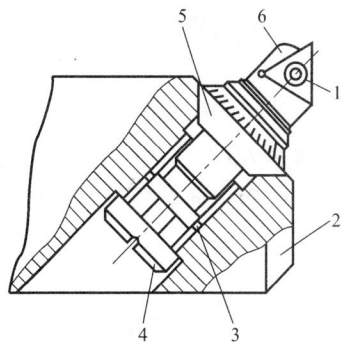

图 17-27　精镗微调刀头

1—刀片；2—镗刀杆；3—导向块；

4—螺钉；5—调整螺母；6—垫块

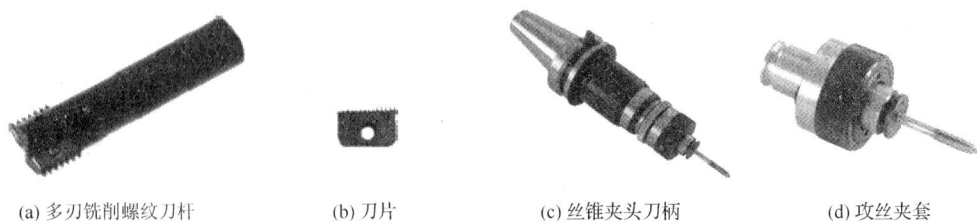

(a) 多刃铣削螺纹刀杆　　　(b) 刀片　　　(c) 丝锥夹头刀柄　　　(d) 攻丝夹套

图 17-28　可转位螺纹铣刀

**3. 特殊孔的钻削方法**

(1) 钻半(缺)圆孔的方案

①组合:如图 17-29(a)所示,把两件组合起来或用同样材料的垫块与工件并在一起钻削。

②镶嵌:如图 17-29(b)所示,用同样材料镶嵌在工件内,钻孔后去掉这块材料,就形成了缺圆孔。

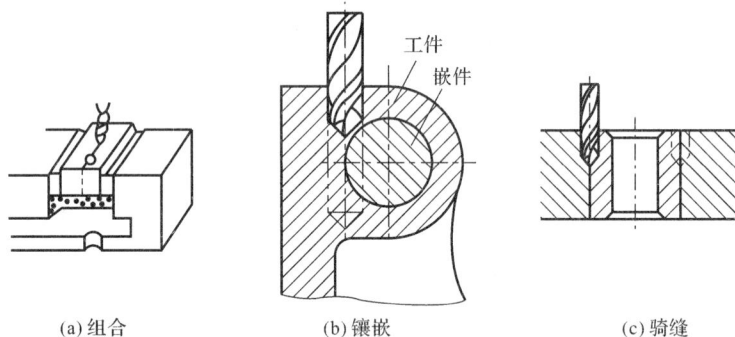

(a) 组合　　　　(b) 镶嵌　　　　(c) 骑缝

图 17-29　半圆孔

(2) 钻骑缝孔的方案

如图 17-29(c)所示,钻头伸出钻夹头的长度尽量短,且横刃应磨得较短。若两种零件材料不同,样冲眼应大部分打在硬材料上,并在钻孔时使钻头略往硬材料一边偏。

(3) 钻斜面上的孔方案

①先用样冲打一个较大的中心眼或用中心钻钻出中心孔,或用铣刀铣出个小平台,再用钻头钻孔,如图 17-30(a)所示。

②先使斜面处于水平位置装夹工件,用钻头钻出一个浅窝,再使斜面倾斜一些装夹,将浅窝钻大,经几次倾斜逐渐扩大浅窝,然后放正工件正式钻孔。

③用斜面钻套进行钻孔,如图 17-30(b)所示。

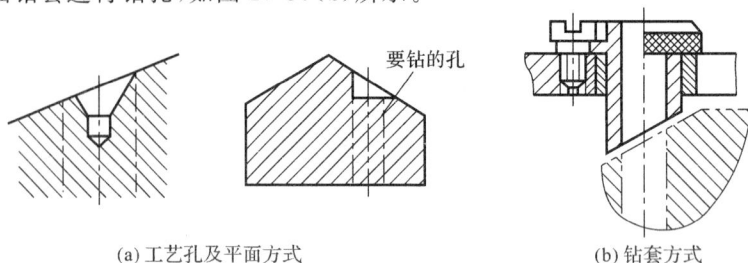

(a) 工艺孔及平面方式　　　　(b) 钻套方式

图 17-30　斜面孔

（4）钻圆弧面上的孔方案

用圆弧面钻套进行钻孔，如图17-31所示。

（5）在工件凹腔内钻孔的方案

如图17-32所示，用加长钻套进行钻孔。装卸工件时钻套可以提起，钻套上部孔径必须扩大，以缩小与刀具的接触长度，减少摩擦。

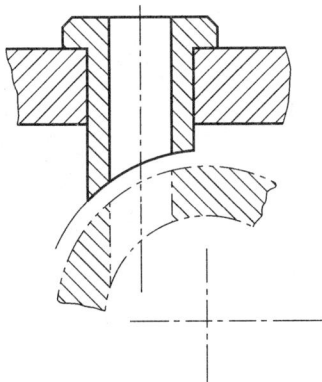

图 17-31　弧面上的孔　　　　　　图 17-32　凹腔里的孔

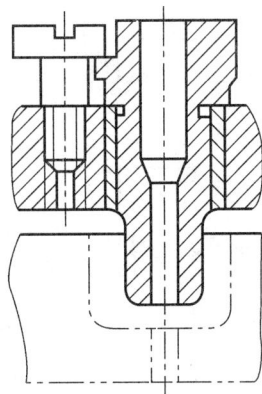

# 项目 18　模板零件孔系与轮廓铣削加工
## ——刀具长度补偿指令应用

使用数控铣床（含加工中心）加工一个零件时，常常需要使用多把刀具，为了保证零件的刀具长度方向尺寸精度及加工效率，常需要根据确定的刀具长度进行零件加工；另外，加工过程中因刀具长度方向的磨损，要进行长度方向补偿。基于此，引入刀具长度补偿指令，该指令能有效地解决上述问题。

## ◎ 实训目的

通过本项目的学习，学生应能应用刀具长度补偿指令的三种应用方法进行程序编制，能正确对数控铣床系统进行刀具长度补偿参数的设定，并操作数控铣床对零件进行加工。

## ◎ 实训任务

1. 模板加工分析与工艺编制。

2. 机床、刀具及工量具条件确定。

3. 切削用量确定。

4. 刀具长度补偿指令应用与程序编制。

5.切削加工与精度检查。

6.数控系统的刀具长度补偿参数设置。

7.机床安全操作、日常维护及相关知识。

8.如图 18-1 所示的模板零件,材料为 45 钢,生产规模为单件,其毛坯尺寸如图 18-2 所示。要求使用数控铣床(VMC850 机床)完成该模板零件上的孔系与轮廓加工。

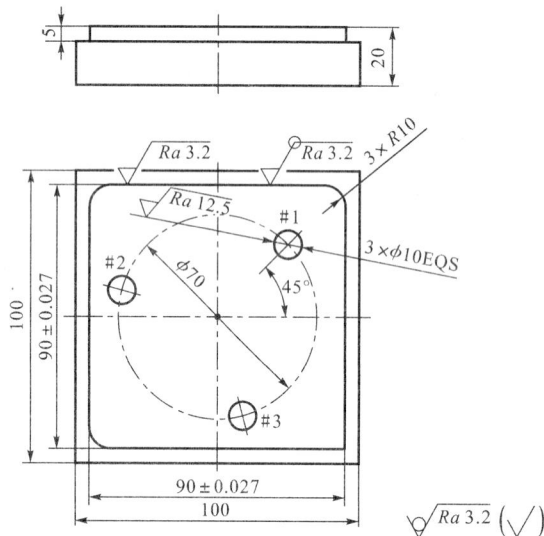

图 18-1　模板零件图

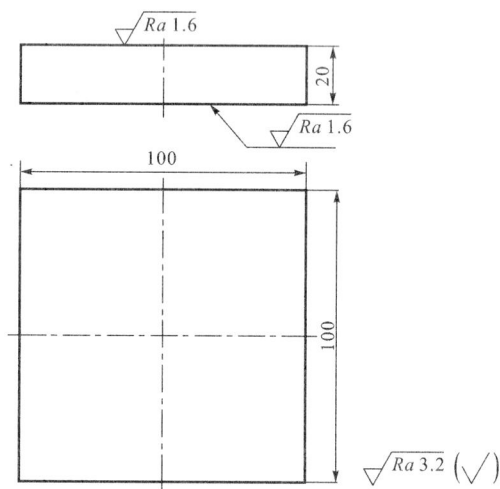

图 18-2　模板零件毛坯图

# 实训内容与步骤

## 一　模板加工分析

分析要点如下:

(1)切削加工工艺分析。零件上有 $3 \times \phi10\,mm$($Ra12.5\,\mu m$)通孔、基本尺寸为 90 mm × 90 mm × 5 mm 轮廓要素要加工,加工要素较为简单。

(2)零件毛坯的工艺性分析。该零件的毛坯经过预处理加工,块料毛坯尺寸 100 mm × 100 mm × 20 mm 由上道工序保证,满足先面后孔的加工要求;毛坯尺寸规则,装夹方便,用平口钳装夹即可满足加工要求。

## 二　模板加工工艺编制

由上述分析可知,编制孔加工工艺如下:

(1)使用中心钻点窝♯1~♯3孔;

(2)使用钻头钻削加工♯1~♯3的 $3 \times \phi10$ mm 孔;

(3)使用立铣刀铣削加工 90 mm × 90 mm × 5 mm 轮廓。

## 三 机床、刀具及工量具条件确定

### 1. 机床确定

根据被加工工件尺寸及加工精度,选择 VMC850 立式加工中心即可满足要求。

### 2. 刀具选择

(1)3×$\phi$10 mm 孔刀具选择

根据该孔的加工精度,参照表 18-1,使用钻削加工方法就可达到精度要求,选择 $\phi$10 mm 高速钢钻头。为了提高 3×$\phi$10 mm 孔的位置精度,使用 $\phi$2.5 mm 高速钢中心钻点窝♯1～♯3 孔,以方便刀具正确引入。

表 18-1　　　　　　　　　　不同加工方法达到的孔径精度与表面粗糙度

| 加工方法 | 孔径精度(IT) | 表面粗糙度($Ra/\mu$m) | 加工方法 | 孔径精度(IT) | 表面粗糙度($Ra/\mu$m) |
|---|---|---|---|---|---|
| 钻 | 12～13 | 12.5 | 钻、扩、粗铰、精铰 | 6～8 | 0.8～1.6 |
| 钻、扩 | 10～12 | 3.2～6.3 | 抛光 | 5～6 | 0.025～0.4 |
| 钻、铰 | 8～11 | 1.6～3.2 | 滚压 | 6～8 | 0.05～0.4 |
| 钻、扩、铰 | 6～8 | 0.8～3.2 | | | |

(2)轮廓刀具选择

选择 3 齿 $\phi$12 mm 高速钢立铣刀。

(3)刀柄选择

根据机床主轴锥孔类型,采用 BT40 型刀柄。

①$\phi$2.5 mm 中心钻的刀柄:根据刀具类型及直径,结合现有的条件,选择型号为 BT40-ER32-70 的弹簧夹头刀柄;选择适应此刀柄的夹持卡簧为 ER32-3 卡簧,以夹持 $\phi$2.5 mm 中心钻。

②$\phi$10 mm 钻头的刀柄:选择型号为 BT40-KPU13-95 的钻夹头刀柄夹持 $\phi$10 mm 钻头,其夹持范围为 0.5～13 mm。

③$\phi$12 mm 立铣刀的刀柄:选择型号为 BT40-ER25-100 的弹簧夹头刀柄,选择适应此刀柄的夹持卡簧为 ER25-12 卡簧,以夹持 $\phi$12 mm 立铣刀。

以上刀具对应的刀柄详细选择过程,可参考"项目 17 孔系加工"的刀具选择。

### 3. 工量具等选择

(1)0～150 mm 游标卡尺(带深度测量功能)。

(2)0～10 mm 量程、0.01 mm 分辨率的百分表。

(3)0～25 mm 内径千分尺。

(4)0～150 mm 平口钳。

(5)卓尔 Smile V400 机外对刀仪(图 18-3)。

(6)寻边器及 Z 轴设定器(图 18-3)。

(7)板刷子、扳手、抹布、垫块及铜皮等。

(8)MAS-403 P40T-Ⅰ型拉钉若干。

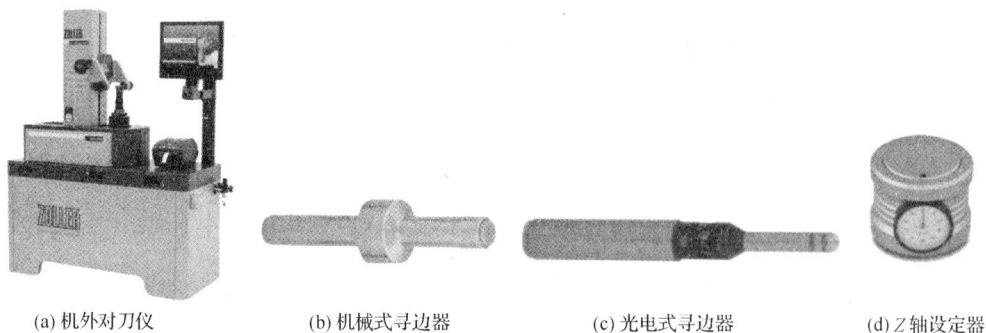

(a) 机外对刀仪　　　　(b) 机械式寻边器　　　(c) 光电式寻边器　　　(d) Z轴设定器

图 18-3　对刀装置

## 四　切削用量确定

根据分析及计算确定切削用量,见表 18-2,具体计算及确定过程如下:

表 18-2　　　　　　　　　　　模板加工工序及切削用量

| 序号 | 工序名称 | 刀具名称 | 刀具直径/mm | 加工部位 | 切削用量 | | | 刀具编号 |
|---|---|---|---|---|---|---|---|---|
| | | | | | 主轴转速/(m/min) | 进给量/(mm/r) | 背吃刀量/mm | |
| 1 | 轮廓铣削 | 立铣刀 | $\phi$12 | 轮廓 | 800 | 300 | | T01/D01 |
| 2 | 点窝中心孔 | 中心钻 | $\phi$2.5 | #1～#3孔 | 2500 | 0.08 | | T02 |
| 3 | 钻削 3×$\phi$10 mm 孔 | 钻头 | $\phi$10 | | 650 | 0.2 | 5 | T03 |

根据表 18-3,加工碳钢的含碳量在 0～0.5% 范围内,本例所用高速钢钻头及中心钻的切削速度选择为 20 m/min。

**1. 钻孔**

(1)点窝中心孔的主轴转速:$n=1000v/(\pi d)=(1000\times20)/(3.14\times2.5)=$ 2548 r/min,取值为 2500 r/min。

(2)钻削 3×$\phi$10mm孔的主轴转速:$n=1000v/(\pi d)=(1000\times20)/(3.14\times10)=$ 637 r/min,取值为 650 r/min。

表 18-3　　　　　　　　　　高速钢钻头钻削不同材料的切削用量

| 加工材料 | | 硬度 | | 切削速度 v/(m/min) | 钻头直径 $d_0$/mm | | | | | 钻头螺旋角/(°) | 钻尖角/(°) |
|---|---|---|---|---|---|---|---|---|---|---|---|
| | | 布氏(HBW) | 洛氏(HRB) | | <3 | 3～6 | 6～13 | 13～19 | 19～25 | | |
| | | | | | 进给量 $f$/(mm/r) | | | | | | |
| 铝及铝合金 | | 45～105 | 0～62 | 105 | 0.08 | 0.15 | 0.25 | 0.40 | 0.48 | 32～42 | 90～118 |
| 铜及铜合金 | 高加工性 | 0～124 | 10～70 | 60 | 0.08 | 0.15 | 0.25 | 0.40 | 0.48 | 15～40 | 118 |
| | 低加工性 | 124～ | 10～70 | 20 | 0.08 | 0.15 | 0.25 | 0.40 | 0.48 | 0～25 | 118 |
| 镁及镁合金 | | 50～90 | 0～52 | 45～120 | 0.08 | 0.15 | 0.25 | 0.40 | 0.48 | 25～35 | 118 |
| 锌合金 | | 80～100 | 41～62 | 75 | 0.08 | 0.15 | 0.25 | 0.40 | 0.48 | 32～42 | 118 |
| 碳钢 | 0～0.25% | 125～175 | 71～88 | 24 | 0.08 | 0.13 | 0.20 | 0.26 | 0.32 | 25～35 | 118 |
| | 0.25%～0.50% | 175～225 | 88～98 | 20 | 0.08 | 0.13 | 0.20 | 0.26 | 0.32 | 25～35 | 118 |
| | 0.50%～0.90% | 175～225 | 88～98 | 17 | 0.08 | 0.13 | 0.20 | 0.26 | 0.32 | 25～35 | 118 |

**2. 轮廓铣削**

(1)铣削宽度 $a_w$、铣削深度 $a_p$ 的确定:轮廓精度要求不高,一次加工即可完成,用 $\phi12$ mm高速钢立铣刀铣削轮廓。根据经验估计法,$a_w < d/2$ 时,$a_p = (1/3 \sim 1/2)d$,即 $a_w$ 取值 5 mm,$a_p$ 取值 5 mm。

(2)切削速度 $v$ 的选择与主轴转速 $n$ 的计算:根据表18-4,切削速度范围为 $20 \sim 40$ m/min。主轴转速 $n$(r/min)与切削速度 $v$(m/min)及铣刀直径 $d$(mm)的关系为:$n = 1000\ v/(\pi d)$,计算粗、精加工的主轴转速:$n = [1000 \times (20 \sim 40)]/(3.14 \times 12) = (531 \sim 1062)$ r/min,取值为 800 r/min。

表 18-4                         切削速度

| 工件材料 | 硬度(HB) | 切削速度 $v$/(m/min) | |
|---|---|---|---|
| | | 硬质合金铣刀 | 高速钢铣刀 |
| 低、中碳钢 | <220 | 60~150 | 20~40 |
| | 225~290 | 55~115 | 15~35 |
| | 300~425 | 35~75 | 10~15 |
| 高碳钢 | <220 | 60~130 | 20~35 |
| | 225~325 | 50~105 | 15~25 |
| | 325~375 | 35~50 | 10~12 |
| | 375~425 | 35~45 | 5~10 |
| 合金钢 | <220 | 55~120 | 15~35 |
| | 225~325 | 35~80 | 15~25 |
| | 325~425 | 30~60 | 5~10 |
| 工具钢 | 200~250 | 45~80 | 12~25 |
| 灰铸铁 | 100~140 | 110~115 | 25~35 |
| | 150~225 | 60~110 | 15~20 |
| | 230~290 | 45~90 | 10~18 |
| | 300~320 | 20~30 | 5~10 |

(3)进给速度 $F$ 的确定:根据表18-5,每齿进给量 $f_z$ 范围为 $0.04 \sim 0.20$ mm/z。选用的是 3 齿 $\phi12$ mm 高速钢立铣刀,其进给速度 $F = f_z zn = (0.04 \sim 0.20) \times 3 \times 800 = (96 \sim 480)$ mm/min,取值为 300 mm/min。

表 18-5                 铣刀每齿进给量 $f_z$ 推荐值              mm/z

| 工件材料 | 硬度(HB) | 高速钢铣刀 | | 硬质合金铣刀 | |
|---|---|---|---|---|---|
| | | 立铣刀 | 端铣刀 | 立铣刀 | 端铣刀 |
| 低碳钢 | <150 | 0.04~0.20 | 0.15~0.30 | 0.07~0.25 | 0.20~0.40 |
| | 150~200 | 0.03~0.18 | 0.15~0.30 | 0.06~0.22 | 0.20~0.35 |
| 中、高碳钢 | <220 | 0.04~0.20 | 0.15~0.25 | 0.06~0.22 | 0.15~0.35 |
| | 225~325 | 0.03~0.15 | 0.10~0.20 | 0.05~0.20 | 0.12~0.25 |
| | 325~425 | 0.03~0.12 | 0.08~0.15 | 0.04~0.15 | 0.10~0.20 |

| 工件材料 | 硬度(HB) | 高速钢铣刀 | | 硬质合金铣刀 | |
|---|---|---|---|---|---|
| | | 立铣刀 | 端铣刀 | 立铣刀 | 端铣刀 |
| 灰铸铁 | 150～180 | 0.07～0.18 | 0.20～0.35 | 0.12～0.25 | 0.20～0.50 |
| | 180～220 | 0.05～0.15 | 0.15～0.30 | 0.10～0.20 | 0.20～0.40 |
| | 220～300 | 0.03～0.10 | 0.10～0.15 | 0.08～0.15 | 0.15～0.30 |
| 合金钢 | <220 | 0.05～0.18 | 0.15～0.25 | 0.08～0.20 | 0.12～0.40 |
| | 220～280 | 0.05～0.15 | 0.12～0.20 | 0.06～0.15 | 0.10～0.30 |
| | 280～320 | 0.03～0.12 | 0.07～0.12 | 0.05～0.12 | 0.08～0.20 |
| | 320～380 | 0.02～0.10 | 0.05～0.10 | 0.03～0.10 | 0.06～0.15 |

## 五　程序编制与输入

### 1. 编程坐标系设定

本例编程坐标系原点设在零件上表面的中心处,符合基准重合原则,有利于编程,如图 18-4 所示。

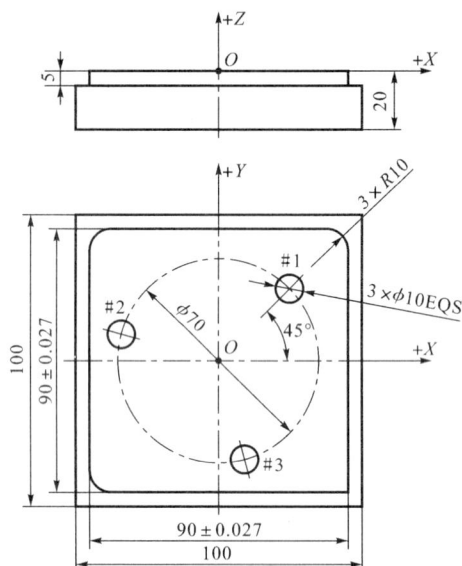

图 18-4　编程坐标系

### 2. 数值计算与轨迹

#1～#3 孔在 XY 平面内的 $\phi70$ mm 圆周上均匀分布,采用直角坐标系方法计算坐标较为麻烦,可利用极坐标方法定义该 3 个孔位的坐标(极径,极角),即 #1(35,45)、#2(35,165)、#3(35,285)。

90 mm×90 mm 轮廓的坐标与刀具中心运动轨迹如图 18-5 所示,轮廓切削切入与切出段要超过最大轮廓 1 mm,以免刀具与轮廓发生碰撞,切入与切出点坐标为(51,-51)。

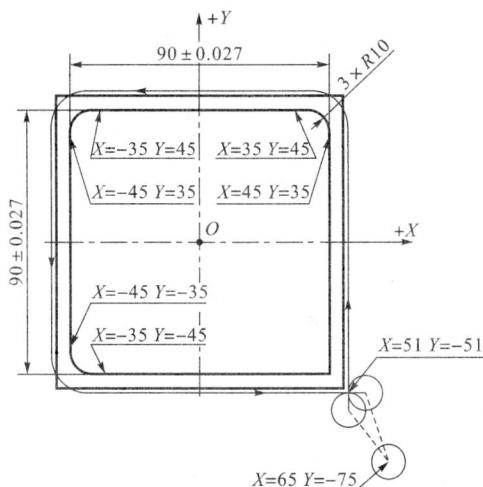

图 18-5 轨迹与坐标

**3. 程序编制**

（1）编程主要代码

孔加工固定循环指令：G81\G80

极坐标系指令：G16\G15

刀具半径补偿指令：G41\G42\G40

基本插补指令：G00\G01\G02\G03

刀具长度补偿指令：

……

G43/G44 G00/G01 Z_ H_ F_

……

G49 G00/G01 X_ Y_ Z_

……

使用刀具长度补偿指令之前，要确定如下问题：一是要统一三把刀具长度方向的起点位置，本例定义刀具在 Z10 平面上；二是用刀具测量仪分别测量出三把刀具的长度 $L_1$、$L_2$、$L_3$，刀具长度补偿号分别定义为 H01、H02、H03，本例采用机外对刀仪测量出三把刀具的长度；三是把刀具长度值作为刀具长度补偿值方式输入到系统的 H 地址中。刀具长度补偿具体应用方法见"刀具长度补偿功能知识"。

（2）加工程序编制

根据表 18-2 给出的模板加工工序及切削用量等内容，编制加工中心程序 O6000。

```
O6000
G91 G28 Z0                    /回参考点/
G54                           /选择工件坐标系/
T1 M06                        /换上 φ12 mm 立铣刀/
G90 G00 X65 Y−75              /建立刀具半径补偿/
G43 G00 Z10 H01               /建立刀具长度补偿/
M03 S800
G00 Z−5
```

| | |
|---|---|
| G42 X51 Y－51 D01 | /建立刀具半径补偿,D01 中的值为6/ |
| M08 | /切削液开/ |
| G01 X45 Y35 F300 | |
| G03 X35 Y45 R10 | |
| G01 X－35 Y45 | |
| G03 X－45 Y35 R10 | |
| G01 Y－35 | |
| G03 X－35 Y－45 R10 | |
| G01 X51 Y－51 | |
| M09 | /切削液关/ |
| G40 G00 X65 Y－75 | /取消刀具半径补偿/ |
| G49 G00 Z10 | /取消刀具长度补偿/ |
| G91 G28 Z0 | |
| M06 T02 | /换上 φ2.5 mm 中心钻/ |
| G99 | /系统设定的每转进给量/ |
| M03 S2500 | |
| G90 G00 X0 Y0 | |
| G43 G00 Z10 H02 | /建立刀具长度补偿/ |
| G16 | |
| M08 | /切削液开/ |
| G99 G81 X35 Y45 Z－2 R2 F0.08 | /♯1/ |
| X35 Y165 | /♯2/ |
| G98    X35 Y285 | /♯3/ |
| M09 | /切削液关/ |
| G80 G15 | /孔循环取消,极坐标取消/ |
| G49 G00 Z20 | /取消刀具长度补偿/ |
| G91 G28 Z0 | /回参考点/ |
| M06 T03 | /换上 φ10 mm 钻头/ |
| G99 | /系统设定的每转进给量/ |
| M03 S650 | |
| G43 G00 Z10 H03 | /建立刀具长度补偿/ |
| M08 | /切削液开/ |
| G99 G81 X35 Y45 Z－25 R2 F0.2 | /♯1/ |
| X35 Y165 | /♯2/ |
| G98    X35 Y285 | /♯3/ |
| M09 | /切削液关/ |
| G80 G49 | |
| G00 Z200 | /便于零件检查/ |
| M05 | /主轴停转/ |
| M30 | /程序结束,光标回到程序首位置/ |

(3)思考

如果采用 MVC850 数控铣床加工该零件,如何编辑与修改 O6000 程序? 请试完成并用该数控铣床对该零件进行加工。

## 六  切削加工与精度检查

### 1. 开启机床操作

具体开启机床操作过程参照"项目 2 数控铣床的开关机操作"。在开启机床操作时,应注意如下事项：

　　(1)检查机床外观是否正常。

　　(2)检查工作台是否在合适位置。

　　(3)检查按键是否完好。

**2. 回参考点操作**

选择机床操作面板上的回参考点模式"ZRN"，按 $Z \to X \to Y$ 轴顺序进行回参考点操作。具体回参考点操作可参照"项目2 数控铣床的开关机操作"。

**3. 平口钳装夹**

平口钳装夹的具体方法可参照"项目8 工件在平口钳上的装夹"。

**4. 零件装夹**

使用平口钳装夹零件，如图18-6所示。采用托表法找正，用垫块、铜皮初步找正零件。零件装夹的具体方法可参照"项目8 工件在平口钳上的装夹"。

图18-6　零件装夹

注意事项如下：

(1)安装工件时，平口钳钳口工作面及导轨面、平行垫铁工作面必须擦拭干净。

(2)安装工件时，必须轻拿轻放，防止碰伤手脚和机床工作台面。

(3)扳手、铁块等不能放在工作台面上。

**5. 安装、夹紧刀具和刀柄**

刀具、刀柄等安装可参照"项目11 刀具的安装操作"。注意事项如下：

(1)刀柄锥度部分必须擦拭并用高压气吹干净。

(2)刀柄安装到主轴上之前，检查刀柄上的拉钉是否紧固。

(3)刀柄安装到主轴上之后，启动主轴，检查刀具是否有跳动。

**6. 对刀，设定工件坐标系 G54**

采用试切法对刀，并把对刀处理的数据输入到G54中，具体操作方法可参照"项目14 对刀操作"。注意事项如下：

(1)用手轮的"×100"挡来快速靠近工件；当刀具距离工件较近时，必须把手轮切换到"×1"挡，以使刀具轻微碰触工件。

(2)刀具碰触到工件侧边后，建议先抬高刀具到离开工件，再进行下一步操作。

**7. 设定刀具长度补偿值**

使用机外对刀仪测量出三把刀具的长度分别为 $L_1$、$L_2$、$L_3$（如三把刀具的长度分别为 150 mm、221 mm、201.22 mm）。把三把刀具长度分别设定在长度补偿代码 H01、H02、H03 中，如图18-7所示。

| 工具补正 | | | O1322 | N01322 |
|---|---|---|---|---|
| 番号 | 形状(H) | 磨耗(H) | 形状(D) | 磨耗(D) |
| 001 | 150.000 | 0.000 | 0.000 | 0.000 |
| 002 | 221.000 | 0.000 | 0.000 | 0.000 |
| 003 | 201.220 | 0.000 | 0.000 | 0.000 |
| 004 | 0.000 | 0.000 | 0.000 | 0.000 |
| 005 | 0.000 | 0.000 | 0.000 | 0.000 |
| 006 | 0.000 | 0.000 | 0.000 | 0.000 |
| 007 | 0.000 | 0.000 | 0.000 | 0.000 |
| 008 | 0.000 | 0.000 | 0.000 | 0.000 |

图 18-7　刀具长度补偿界面

**8. 录入与编辑程序**

把上面编制好的 O6000 程序输入到系统中并进行编辑。

**9. 切削加工前的模拟显示**

具体操作方法可参照"项目 6 切削加工前的模拟显示"。

**10. 切削加工**

程序切削加工前的模拟显示正确之后,就可以试切削加工零件。基本步骤如下:

(1)在编辑程序模式"EDIT"下,按 NC 系统操作面板上的复位键"RESET",使程序中的光标处于程序首位置。

(2)将倍率旋钮置于 100%位置。

(3)按下循环启动按钮"CYCLE START"。

**注意**　在切削加工过程中,如果工件表面质量与要求有差距或切削有异声,可通过调整进给或转速倍率旋钮来调节。

零件在没有从平口钳上拆卸下来之前,在安全条件下应对零件进行必要的尺寸测量,如果尺寸没有加工到位,可修改程序或补偿控制尺寸精度。

切削加工零件时,应确保冷却充分和排屑顺利。

**11. 结束工作**

零件加工完毕后将其取出,去除毛刺;同时,做好清扫机床、擦净刀具和量具等相关工作,并按规定摆放整齐。

**12. 评估**

完成零件的加工后,从以下几方面评估整个加工过程,达到不断优化实训过程的目的。

(1)对工件尺寸精度进行评估,找出尺寸超差是工艺系统因素还是测量因素,为工件后续加工的尺寸精度控制提出解决办法、合理化建议及有益的经验。

(2)对工件的加工表面质量进行评估,总结经验或找出表面质量缺陷的原因,提出优化刀具路径的设计方法。

(3)对加工效率、刀具寿命等方面进行评估,找出加工效率与刀具寿命的内在规律,为进一步优化刀具切削参数夯实基础。

(4)评估切削加工过程,查找是否有需要改进的工艺方法和操作。

(5)评估每组(或名)成员工作过程中的知识技能、安全文明操作意识、协作能力、语言表达能力等。

(6)按要求形成实训报告,具体见表 18-6。

表 18-6　　　　　　　　　　　　　　　实训报告

| 姓名 | 设备型号 | 指导与评阅教师 | | 实训日期 | 成绩 |
|---|---|---|---|---|---|
| | | | | | |

| 实训目的 | |
|---|---|
| | |

| 实训内容 | |
|---|---|
| | |

| 加工工序 | 工序号 | 工序内容 | 刀具号 | 刀具规格 | 主轴转速 /(r/min) | 进给速度 /(mm/r 或 mm/min) | 背吃刀量 /mm |
|---|---|---|---|---|---|---|---|
| | 1 | | | | | | |
| | 2 | | | | | | |
| | | | | | | | |
| | | | | | | | |
| | $n$ | | | | | | |

| 刀具 | 工序号 | 刀具号 | 刀具规格名称 | 数量 | 加工要素 | D**中值名义 半径/mm | 备注 |
|---|---|---|---|---|---|---|---|
| | 1 | | | | | | |
| | 2 | | | | | | |
| | | | | | | | |
| | | | | | | | |
| | $n$ | | | | | | |

| 其他实训 用品 | (刀具、量具、夹具、工具等) |
|---|---|
| | |

| 程序 | |
|---|---|
| | |

| 操作流程 | |
|---|---|
| | |

## ◎ 实训作业

　　如图 18-8 所示,零件毛坯已进行预加工,根据给定的条件编制程序,操作 VMC850 加工中心加工指定部位。

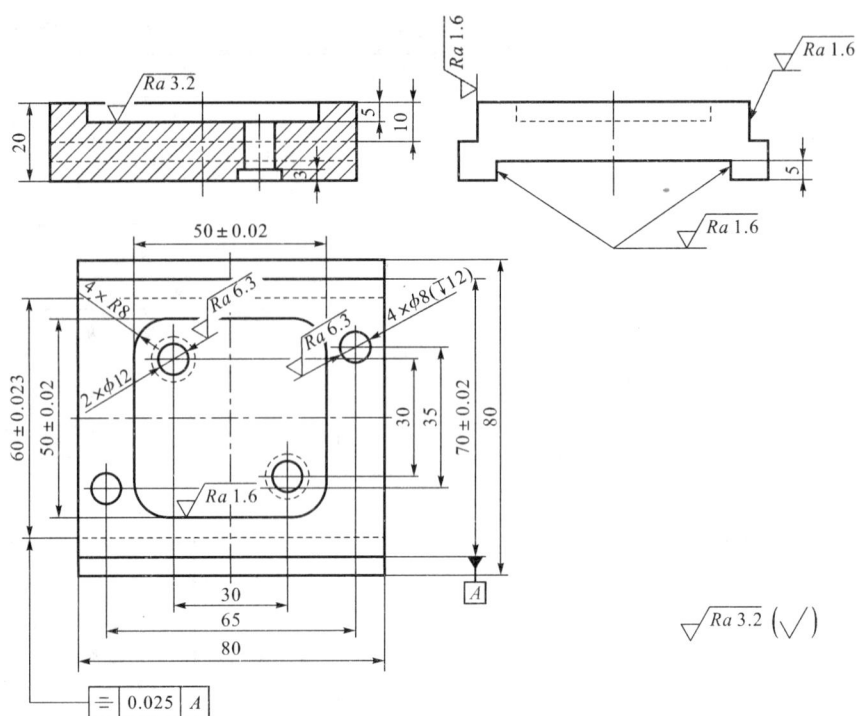

图 18-8　零件图

（1）刀具条件

φ12 mm 立铣刀、φ10 mm 立铣刀、φ12 mm 键槽铣刀、φ8mm 钻头、φ3 mm 中心钻。

（2）切削加工内容

①50 mm×50 mm×5 mm 槽轮廓。

②4×φ8 mm 孔。

③80 mm×70 mm×10 mm 台阶。

④60 mm×5 mm 通槽。

⑤2×φ12 mm 孔。

# 刀具长度补偿功能知识

## 一　刀具长度补偿指令

### 1. 编程格式

……

G43/G44 G00/G01 Z_ H_ F_

……

G49 G00/G01 X_ Y_ Z_

……

**2. 功能及应用**

使刀具在 $Z$(一般情况下)方向上的实际位移量比程序给定的 $Z$ 值增加或减少一个偏置量;当刀具在长度方向上的尺寸发生变化时,可以在不改变程序的情况下,通过改变系统偏置量加工出所要求尺寸的零件。

**3. 说明**

(1)G43 为刀具长度正补偿,即补偿方向与工件坐标系 $+Z$ 同向;G44 为刀具长度负补偿,即补偿方向与工件坐标系 $+Z$ 异向;G49 为刀具长度补偿取消指令;长度补偿指令与 G01 或 G00 组合使用,与 G01 组合使用时,用进给速度 F 指令;与 G00 组合使用时,不用 F 指令。

(2)$Z$ 为目标点坐标;H 为刀具长度补偿值的存储地址,补偿量存入由 H 代码指定的存储器中。

(3)G90、G91 对 G43 与 G44 的长度方向运算不影响。

(4)执行 G43 时:$Z_{实际坐标} = Z_{目标点坐标} + $ H 中的长度补偿值;执行 G44 时:$Z_{实际坐标} = Z_{目标点坐标} - $ H 中的长度补偿值,如图 18-9 所示。G43、G44 两者可互换使用,可达到一样的效果,只是要把 H 中的长度补偿值变换正负号。

(5)刀具长度是指主轴锥孔端面至刀尖的距离,其长度可通过对刀仪测得,如图 18-10 所示。

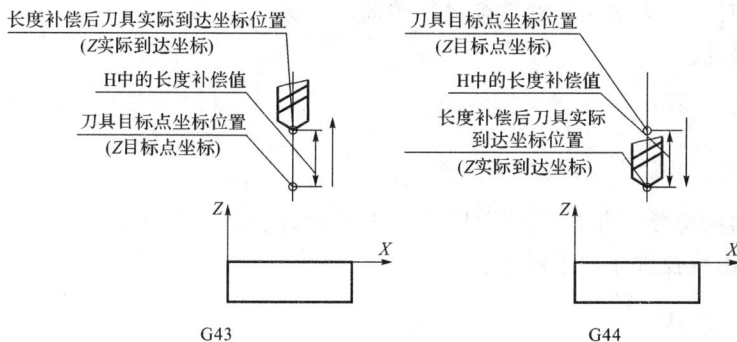

图 18-9　刀具长度补偿示意图

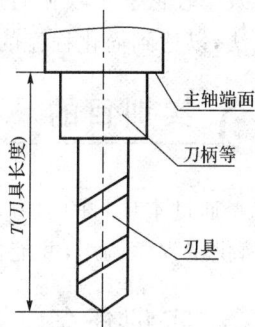

图 18-10　刀具长度示意图

## 二　刀具长度补偿应用的三种方式

**1. 刀具长度差方式**

基本原理与方法:把其中一把刀具作为基准刀具并用这把刀具对刀,并把对刀的机械坐标 $Z$ 值输入到 G54 中,这个基准刀具的长度补偿值设定为 0,计算其他刀具相对基准刀具在长度方向的差值,这个差值作为刀具长度补偿值分别输入到代码 H 指定的地址中,可使各刀具运动的起点相同。

在刀具长度值已知的情况下,刀具长度差方式在实际中很少应用;有时,当工件 $Z$ 向尺寸精度有误差时,用此误差值作为长度补偿值。

**2. 刀具长度值作为刀具长度补偿的方式**

基本原理与方法:首先,使用对刀仪测量出刀具的长度,然后把这些刀具长度数值输入到对应刀具的长度补偿代码 H 指定的地址中,作为刀具长度补偿值。其次,用某一把刀具

对工件在 $Z$ 向对刀,对刀完成之后(确保刀具 $Z$ 向不移动)观察并记录屏幕上此时机床机械坐标 $Z$ 值。最后,把对刀状态的机械坐标 $Z$ 值与此把刀具长度进行和运算,并把计算的结果输入到 G54 中。

当刀具长度值已知的情况下,该方法应用较多。

**3. 利用每把刀具对刀之后的机床机械坐标 $Z$ 值作为刀具长度补偿方式**

基本原理与方法:首先,记录下每把刀具对刀之后的机床机械坐标 $Z$ 值,并把该值输入到刀具长度补偿代码 H 指定的地址中。其次,把设定工件坐标系指令 G54(或 G55、G56 等)中的 $Z$ 值设为 0。

当刀具长度值不确定的情况下,该方法也较为简单。

# 项目 19  底座零件槽系铣削加工
## ——子程序应用

零件上相同加工要素有时有多个,如果每一个加工要素都编制加工程序,程序书写量大且效率较低。本项目通过对零件上槽轮廓的铣削加工实训,要求学生掌握主、子程序的编制方法,以达到简化程序的目的。

## ◉ 实训目的

通过本项目的学习,学生应学习提取零件上同类加工要素,应用子程序指令编制子程序,供主程序调用,并能操作数控铣床加工零件。

## ◉ 实训任务

1. 槽轮廓铣削加工分析与工艺编制。

2. 机床、刀具及工量具条件确定。

3. 切削用量确定。

4. 主、子程序指令的应用与程序编制。

5. 切削加工与精度检查。

6. 机床安全操作、日常维护及相关知识。

7. 如图 19-1 所示的底座零件,材料为 45 钢,生产规模为单件,其毛坯尺寸如图 19-2 所示。要求使用数控铣床(MVC850 或 VMC850 机床)完成槽系铣削加工。

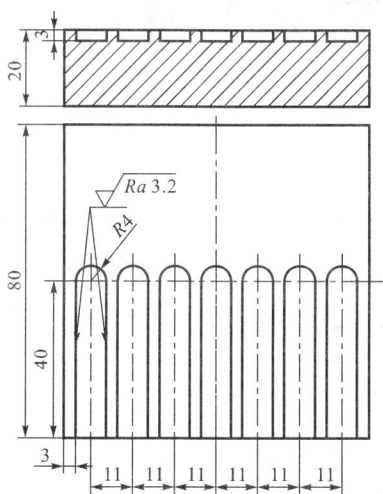

图 19-1　底座零件图

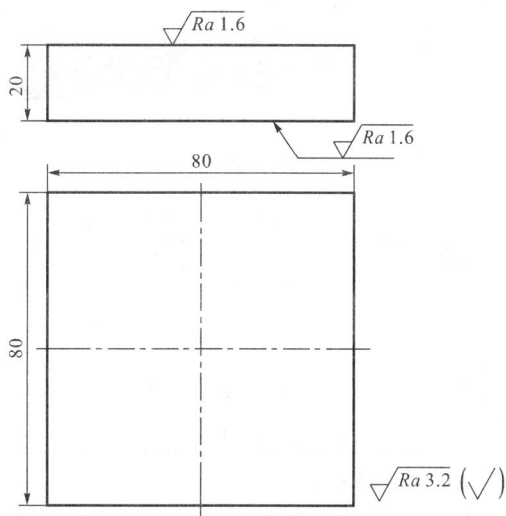

图 19-2　底座零件毛坯图

# 实训内容与步骤

## 一　槽轮廓铣削加工分析

分析要点如下：

（1）切削加工工艺分析。该零件的加工部位是垂直于 $XY$ 面的 7 个 8 mm×40 mm 的槽轮廓，属于直线轮廓，形状简单，轮廓加工的刀具及其规格选择简单。轮廓尺寸精度及表面质量要求不高，使用立铣刀一次走刀可以达到图纸要求。

（2）零件毛坯的工艺性分析。该零件的毛坯经过预处理加工，块料毛坯尺寸 80 mm×80 mm×20 mm 由上道工序保证，加工余量足以满足数控铣削要求；毛坯尺寸规则，装夹方便，用平口钳装夹即可满足加工要求。

## 二　槽轮廓铣削加工工艺编制

该零件槽轮廓尺寸及表面质量要求不高，使用平口钳装夹零件，每个槽一次走刀即可完成槽轮廓铣削加工。

## 三　机床、刀具及工量具条件确定

**1. 机床确定**

根据被加工工件尺寸及加工精度，选择 MVC850 数控铣床即可满足要求。

**2. 刀具选择**

（1）铣刀选择

加工的槽宽为 8 mm、长为 40 mm、深为 3 mm，选择 φ8 mm 高速钢立铣刀或键槽铣刀（图 19-3）即可，本例选择 2 刃 φ8 mm 的高速钢直柄键槽铣刀，其规格见表 19-1。

图 19-3 高速钢直柄键槽铣刀

**表 19-1** 高速钢直柄键槽铣刀规格

| 直径 D/mm | 柄径 $d_1$/mm | 全长 L/mm | 刃长 l/mm | 直径 D/mm | 柄径 $d_1$/mm | 全长 L/mm | 刃长 l/mm |
|---|---|---|---|---|---|---|---|
| 5 | 5 | 40 | 8 | 14 | 14 | 70 | 24 |
| 6 | 6 | 45 | 10 | 16 | 16 | 75 | 28 |
| 8 | 8 | 50 | 14 | 18 | 18 | 80 | 32 |
| 10 | 10 | 60 | 18 | 20 | 20 | 85 | 36 |
| 12 | 12 | 65 | 22 | | | | |

（2）刀柄选择

根据机床主轴锥孔类型,采用如图 19-4 所示的 BT40 型弹簧夹头刀柄来夹持键槽铣刀,本例选用的型号为 BT40-ER25-100,其规格见表 19-2。

图 19-4 BT40 弹簧夹头刀柄

**表 19-2** BT40 型刀柄规格

| 型号 | 锥柄形式 | 尺寸/mm | | 螺母 | 附件 | | |
|---|---|---|---|---|---|---|---|
| | | D | L | | 扳手 | 卡簧 | 螺钉 |
| BT40-ER16-70 | BT40 | 32 | 70 | LN16 | WER16 | ER16 | SGC100150 |
| BT40-ER16-100 | | 32 | 100 | | | | |
| BT40-ER16-160 | | 32 | 160 | | | | |
| BT40-ER20-70 | BT40 | 35 | 70 | LN20 | WER20 | ER20 | SGC120200 |
| BT40-ER20-100 | | 35 | 100 | | | | |
| BT40-ER20-160 | | 35 | 160 | | | | |
| BT40-ER25-70 | BT40 | 42 | 70 | LN25 | WER25 | ER25 | SGC160200 |
| BT40-ER25-100 | | 42 | 100 | | | | |
| BT40-ER25-160 | | 42 | 160 | | | | |
| BT40-ER32-70 | BT40 | 50 | 70 | LN32 | WER32 | ER32 | SGC200250 |
| BT40-ER32-100 | | 50 | 100 | | | | |
| BT40-ER32-160 | | 50 | 160 | | | | |

（3）卡簧选择

根据前面选择的 BT40-ER25-100 弹簧夹头刀柄，选择对应的 ER25 卡簧，如图 19-5 所示，其规格见表 19-3；因为夹持的刀具直径为 $\phi 8$ mm，本例选择卡簧规格为 ER25-8。

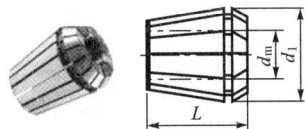

图 19-5　ER 卡簧

表 19-3　　　　　　　　　　　　　　　　　　ER 卡簧规格

| ER11 | | ER16 | | ER20 | | ER25 | | ER32 | | ER40 | |
|---|---|---|---|---|---|---|---|---|---|---|---|
| 型号 | 夹持范围/mm | 型号 | 夹持范围/mm | 型号 | 夹持范围/mm | 型号 | 夹持范围/mm | 型号 | 夹持范围/mm | 型号 | 夹持范围/mm |
| ER11-1 | 0.5~1.0 | ER16-1 | 0.5~1.0 | ER20-2 | 1.0~2.0 | ER25-2 | 1.0~2.0 | ER32-3 | 2.0~3.0 | ER40-4 | 3.0~4.0 |
| ER11-1.5 | 1.0~1.5 | ER16-2 | 1.0~2.0 | ER20-3 | 2.0~3.0 | ER25-3 | 2.0~3.0 | ER32-4 | 3.0~4.0 | ER40-5 | 4.0~5.0 |
| ER11-2 | 1.5~2.0 | ER16-3 | 2.0~3.0 | ER20-4 | 3.0~4.0 | ER25-4 | 3.0~4.0 | ER32-5 | 4.0~5.0 | ER40-6 | 5.0~6.0 |
| ER11-2.5 | 2.0~2.5 | ER16-4 | 3.0~4.0 | ER20-5 | 4.0~5.0 | ER25-5 | 4.0~5.0 | ER32-6 | 5.0~6.0 | ER40-7 | 6.0~7.0 |
| ER11-3 | 2.5~3.0 | ER16-5 | 4.0~5.0 | ER20-6 | 5.0~6.0 | ER25-6 | 5.0~6.0 | ER32-7 | 6.0~7.0 | ER40-8 | 7.0~8.0 |
| ER11-3.5 | 3.0~3.5 | ER16-6 | 5.0~6.0 | ER20-7 | 6.0~7.0 | ER25-7 | 6.0~7.0 | ER32-8 | 7.0~8.0 | ER40-9 | 8.0~9.0 |
| ER11-4 | 3.5~4.0 | ER16-7 | 6.0~7.0 | ER20-8 | 7.0~8.0 | ER25-8 | 7.0~8.0 | ER32-9 | 8.0~9.0 | ER40-10 | 9.0~10 |
| ER11-4.5 | 4.0~4.5 | ER16-8 | 7.0~8.0 | ER20-9 | 8.0~9.0 | ER25-9 | 8.0~9.0 | ER32-10 | 9.0~10 | ER40-11 | 10~11 |
| ER11-5 | 4.5~5.0 | ER16-9 | 8.0~9.0 | ER20-10 | 9.0~10 | ER25-10 | 9.0~10 | ER32-11 | 10~11 | ER40-12 | 11~12 |
| ER11-5.5 | 5.0~5.5 | ER16-10 | 9.0~10 | ER20-11 | 10~11 | ER25-11 | 10~11 | ER32-12 | 11~12 | ER40-13 | 12~13 |
| ER11-6 | 5.5~6.0 | | | ER20-12 | 11~12 | ER25-12 | 11~12 | ER32-13 | 12~13 | ER40-14 | 13~14 |
| ER11-6.5 | 6.0~6.5 | | | ER20-13 | 12~13 | ER25-13 | 12~13 | ER32-14 | 13~14 | ER40-15 | 14~15 |
| ER11-7 | 6.5~7.0 | | | | | ER25-14 | 13~14 | ER32-15 | 14~15 | ER40-16 | 15~16 |
| | | | | | | ER25-15 | 14~15 | ER32-16 | 15~16 | ER40-17 | 16~17 |
| | | | | | | ER25-16 | 15~16 | ER32-17 | 16~17 | ER40-18 | 17~18 |
| | | | | | | | | ER32-18 | 17~18 | ER40-19 | 18~19 |
| | | | | | | | | ER32-19 | 18~19 | ER40-20 | 19~20 |
| | | | | | | | | ER32-20 | 19~20 | ER40-21 | 20~21 |
| | | | | | | | | | | ER40-22 | 21~22 |
| | | | | | | | | | | ER40-23 | 22~23 |
| | | | | | | | | | | ER40-24 | 23~24 |
| | | | | | | | | | | ER40-25 | 24~25 |
| | | | | | | | | | | ER40-26 | 25~26 |

**3. 工量具等选择**

(1) 0~150 mm 游标卡尺。

(2) 0~10 mm 量程、0.01 mm 分辨率的百分表。

(3) 0~150 mm 平口钳。

(4) 寻边器及 $Z$ 轴设定器（图 19-6）。

(5) 板刷子、扳手、抹布、垫块及铜皮等。

(6) MAS-403 P40T-Ⅰ型拉钉若干。

(a) 机械式寻边器($\phi$10 mm)      (b) 光电式寻边器($\phi$10 mm)      (c) Z轴设定器

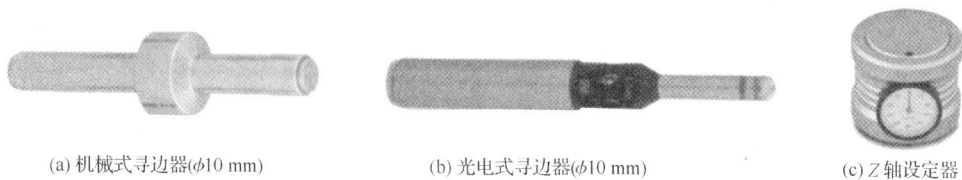

图 19-6   寻边器及 Z 轴设定器

## 四 切削用量确定

衡量切削用量的铣削参数一般包括切削速度 $v$、进给量 $f$、铣削宽度 $a_w$、铣削深度 $a_p$ 四个要素。参数的选用由工艺条件决定,可使用查表法、经验估计法等确定。本例采用经验估计法与查表法综合进行。

切削用量经验值如下:铣削宽度 $a_w < d/2$($d$ 为铣刀直径)时,取 $a_p = (1/3 \sim 1/2)d$;铣削宽度 $d/2 \leqslant a_w < d$ 时,取 $a_p = (1/4 \sim 1/3)d$;铣削宽度 $a_w = d$,取 $a_p = (1/5 \sim 1/4)d$。

**1. 铣削宽度 $a_w$、铣削深度 $a_p$ 的确定**

本例采用 $\phi$8 mm 高速钢直柄键槽铣刀铣削加工。根据经验估计法,铣削宽度取值范围为:$a_w$ 取值 8 mm,$a_p$ 取值 3 mm,即宽度及高度方向一次性走刀。

**2. 切削速度 $v$ 的选择与主轴转速 $n$ 的计算**

使用高速钢铣刀加工中碳钢,其切削速度范围选择为 20~40 m/min,具体见表 19-4。

主轴转速 $n$(r/min)与切削速度 $v$(m/min)及铣刀直径 $d$(mm)的关系为:$n = 1000v/(\pi d)$,计算粗、精加工的主轴转速:$n = [1000 \times (20 \sim 40)]/(3.14 \times 8) = (796 \sim 1592)$ r/min,取值为 1000 r/min。

表 19-4             切削速度

| 工件材料 | 硬度(HB) | 切削速度 $v$/(m/min) | |
| --- | --- | --- | --- |
| | | 硬质合金铣刀 | 高速钢铣刀 |
| 低、中碳钢 | <220 | 60~150 | 20~40 |
| | 225~290 | 55~115 | 15~35 |
| | 300~425 | 35~75 | 10~15 |
| 高碳钢 | <220 | 60~130 | 20~35 |
| | 225~325 | 50~105 | 15~25 |
| | 325~375 | 35~50 | 10~12 |
| | 375~425 | 35~45 | 5~10 |
| 合金钢 | <220 | 55~120 | 15~35 |
| | 225~325 | 35~80 | 10~25 |
| | 325~425 | 30~60 | 5~10 |
| 工具钢 | 200~250 | 45~80 | 12~25 |
| 灰铸铁 | 100~140 | 110~115 | 25~35 |
| | 150~225 | 60~110 | 15~20 |
| | 230~290 | 45~90 | 10~18 |
| | 300~320 | 20~30 | 5~10 |

**3.进给速度 F 的确定**

使用高速钢铣刀加工中碳钢,每齿进给量 $f_z$ 范围选择为 0.04～0.20 mm/z,具体见表 19-5。本例选用的是 2 刃 $\phi$8mm 的高速钢直柄键槽铣刀,进给速度 $F=f_z zn=(0.04～0.20)\times 2\times 1000=(80～400)$ mm/min,取值为 200 mm/min。

表 19-5　　　　　　　　　铣刀每齿进给量 $f_z$ 推荐值　　　　　　　　　mm/z

| 工件材料 | 硬度（HB） | 高速钢铣刀 | | 硬质合金铣刀 | |
|---|---|---|---|---|---|
| | | 立铣刀 | 端铣刀 | 立铣刀 | 端铣刀 |
| 低碳钢 | ＜150 | 0.04～0.20 | 0.15～0.30 | 0.07～0.25 | 0.20～0.40 |
| | 150～200 | 0.03～0.18 | 0.15～0.30 | 0.06～0.22 | 0.20～0.35 |
| 中、高碳钢 | ＜220 | 0.04～0.20 | 0.15～0.25 | 0.06～0.22 | 0.15～0.35 |
| | 225～325 | 0.03～0.15 | 0.10～0.20 | 0.05～0.20 | 0.12～0.25 |
| | 325～425 | 0.03～0.12 | 0.08～0.15 | 0.04～0.15 | 0.10～0.20 |
| 灰铸铁 | 150～180 | 0.07～0.18 | 0.20～0.35 | 0.12～0.25 | 0.20～0.50 |
| | 180～220 | 0.05～0.15 | 0.15～0.30 | 0.10～0.20 | 0.20～0.40 |
| | 220～300 | 0.03～0.10 | 0.10～0.15 | 0.08～0.15 | 0.15～0.30 |
| 合金钢 | ＜220 | 0.05～0.18 | 0.15～0.25 | 0.08～0.15 | 0.12～0.40 |
| | 220～280 | 0.05～0.15 | 0.12～0.20 | 0.05～0.15 | 0.08～0.20 |
| | 280～320 | 0.03～0.12 | 0.07～0.12 | 0.05～0.12 | 0.08～0.20 |
| | 320～380 | 0.02～0.10 | 0.05～0.10 | 0.03～0.10 | 0.06～0.15 |

## 五　程序编制与输入

### 1.编程路径分析与格式

（1）编程路径

该零件上有 7 个槽要加工,每个槽的尺寸与精度一样,如果采用常规编程方法,每个槽的加工程序段一样,要重复 7 次编制槽的程序段,造成程序段多,编程效率低。基于此,可把槽加工的重复程序段单独编制一个程序,即子程序,供主程序调用。

子程序编制的注意事项如下:加工完一个槽轮廓之后,使子程序返回点在下一个槽轮廓加工的起点处。如图 19-7 所示,刀具路径如下:刀具定位,刀具先在 XZ 平面定位到 1 点处,再在 XY 平面定位到 1'点处（XZ 平面的 2 点处）;切削加工,XY 平面内切削槽轮廓至 3 点处;退出,Z 向退刀,为下一个槽加工做准备,刀具在 XZ 平面快速抬刀至 1 点处,快速定位到 XZ 面的 4 点处（XY 面的 4'点）,为加工下一个槽做准备。

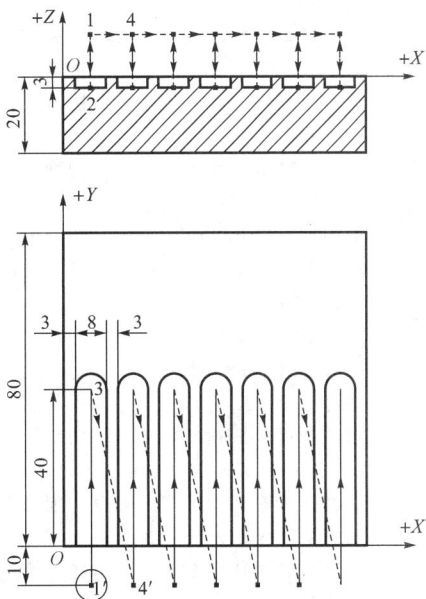

图 19-7　刀具路径

由上述分析可以看出,每个槽的加工包括:刀具定位、切削加工和退出三个阶段,这三个阶段应融入子程序中。

(2)编程格式

①子程序的格式

O××××

……

M99

②主程序的格式

O＃＃＃＃

……

M98 P××××　L××××

……

**2. 编程坐标系设定**

本例编程坐标系原点设在零件上表面的左下角处,符合基准重合原则,有利于编程,如图 19-7 所示。

**3. 数值计算**

每个槽在 Y 方向的起点坐标为－10、终点坐标为40,终点相对起点的坐标增量为50;每个槽加工起点的 X 坐标不同,分别为7、18、29、40、51、62、73,但每个点的增量坐标都为11。以上这些变化规律,为绝对或增量方式编程提供了依据。

**4. 程序编制**

主程序:

```
O7000
G91 G28 Z0
G90 G54
M03 S1000
G49 G80 G40
G00 Z10                    /快速定位到 1 点/
X7 Y－10                   /快速定位到 1′点/
M08
N1005 M98 P7001            /切削第一个槽/
N1008 G00 X18 Y－10
N1010 M98 P7001            /切削第二个槽/
N1012 G00 X29 Y－10
N1014 M98 P7001            /切削第三个槽/
N1016 G00 X40 Y－10
N1018 M98 P7001            /切削第四个槽/
N1020 G00 X51 Y－10
N1022 M98 P7001            /切削第五个槽/
N1024 G00 X62 Y－10
N1026 M98 P7001            /切削第六个槽/
N1028 G00 X73 Y－10
N1030 M98 P7001            /切削第七个槽/
G00 Z100
M09
M05
M30
```

子程序：

O7001
G91 G00 Z－13          /快速定位到2点平面/
G01 X0 Y50 F350         /加工至3点/
G00 Z13               /快速回退到1点平面/
M99

**5.主、子程序优化方案**

本例的槽轮廓加工需要调用7次子程序，次数较多。主要原因是每个槽加工之前需要定位程序段（如程序段 N1008、N1012、N1016、N1020、N1024、N1028），再调用子程序（如O7001），这些造成主程序的程序段较多。通过这几个定位的程序段可以看出，槽加工的快速定位尺寸是规律变化的，即槽与槽之间的尺寸是 X 向增量为11、Y 向尺寸相同。可以通过适当地优化主程序与子程序的方式达到精简程序的目的，本例利用 M98 指令中的 L 参数及在子程序中增加定位下一个槽加工的起点程序段，达到缩减程序段的目的。程序变化如下：

主程序：

O7000
G91 G28 Z0
G90 G54
M03 S1000
G49 G80 G40
G00 Z10             /快速定位到1点/
X7 Y－10            /快速定位到1′点/
M08
M98 P7001 L7         /调用槽子程序，重复7次/
G00 Z100
M09
M05
M30

子程序：

O7001
G91 G00 Z－13        /快速定位到2点平面/
G01 X0 Y50 F350       /加工至3点/
G00 Z13             /快速回退到1点平面/
G00 X11 Y－50        /定位到下一个槽起点/
M99

## 六　切削加工与精度检查

**1.开启机床操作**

具体开启机床操作过程参照"项目 2 数控铣床的开关机操作"。在开启机床操作时，应注意如下事项：

(1)检查机床外观是否正常。

(2)检查工作台是否在合适位置。

(3)检查按键是否完好。

**2. 回参考点操作**

选择机床操作面板上的回参考点模式"ZRN",按 $Z→X→Y$ 轴顺序进行回参考点操作。具体回参考点操作可参照"项目 2 数控铣床的开关机操作"。

**3. 平口钳装夹**

平口钳装夹的具体方法可参照"项目 8 工件在平口钳上的装夹"。

**4. 零件装夹**

使用平口钳装夹零件,如图 19-8 所示。采用托表法找正,用垫块、铜皮初步找正零件。零件装夹的具体方法可参照"项目 8 工件在平口钳上的装夹"。

注意事项如下:

(1)安装工件时,平口钳钳口工作面及导轨面、平行垫铁工作面必须擦拭干净。

(2)安装工件时,必须轻拿轻放,防止碰伤手脚和机床工作台面。

(3)扳手、铁块等不能放在工作台面上。

图 19-8　零件装夹

**5. 安装、夹紧刀具和刀柄**

平面铣刀、刀柄等安装可参照"项目 11 刀具的安装操作"。注意事项如下:

(1)刀柄锥度部分必须擦拭并用高压气吹干净。

(2)刀柄安装到主轴上之前,检查刀柄上的拉钉是否紧固。

(3)刀柄安装到主轴上之后,启动主轴,检查刀具是否有跳动。

**6. 对刀,设定工件坐标系 G54**

采用试切法对刀,并把对刀处理的数据输入到 G54 中,具体操作方法可参照"项目 14 对刀操作"。注意事项如下:

(1)用手轮的"×100"挡来快速靠近工件;当刀具距离工件较近时,必须把手轮切换到"×1"挡,以使刀具轻微碰触工件。

(2)刀具碰触到工件侧边后,建议先抬高刀具到离开工件,再进行下一步操作。

**7. 录入与编辑程序**

把上面编制好的 O7000、O7001 程序输入到系统中。

**8. 切削加工前的模拟显示**

具体操作方法可参照"项目 6 切削加工前的模拟显示"。

**9. 切削加工**

程序切削加工前的模拟显示正确之后,就可以试切削加工零件。基本步骤如下:

(1)在编辑程序模式"EDIT"下,按 NC 系统操作面板上的复位键"RESET",使程序中的光标处于程序首位置。

(2)将倍率旋钮置于 100% 位置。

(3)按下循环启动按钮"CYCLE START"。

**注意** 在切削加工过程中,如果工件表面质量与要求有差距或切削有异声,可通过调整进给或转速倍率旋钮来调节。

零件在没有从平口钳上拆卸下来之前,在安全条件下应对零件进行必要的尺寸测量,如果尺寸没有加工到位,可修改程序或补偿控制尺寸精度。

切削加工零件时,应确保冷却充分和排屑顺利。

**10. 结束工作**

零件加工完毕后将其取出,去除毛刺;同时,做好清扫机床、擦净刀具和量具等相关工作,并按规定摆放整齐。

**11. 评估**

完成零件的加工后,从以下几方面评估整个加工过程,达到不断优化实训过程的目的。

(1)对工件尺寸精度进行评估,找出尺寸超差是工艺系统因素还是测量因素,为工件后续加工的尺寸精度控制提出解决办法、合理化建议及有益的经验。

(2)对工件的加工表面质量进行评估,总结经验或找出表面质量缺陷的原因,提出优化刀具路径的设计方法。

(3)对加工效率、刀具寿命等方面进行评估,找出加工效率与刀具寿命的内在规律,为进一步优化刀具切削参数夯实基础。

(4)评估切削加工过程,查找是否有需要改进的工艺方法和操作。

(5)评估每组(或名)成员工作过程中的知识技能、安全文明操作意识、协作能力、语言表达能力等。

(6)按要求形成实训报告,具体见表19-6。

表 19-6　　　　　　　　　　　　　　　　实训报告

| 姓名 | 设备型号 | | 指导与评阅教师 | 实训日期 | 成绩 |
|---|---|---|---|---|---|
| | | | | | |
| 实训目的 | | | | | |
| 实训内容 | | | | | |
| 加工工序 | 工序号 | 工序内容 | 刀具号 | 刀具规格 | 主轴转速/(r/min) | 进给速度/(mm/r 或 mm/min) | 背吃刀量/mm |
| | 1 | | | | | | |
| | 2 | | | | | | |
| | | | | | | | |
| | $n$ | | | | | | |
| 刀具 | 工序号 | 刀具号 | 刀具规格名称 | 数量 | 加工要素 | D**中值名义半径/mm | 备注 |
| | 1 | | | | | | |
| | 2 | | | | | | |
| | | | | | | | |
| | $n$ | | | | | | |

| 姓名 | 设备型号 | 指导与评阅教师 | 实训日期 | 成绩 |
|---|---|---|---|---|
|  |  |  |  |  |
| 其他实训用品 | （刀具、量具、夹具、工具等） |  |  |  |
| 程序 |  |  |  |  |
| 操作流程 |  |  |  |  |

## 实训作业

1.如果槽轮廓的侧面表面粗糙度要求为 $Ra\ 1.6\ \mu m$，槽宽 $8^{+0.022}_{0}$ mm，如何编制该槽的加工工艺？刀具如何选择？

2.如图 19-9 所示的孔系零件，在 80 mm×80 mm×20 mm 的 45 钢上加工 4 个 $\phi12H7$ mm 孔，其毛坯尺寸如图 19-10 所示。使用 MVC850 数控铣床加工该零件。

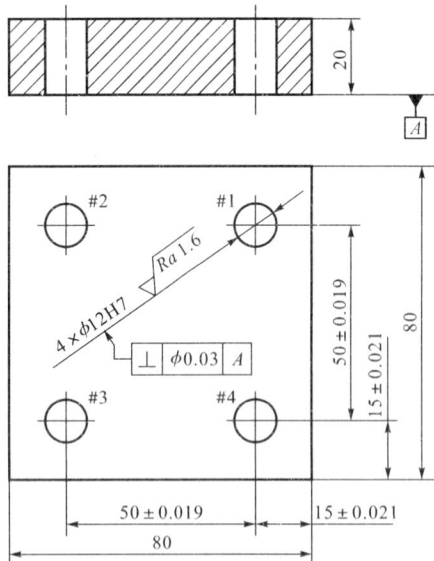

图 19-9　孔系零件图

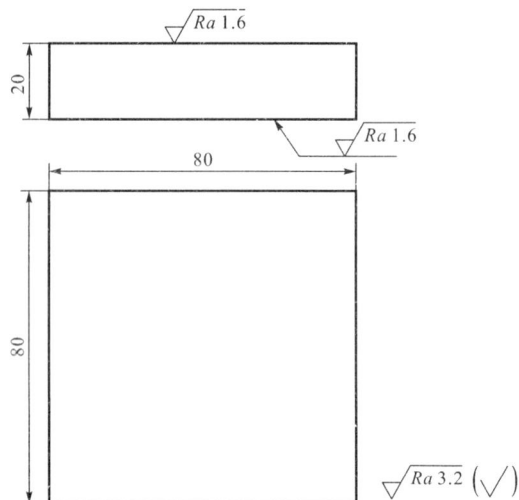

图 19-10　孔系零件毛坯图

（1）编程工艺提示

4×$\phi12H7$ mm 孔的基本加工工序及刀具如下：

①钻中心孔，用 $\phi2.5$ mm 中心钻钻削 4×$\phi12H7$ mm 孔的中心孔。

②钻底孔，用 $\phi11$ mm 麻花钻头钻削 4×$\phi12H7$ mm 孔的底孔。

③扩孔，用 $\phi11.85$ mm 扩孔钻进行扩孔。

④粗铰孔，用 $\phi11.95$ mm 粗铰刀铰孔。

⑤精铰孔，用 $\phi12H7$ mm 精铰刀铰 4×$\phi12H7$ mm 孔至尺寸。

刀具与切削用量见表 19-7。

**表 19-7 刀具与切削用量**

| 刀具名称 | 直径/mm | 切削速度/(m/min) | 每转进给量/(mm/r) | 转速/(r/min) | 进给量/(mm/min) | 刀具号 | 长度补偿号 |
|---|---|---|---|---|---|---|---|
| 中心钻 | φ2.5 | 24 | 0.05 | 2500 | 130 | T1 | H1 |
| 麻花钻头 | φ11 | 24 | 0.25 | 700 | 130 | T2 | H2 |
| 扩孔钻 | φ11.85 | 24 | 0.1 | 650 | 100 | T3 | H3 |
| 粗铰刀 | φ11.95 | 20 | 0.1 | 300 | 100 | T4 | H4 |
| 精铰刀 | φ12H7 | 6 | 0.4 | 200 | 100 | T5 | H5 |

(2)坐标点的计算

分析图 19-9 所示图样可知,本图采用连续尺寸标注法标注孔的尺寸,故采用相对坐标编程,以消除累积误差,保证孔距。孔的位置尺寸取中间值,各孔相对坐标及坐标系如图 19-11 所示,各孔的加工顺序及坐标为:♯1(X−15,Y15)→♯2(X0,Y50)→♯3(X−50,Y0)→♯4(X0,Y−50)。如果机床定位精度不高,为了避免反向间隙影响孔的间距,可采用♯1→♯2→♯3→(0,15)→♯4 的加工顺序。

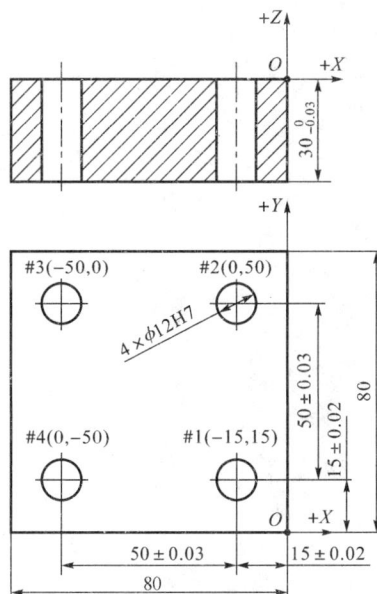

图 19-11 坐标系及坐标

(3)程序编制提示

每个孔要进行 5 次加工,可引入子程序,主程序保留各孔的深度及切削用量,子程序保留各孔的位置坐标,以减少编程量。VMC850 立式加工中心的参考程序如下:

主程序:

```
O7002
N0000 G91 G28 Z0
N0005 G49 G80 G40
N0100 T1 M06
N0105 M03 S2500
N0110 G90 G54 G00 X0 Y0
N0115 G43 Z10.0 H1 M08
```

N0120 G98 G81 R2.0 Z−2.0 F130 L0          /空切削，为了使 G81 在子程序中有效/

N0125 M98 P7003

N0130 G90 G80

N0140 M09

N0150 G91 G28 Z0

N0155 G49 G80 G40

N0200 T2 M06

N0205 M03 S700

N0210 G90 G54 G00 X0 Y0

N0215 G43 Z10.0 H2 M08

N0220 G98 G83 R2.0 Z−35.0 Q2.0 F130 L0

N0225 M98 P7003

N0230 G90 G80

N0235 M09

N0245 G91 G28 Z0

N0250 G49 G80 G40

N0300 T3 M06

N0305 M03 S650

N0310 G90 G54 G00 X0 Y0

N0315 G43 Z10.0 H3 M08

N0320 G98 G81 R2.0 Z−35.0 F100 L0

N0325 M98 P7003

N0330 G90 G80

N0335 M09

N0345 G91 G28 Z0

N0350 G49 G80 G40

N0400 T4 M06

N0405 M03 S300

N0410 G90 G54 G00 X0 Y0

N0415 G43 Z10.0 H4 M08

N0420 G98 G81 R2.0 Z−40.0 F100 L0

N0425 M98 P7003

N0430 G90 G80

N0435 M09

N0445 G91 G28 Z0

N0450 G49 G80 G40

N0500 T5 M06

N0505 M03 S200

N0510 G90 G54 G00 X0 Y0

N0515 G43 Z10.0 H5 M08

N0520 G98 G81 R2.0 Z−40.0 F100 L0

N0525 M98 P7003

N0530 G90 G80

N0535 M09

N0540 M05

N0545 M30

子程序：

O7003

G91 X−15 Y15

    X0 Y50

    X−50 Y0

    X0 Y−50

M99

# 子程序辅助知识

## 一 子程序的编写格式

子程序的格式与主程序相同,在子程序开头编制子程序号,在子程序的结尾用 M99 指令,表示返回到主程序的下一个程序段。子程序的表达格式如下:

O××××

……

M99

其中,O 后面的××××表示子程序号,M99 指令表示返回到主程序中调用子程序段的下一个程序段。

## 二 子程序在主程序中被调用的格式

……

M98 P＃＃＃＃ L＃＃＃＃

……

其中,P 后面的 4 个符号(＃)为被调用的子程序号;L 后面的 4 个符号(＃)为重复调用的次数,省略时为调用一次。

说明:子程序可以被主程序多次调用,每次调用结束之后,通过 M99 返回到主程序调用语句 M98 的下一个程序段,结构如图 19-12 所示。

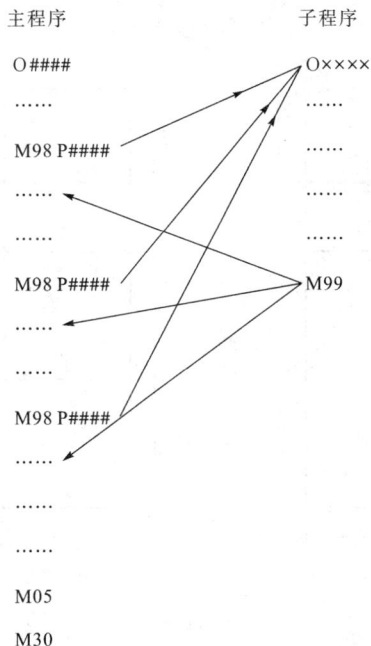

图 19-12 主、子程序调用结构

# 项目 20 模板零件曲面轮廓铣削加工
## ——宏程序应用

## ◉ 实训目的

通过本项目的学习,学生应掌握宏程序语言的算法、格式及应用场合,编制曲面、曲线轮廓加工程序;操作数控铣床加工模板零件曲面轮廓。

## ◉ 实训任务

1. 曲面轮廓铣削加工分析与工艺编制。

2. 机床、刀具及工量具条件确定。

3. 切削用量确定。

4. 宏程序指令应用与程序编制。

5. 切削加工与精度检查。

6. 正确、安全操作数控铣床加工零件曲面。

7. 如图 20-1 所示的模板零件,材料为 45 钢,生产规模为单件,其毛坯尺寸如图 20-2 所示。要求使用数控铣床(MVC850 机床)完成该模板零件上 $R68.17$ mm 曲面轮廓的加工。

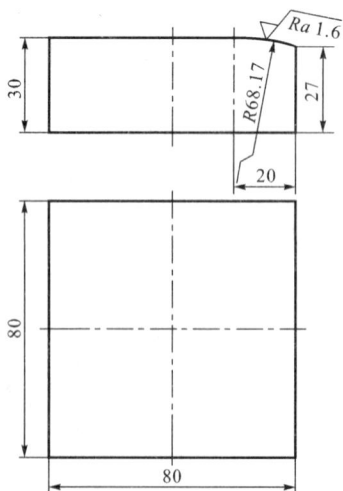

图 20-1 模板零件图     图 20-2 模板零件毛坯图

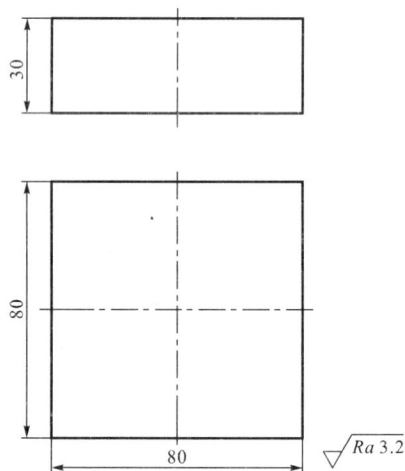

## ◉ 实训内容与步骤

### 一 曲面轮廓铣削加工分析

分析要点如下：

（1）切削加工工艺分析。该零件的加工部位是 $R68.17$ mm 曲面轮廓，加工曲面长度及宽度范围分别为 20 mm、80 mm。曲面轮廓只含有圆弧轮廓，形状简单，轮廓加工所使用的刀具及其规格容易选择；轮廓表面质量要求（$Ra\ 1.6\ \mu m$）不高。曲面轮廓的粗加工选择立铣刀，精加工选择球形铣刀。

（2）零件毛坯的工艺性分析。该零件的毛坯经过预处理加工，块料毛坯尺寸 80 mm×80 mm×30 mm 由上道工序保证，曲面轮廓铣削加工的余量足以满足数控铣削要求；毛坯尺寸规则，装夹方便，用平口钳装夹即可满足加工要求。

### 二 曲面轮廓铣削加工工艺编制

由上述分析可知，编制曲面轮廓铣削加工工艺如下：

（1）使用平口钳装夹零件。

（2）使用立铣刀，沿着曲面轮廓（$R68.67$ mm）采取行切法，粗铣削零件的曲面轮廓，留 0.5 mm 作为精加工余量。

（3）使用球形立铣刀，沿着曲面轮廓（$R68.17$ mm）采取行切法，精加工零件曲面轮廓，达到图纸要求。

### 三 机床、刀具及工量具条件确定

**1. 机床确定**

根据被加工工件尺寸及加工精度，选择 MVC850 数控铣床即可满足要求。

**2. 刀具选择**

加工的曲面轮廓属于凸起曲面，没有干涉刀具直径的选择，材料为 45 钢，可切削加工性好。

（1）粗加工，选择如图 20-3 所示的 $\phi 8$ mm（3 齿）高速钢直柄机夹立铣刀，其规格见表 20-1。

图 20-3 高速钢直柄机夹立铣刀

**表 20-1**　　　　　　　　　　高速钢直柄机夹立铣刀规格

| 直径 D/mm | 柄径 d/mm | 全长 L/mm | 刃长 l/mm | 齿数 | | |
|---|---|---|---|---|---|---|
| | | | | 粗齿 | 中齿 | 细齿 |
| 5 | 5 | 47 | 13 | | | — |
| 6 | 6 | 57 | 13 | | | |
| 8 | 8 | 63 | 19 | | | |
| 9 | 10 | 69 | 19 | | | |
| 10 | 10 | 72 | 22 | | | |
| 11 | 12 | 79 | 22 | 3 | 4 | 5 |
| 12 | 12 | 83 | 26 | | | |
| 14 | 12 | 83 | 26 | | | |
| 16 | 16 | 92 | 32 | | | |
| 18 | 16 | 92 | 32 | | | 6 |
| 20 | 20 | 104 | 38 | | | |

（2）精加工，选择如图 20-4 所示的 $\phi$10 mm（2 齿）合金球形立铣刀，其规格见表 20-2。

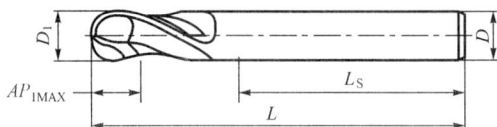

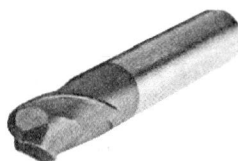

图 20-4　合金球形立铣刀

**表 20-2**　　　　　　　　　　合金球形立铣刀规格　　　　　　　　（2 刃，30°螺旋角）

| $D_1$ | $D$ | $AP_{1max}$ | $L_S$ | $L$ | 齿数 | $a_p$ | $a_e$ | 切削速度 $v$/(m/min) | 每齿进给量/(mm/z) | 加工材料 |
|---|---|---|---|---|---|---|---|---|---|---|
| 3 | 6 | 3 | 36 | 45 | 2 | 0.05D | 0.05D | | 0.03～0.05 | |
| 4 | 6 | 4 | 36 | 45 | 2 | 0.05D | 0.05D | | 0.05～0.08 | |
| 5 | 6 | 5 | 36 | 50 | 2 | 0.05D | 0.05D | | 0.06～0.10 | |
| 6 | 6 | 6 | 36 | 50 | 2 | 0.05D | 0.05D | 70～140 | 0.08～0.12 | 钢 |
| 8 | 8 | 8 | 36 | 60 | 2 | 0.05D | 0.05D | | 0.12～0.16 | |
| 10 | 10 | 10 | 40 | 70 | 2 | 0.05D | 0.05D | | 0.13～0.20 | |
| 12 | 12 | 12 | 45 | 70 | 2 | 0.05D | 0.05D | | 0.15～0.22 | |

（3）刀柄选择

根据机床主轴锥孔类型，选择如图 20-5 所示的 BT40 型弹簧夹头刀柄来夹持立铣刀，本例选用的型号为 BT40-ER32-70，其规格见表 20-3。

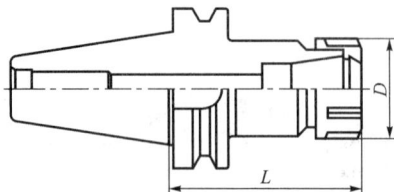

图 20-5　BT40 型弹簧夹头刀柄及卡簧

表 20-3 　　　　　　　　　　　　　　 **BT40 型刀柄规格**

| 型号 | 锥柄形式 | 尺寸/mm | | 螺母 | 附件 | | |
|---|---|---|---|---|---|---|---|
| | | D | L | | 扳手 | 卡簧 | 螺钉 |
| BT40-ER16-70 | BT40 | 32 | 70 | LN16 | WER16 | ER16 | SGC100150 |
| BT40-ER16-100 | | 32 | 100 | | | | |
| BT40-ER16-160 | | 32 | 160 | | | | |
| BT40-ER20-70 | BT40 | 35 | 70 | LN20 | WER20 | ER20 | SGC120200 |
| BT40-ER20-100 | | 35 | 100 | | | | |
| BT40-ER20-160 | | 35 | 160 | | | | |
| BT40-ER25-70 | BT40 | 42 | 70 | LN25 | WER25 | ER25 | SGC160200 |
| BT40-ER25-100 | | 42 | 100 | | | | |
| BT40-ER25-160 | | 42 | 160 | | | | |
| BT40-ER32-70 | BT40 | 50 | 70 | LN32 | WER32 | ER32 | SGC200250 |
| BT40-ER32-100 | | 50 | 100 | | | | |
| BT40-ER32-160 | | 50 | 160 | | | | |

（4）配套刀柄的卡簧选择

根据选择的 BT40-ER32-70 弹簧夹头刀柄，与该刀柄配套的卡簧规格为 ER32；本例的刀具直径为 $\phi8$ mm 和 $\phi10$ mm；故选择 ER32-8、ER32-10 卡簧来夹持刀具，其外形如图 20-6 所示，规格见表 20-4。

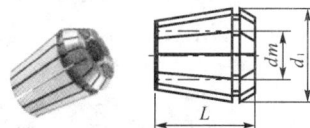

图 20-6　ER 卡簧

表 20-4 　　　　　　　　　　　　　　 **ER 卡簧规格**

| ER11 | | ER16 | | ER20 | | ER25 | | ER32 | | ER40 | |
|---|---|---|---|---|---|---|---|---|---|---|---|
| 型号 | 夹持范围/mm | 型号 | 夹持范围/mm | 型号 | 夹持范围/mm | 型号 | 夹持范围/mm | 型号 | 夹持范围/mm | 型号 | 夹持范围/mm |
| ER11-1 | 0.5~1.0 | ER16-1 | 0.5~1.0 | ER20-2 | 1.0~2.0 | ER25-2 | 1.0~2.0 | ER32-3 | 2.0~3.0 | ER40-4 | 3.0~4.0 |
| ER11-1.5 | 1.0~1.5 | ER16-2 | 1.0~2.0 | ER20-3 | 2.0~3.0 | ER25-3 | 2.0~3.0 | ER32-4 | 3.0~4.0 | ER40-5 | 4.0~5.0 |
| ER11-2 | 1.5~2.0 | ER16-3 | 2.0~3.0 | ER20-4 | 3.0~4.0 | ER25-4 | 3.0~4.0 | ER32-5 | 4.0~5.0 | ER40-6 | 5.0~6.0 |
| ER11-2.5 | 2.0~2.5 | ER16-4 | 3.0~4.0 | ER20-5 | 4.0~5.0 | ER25-5 | 4.0~5.0 | ER32-6 | 5.0~6.0 | ER40-7 | 6.0~7.0 |
| ER11-3 | 2.5~3.0 | ER16-5 | 4.0~5.0 | ER20-6 | 5.0~6.0 | ER25-6 | 5.0~6.0 | ER32-7 | 6.0~7.0 | ER40-8 | 7.0~8.0 |
| ER11-3.5 | 3.0~3.5 | ER16-6 | 5.0~6.0 | ER20-7 | 6.0~7.0 | ER25-7 | 6.0~7.0 | ER32-8 | 7.0~8.0 | ER40-9 | 8.0~9.0 |
| ER11-4 | 3.5~4.0 | ER16-7 | 6.0~7.0 | ER20-8 | 7.0~8.0 | ER25-8 | 7.0~8.0 | ER32-9 | 8.0~9.0 | ER40-10 | 9.0~10 |
| ER11-4.5 | 4.0~4.5 | ER16-8 | 7.0~8.0 | ER20-9 | 8.0~9.0 | ER25-9 | 8.0~9.0 | ER32-10 | 9.0~10 | ER40-11 | 10~11 |
| ER11-5 | 4.5~5.0 | ER16-9 | 8.0~9.0 | ER20-10 | 9.0~10 | ER25-10 | 9.0~10 | ER32-11 | 10~11 | ER40-12 | 11~12 |
| ER11-5.5 | 5.0~5.5 | ER16-10 | 9.0~10 | ER20-11 | 10~11 | ER25-11 | 10~11 | ER32-12 | 11~12 | ER40-13 | 12~13 |
| ER11-6 | 5.5~6.0 | | | ER20-12 | 11~12 | ER25-12 | 11~12 | ER32-13 | 12~13 | ER40-14 | 13~14 |
| ER11-6.5 | 6.0~6.5 | | | ER20-13 | 12~13 | ER25-13 | 12~13 | ER32-14 | 13~14 | ER40-15 | 14~15 |
| ER11-7 | 6.5~7.0 | | | | | ER25-14 | 13~14 | ER32-15 | 14~15 | ER40-16 | 15~16 |
| | | | | | | ER25-15 | 14~15 | ER32-16 | 15~16 | ER40-17 | 16~17 |

| ER11 | | ER16 | | ER20 | | ER25 | | ER32 | | ER40 | |
|------|------|------|------|------|------|------|------|------|------|------|------|
| 型号 | 夹持范围/mm | 型号 | 夹持范围/mm | 型号 | 夹持范围/mm | 型号 | 夹持范围/mm | 型号 | 夹持范围/mm | 型号 | 夹持范围/mm |
| | | | | | | ER25-16 | 15～16 | ER32-17 | 16～17 | ER40-18 | 17～18 |
| | | | | | | | | ER32-18 | 17～18 | ER40-19 | 18～19 |
| | | | | | | | | ER32-19 | 18～19 | ER40-20 | 19～20 |
| | | | | | | | | ER32-20 | 19～20 | ER40-21 | 20～21 |
| | | | | | | | | | | ER40-22 | 21～22 |
| | | | | | | | | | | ER40-23 | 22～23 |
| | | | | | | | | | | ER40-24 | 23～24 |
| | | | | | | | | | | ER40-25 | 24～25 |
| | | | | | | | | | | ER40-26 | 25～26 |

### 3. 工量具等选择

(1)0～150 mm 游标卡尺。

(2)0～10 mm 量程、0.01 mm 分辨率的百分表。

(3)0～150 mm 平口钳。

(4)寻边器及 $Z$ 轴设定器(图 20-7)。

(5)板刷子、扳手、抹布、垫块及铜皮等。

(6)MAS-403 P40T-Ⅰ型拉钉若干。

(a) 机械式寻边器($\phi$10 mm)　　　　(b) 光电式寻边器($\phi$10 mm)　　　　(c) $Z$轴设定器

图 20-7　寻边器及 $Z$ 轴设定器

## 四　切削用量确定

曲面采取行切削加工方式走刀,除需要计算主轴转速、进给速度及铣削深度之外,还需要计算刀具的行距。

### 1. 铣削行距 $S$、铣削深度 $a_p$ 的确定

(1)粗加工时,用 $\phi$8 mm 高速钢立铣刀铣削加工。全径切削,行距为 8 mm,取 $a_p=(1/5\sim 1/4)d=(1.6\sim 2)$ mm。本例留 0.5 mm 作为精加工余量,最大切削深度为 2.5 mm(30－27－0.5),故刀具在高度方向上可采取一次走刀方式粗加工。粗加工的行距如图 20-8 所示。

(2)精加工时,用 $\phi$10 mm 合金球形立铣刀采取行切法铣削加工。精加工余量为 0.5 mm,根据表 20-2,铣削深度 $a_p$ 取值为 $0.05d=0.05\times 10=0.5$ mm,本例曲面的精加工在高度方向上可一次走刀。行距按公式 $S=2\sqrt{2r_刀 h-h^2}$ 来确定(其中,$r_刀$ 为刀具半径;$h$ 为残留高度,一般取表面粗糙度),$S=2\times\sqrt{2\times 5\times(1.6/1000)-(1.6/1000)^2}=0.25$ mm。精

加工的行距如图 20-9 所示。

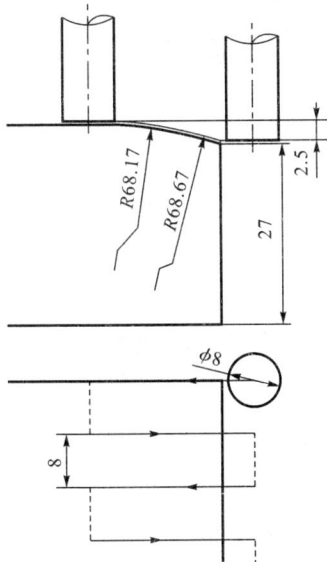

图 20-8　粗加工的行距

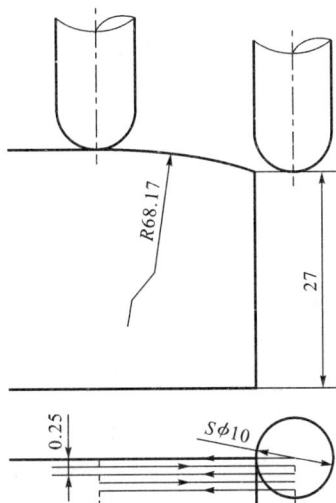

图 20-9　精加工的行距

### 2. 切削速度 $v$ 的选择与主轴转速 $n$ 的计算

根据加工材质及刀具类型,参照表 20-5 和表 20-2,确定 $\phi 8$ mm 高速钢立铣刀的切削速度范围为 $20\sim40$ m/min,$\phi 10$ mm 合金球形立铣刀的切削速度范围为 $70\sim140$ m/min。

主轴转速 $n$(r/min)与切削速度 $v$(m/min)及铣刀直径 $d$(mm)的关系为:$n=1000v/(\pi d)$,计算粗、精加工的主轴转速如下:

粗加工:$n=[1000\times(20\sim40)]/(3.14\times8)=(796\sim1592)$ r/min,取值为 1200 r/min。

精加工:$n=[1000\times(70\sim140)]/(3.14\times10)=(2229\sim4459)$ r/min,取值为 3000 r/min。

表 20-5　　　　　　　　　　　　　切削速度

| 工件材料 | 硬度(HB) | 切削速度 $v$/(m/min) | |
| --- | --- | --- | --- |
| | | 硬质合金铣刀 | 高速钢铣刀 |
| 低、中碳钢 | <220 | 60~150 | 20~40 |
| | 225~290 | 55~115 | 15~35 |
| | 300~425 | 35~75 | 10~15 |
| 高碳钢 | <220 | 60~130 | 20~35 |
| | 225~325 | 50~105 | 15~25 |
| | 325~375 | 35~50 | 10~12 |
| | 375~425 | 35~45 | 5~10 |
| 合金钢 | <220 | 55~120 | 15~35 |
| | 225~325 | 35~80 | 10~25 |
| | 325~425 | 30~60 | 5~10 |

续表

| 工件材料 | 硬度(HB) | 切削速度 $v$/(m/min) | |
|---|---|---|---|
| | | 硬质合金铣刀 | 高速钢铣刀 |
| 工具钢 | 200~250 | 45~80 | 12~25 |
| 灰铸铁 | 100~140 | 110~115 | 25~35 |
| | 150~225 | 60~110 | 15~20 |
| | 230~290 | 45~90 | 10~18 |
| | 300~320 | 20~30 | 5~10 |
| 铝镁合金 | 90~100 | 360~600 | 180~300 |

**3. 进给速度 $F$ 的确定**

根据加工材质及刀具类型,参照表 20-6,确定 $\phi$8 mm 高速钢立铣刀的每齿进给量 $f_z$ 范围为 0.04~0.20 mm/z。

参照表 20-2,$\phi$10 mm 合金球形立铣刀的切削速度范围为 0.13~0.20 mm/z。

粗加工时,选用的是 3 齿 $\phi$8 mm 高速钢立铣刀,其粗加工的进给速度 $F=f_z zn=$ (0.04~0.20)×3×1200=(144~720) mm/min,取值为 400 mm/min。

精加工时,选用的是 2 齿 $\phi$10 mm 合金球形立铣刀,其精加工的进给速度 $F=f_z zn=$ (0.13~0.20)×2×3000=(780~1200) mm/min,取值为 1000 mm/min。

表 20-6　　　　　　　　　　　铣刀每齿进给量 $f_z$ 推荐值　　　　　　　　　　　　mm/z

| 工件材料 | 硬度(HB) | 高速钢铣刀 | | 硬质合金铣刀 | |
|---|---|---|---|---|---|
| | | 立铣刀 | 端铣刀 | 立铣刀 | 端铣刀 |
| 低碳钢 | <150 | 0.04~0.20 | 0.15~0.30 | 0.07~0.25 | 0.20~0.40 |
| | 150~200 | 0.03~0.18 | 0.15~0.30 | 0.06~0.22 | 0.20~0.35 |
| 中、高碳钢 | <220 | 0.04~0.20 | 0.15~0.25 | 0.06~0.22 | 0.15~0.35 |
| | 225~325 | 0.03~0.15 | 0.10~0.20 | 0.05~0.20 | 0.12~0.25 |
| | 325~425 | 0.03~0.12 | 0.08~0.15 | 0.04~0.15 | 0.10~0.20 |
| 灰铸铁 | 150~180 | 0.07~0.18 | 0.20~0.35 | 0.12~0.25 | 0.20~0.50 |
| | 180~220 | 0.05~0.15 | 0.15~0.30 | 0.10~0.20 | 0.20~0.40 |
| | 220~300 | 0.03~0.10 | 0.10~0.15 | 0.08~0.15 | 0.15~0.30 |
| 合金钢 | <220 | 0.05~0.18 | 0.15~0.25 | 0.08~0.20 | 0.12~0.40 |
| | 220~280 | 0.05~0.15 | 0.12~0.20 | 0.06~0.15 | 0.10~0.30 |
| | 280~320 | 0.03~0.12 | 0.07~0.12 | 0.05~0.12 | 0.08~0.20 |
| | 320~380 | 0.02~0.10 | 0.05~0.10 | 0.03~0.10 | 0.06~0.15 |

## 五　程序编制与输入

**1. 刀具路径**

粗加工的平面走刀路线如图 20-10 所示,采用行切法。刀具在 $XY$ 平面内从点 $X44$ 到点 $X20$ 范围内左右切削走刀,刀具在 $XZ$ 平面内以 $R68.67$ mm 为半径、从点 $X44$ 到点 $X20$ 范围内左右切削走刀。

精加工的平面走刀路线如图 20-11 所示,采用行切法。刀具在 $XY$ 平面内从点 $X45$ 到点 $X20$ 范围内左右切削走刀,行距为 0.25 mm;刀具在 $XZ$ 平面内以 $R68.17$ mm 为半径、从点 $X45$ 到点 $X20$ 范围内左右切削走刀。

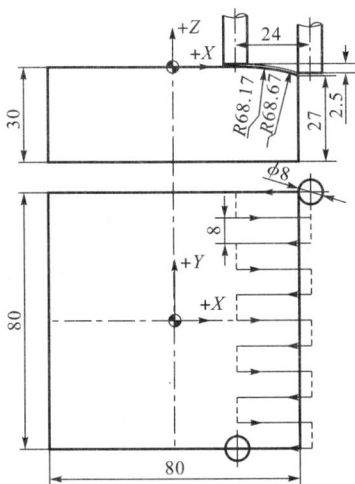

图 20-10  粗加工的平面走刀路线          图 20-11  精加工的平面走刀路线

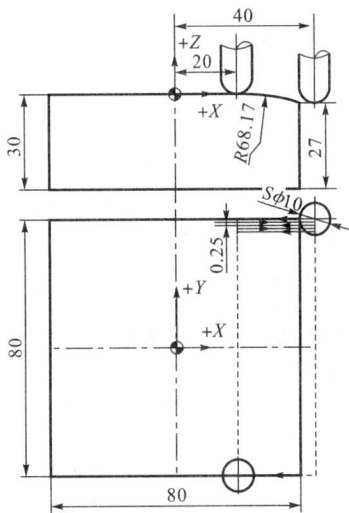

**2. 编程坐标系设定**

本例编程坐标系原点设在零件上表面的中心处,如图 20-10、图 20-11 所示。

**3. 程序编制**

刀具在 $XZ$ 平面沿圆弧 $R68.67$ mm、$R68.17$ mm 轨迹走刀,在 $XY$ 平面左右走刀。刀具直径($\phi 8$ mm、$\phi 10$ mm)小于工件宽度(80 mm),刀具在 $XY$ 平面内需要多次左右走刀才能完成加工。完成这种多次重复切削加工的轨迹,正符合宏程序语法规则,即可用循环语句(WHILE DO)或条件选择语句(IF)来完成。

(1)宏程序编程代码

①条件转移

……

IF [〈条件表达式〉] GOTO N

……

②循环

……

WHILE [〈条件表达式〉] DO m

……

END m

……

③计数器及求和器

例如,♯1＝♯1＋1,是以♯1变量为计数器、步距为1的方式计数;

例如,♯22＝♯22＋♯33,是以♯22变量为求和器、以♯33变量为求和单位的方式求和。

（2）粗加工程序

O8801

G91 G28 Z0 　　　　　　　　/回参考点/

G54 　　　　　　　　　　　/选择工件坐标系/

G90 G00 X50 Y40

Z27.5

M03 S1200

M08 　　　　　　　　　　　/切削液开/

G01 X44 Y40 F400

♯1＝0 　　　　　　　　　/♯1为控制行距的计数器/

WHILE［♯1 LE 80］DO 1

　　G18 G03 X20 Z30.5 R68.67 F400

　　♯1＝♯1＋8

　　　　G91 G00 X0 Y－［♯1］

　　G90 G02 X44 Y－［♯1］R68.67

　　G91 G00 X0 Y－［♯1＋8］

END 1

M09 　　　　　　　　　　　/切削液关/

G00 Z200 　　　　　　　　/便于零件检查/

M05 　　　　　　　　　　　/主轴停转/

M30 　　　　　　　　　　　/程序结束,光标回到程序首位置/

（3）精加工程序

O8802

G91 G28 Z0 　　　　　　　　/回参考点/

G54 　　　　　　　　　　　/选择工件坐标系/

G90 G00 X45 Y40

Z27

M03 S3000

M08 　　　　　　　　　　　/切削液开/

♯2＝0 　　　　　　　　　/♯2为控制行距的计数器/

WHILE［♯2 LE 80］DO 2

　　G18 G03 X20 Z30 R68.17 F1000

　　♯2＝♯2＋0.25

　　G91 G00 X0 Y－［♯2］

　　G90 G02 X45 Y－［♯2］R68.17

　　G91 G00 X0 Y－［♯2＋0.25］

END 2

M09 　　　　　　　　　　　/切削液关/

G00 Z200 　　　　　　　　/便于零件检查/

M05 　　　　　　　　　　　/主轴停转/

M30 　　　　　　　　　　　/程序结束,光标回到程序首位置/

（4）思考

上述程序如果用 IF 语句,如何编写?

## 六 切削加工与精度检查

### 1. 开启机床操作

具体开启机床操作过程参照"项目2 数控铣床的开关机操作"。在开启机床操作时,应注意如下事项:

(1)检查机床外观是否正常。

(2)检查工作台是否在合适位置。

(3)检查按键是否完好。

### 2. 回参考点操作

选择机床操作面板上的回参考点模式"ZRN",按 $Z \rightarrow X \rightarrow Y$ 轴顺序进行回参考点操作。具体回参考点操作可参照"项目2 数控铣床的开关机操作"。

### 3. 平口钳装夹

平口钳装夹的具体方法可参照"项目8 工件在平口钳上的装夹"。

### 4. 零件装夹

使用平口钳装夹零件,如图20-12所示。采用托表法找正,用垫块、铜皮初步找正零件。零件装夹的具体方法可参照"项目8 工件在平口钳上的装夹"。

图 20-12 零件装夹

注意事项如下:

(1)安装工件时,平口钳钳口工作面及导轨面、平行垫铁工作面必须擦拭干净。

(2)安装工件时,必须轻拿轻放,防止碰伤手脚和机床工作台面。

(3)扳手、铁块等不能放在工作台面上。

### 5. 安装、夹紧刀具和刀柄

平面铣刀、刀柄等安装可参照"项目11 刀具的安装操作"。注意事项如下:

(1)刀柄锥度部分必须擦拭并用高压气吹干净。

(2)刀柄安装到主轴上之前,检查刀柄上的拉钉是否紧固。

(3)刀柄安装到主轴上之后,启动主轴,检查刀具是否有跳动。

### 6. 对刀,设定工件坐标系 G54

采用试切法对刀,并把对刀处理的数据输入到 G54 中,具体操作方法可参照"项目14 对刀操作"。注意事项如下:

(1)用手轮的"×100"挡来快速靠近工件;当刀具距离工件较近时,必须把手轮切换到"×1"挡,以使刀具轻微碰触工件。

（2）刀具碰触到工件侧边后，建议先抬高刀具到离开工件，再进行下一步操作。

**7. 录入与编辑程序**

把上面编制好的 O8801 程序输入到系统中，进行粗加工。通过修改切削用量及系统参数，实现精加工。

**8. 切削加工前的模拟显示**

具体操作方法可参照"项目 6 切削加工前的模拟显示"。

**9. 切削加工**

程序切削加工前的模拟显示正确之后，就可以试切削加工零件。基本步骤如下：

（1）在编辑程序模式"EDIT"下，按 NC 系统操作面板上的复位键"RESET"，使程序中的光标处于程序首位置。

（2）将倍率旋钮置于 100% 位置。

（3）按下循环启动按钮"CYCLE START"。

**注意**　在切削加工过程中，如果工件表面质量与要求有差距或切削有异声，可通过调整进给或转速倍率旋钮来调节。

零件在没有从平口钳上拆卸下来之前，在安全条件下应对零件进行必要的尺寸测量，如果尺寸没有加工到位，可修改程序或补偿控制尺寸精度。

切削加工零件时，应确保冷却充分和排屑顺利。

**10. 结束工作**

零件加工完毕后将其取出，去除毛刺；同时，做好清扫机床、擦净刀具和量具等相关工作，并按规定摆放整齐。

**11. 评估**

完成零件的加工后，从以下几方面评估整个加工过程，达到不断优化实训过程的目的。

（1）对工件尺寸精度进行评估，找出尺寸超差是工艺系统因素还是测量因素，为工件后续加工的尺寸精度控制提出解决办法、合理化建议及有益的经验。

（2）对工件的加工表面质量进行评估，总结经验或找出表面质量缺陷的原因，提出优化刀具路径的设计方法。

（3）对加工效率、刀具寿命等方面进行评估，找出加工效率与刀具寿命的内在规律，为进一步优化刀具切削参数夯实基础。

（4）评估切削加工过程，查看是否有需要改进的工艺方法和操作。

（5）评估每组（或名）成员工作过程中的知识技能、安全文明操作意识、协作能力、语言表达能力等。

（6）按要求形成实训报告，具体见表 20-7。

**表 20-7** 实训报告

| 姓名 | 设备型号 | 指导与评阅教师 | 实训日期 | 成绩 |
|---|---|---|---|---|
| | | | | |

| 实训目的 | |
|---|---|

| 实训内容 | |
|---|---|

| 加工工序 | 工序号 | 工序内容 | 刀具号 | 刀具规格 | 主轴转速/(r/min) | 进给速度/(mm/r 或 mm/min) | 背吃刀量/mm |
|---|---|---|---|---|---|---|---|
| | 1 | | | | | | |
| | 2 | | | | | | |
| | | | | | | | |
| | | | | | | | |
| | $n$ | | | | | | |

| 刀具 | 工序号 | 刀具号 | 刀具规格名称 | 数量 | 加工要素 | D**中值名义半径/mm | 备注 |
|---|---|---|---|---|---|---|---|
| | 1 | | | | | | |
| | 2 | | | | | | |
| | | | | | | | |
| | | | | | | | |
| | $n$ | | | | | | |

| 其他实训用品 | (刀具、量具、夹具、工具等) |
|---|---|

| 程序 | |
|---|---|

| 操作流程 | |
|---|---|

## ◉ 实训作业

1. 铣削如图 20-13 所示零件的曲面轮廓,使其达到图纸要求,毛坯尺寸如图 20-14 所示。

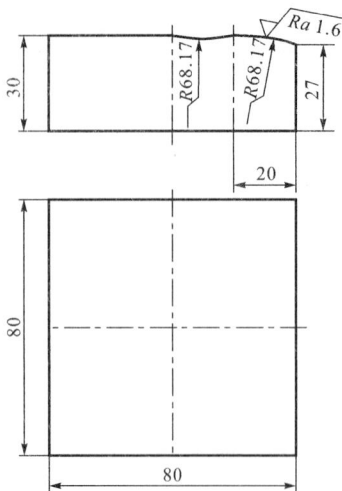

图 20-13　零件图(一)　　　　　　　　　　　图 20-14　零件毛坯图

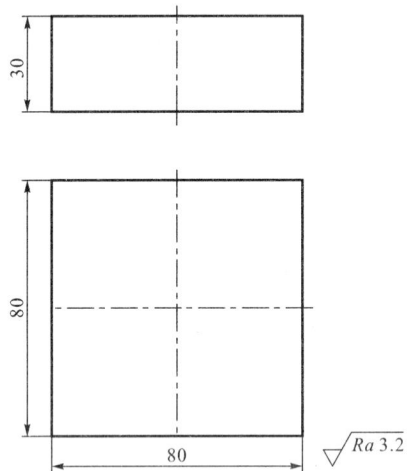

2.对图 20-15 所示的零件进行倒角加工,使其达到图纸要求,毛坯尺寸如图 20-14 所示。

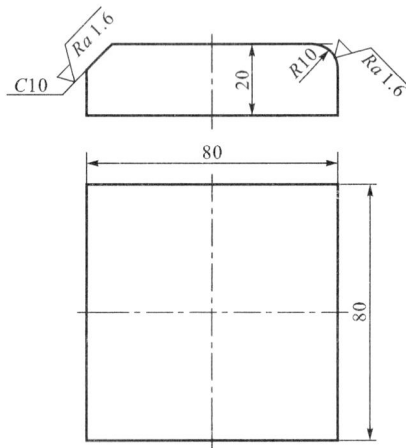

图 20-15　零件图(二)

# 宏程序基础知识

## 一　使用球形铣刀加工曲面时的行距与步长确定

### 1. 行距 $S$ 的确定

空间曲面的加工或采用 CAD/CAM 编程方式进行,或采用宏编程方式进行,但无论采用哪种方式都需要确定刀具的行距。曲面的粗加工与半精加工在实际生产中的难度相对较小,曲面加工的难点在于精加工,它要求在保证工件质量的同时提高生产率。因此,曲面加工中影响工件表面质量和效率的重要因素之一便是行距的确定。

如图 20-16 所示,行距 $S(AB)$ 的大小直接关系到加工后曲面上的残留高度 $h(CE)$。行距 S 过小,虽然提高了加工精度,减少了钳修工作难度,但刀具损耗严重,程序太长,占机加工时间长,效率降低;行距 S 过大,则造成工件表面质量下降,增大钳修工作难度,不符合技术要求,所以行距的选择应力求做到恰到好处。

一般来说,行距 S 的选择取决于球形铣刀的半径 $r_刀$、允许的刀峰高度 $h$(或用表面粗糙度表示)及加工工件的曲率半径 $\rho$。实际编程时,如果零件曲面上各点的曲率变化不太大,可采用近似公式来计算行距 $S$;$S \approx 2\sqrt{2r_刀 h - h^2} \approx 2\sqrt{2r_刀 h}$。

**2. 步长 L 的确定**

步长 L 取决于曲面的曲率半径 $\rho$ 与插补误差 $\delta_允$,如图 20-17 所示,步长 $L \approx 2\sqrt{2\rho\delta_允}$。

实际应用时,可在曲率最大处作近似计算,然后用等步长法编程,这样做编程要方便得多。此外,若能将曲面的曲率变化划分几个区域,可以分区域确定步长,而各区域插补段长度不相等,这对于在一个曲面上存在着若干个凸面或凹面的情况是十分必要的。

由于空间曲面一般比较复杂,数据处理工作量较大,涉及的诸多计算工作是人工无法承担的,通常采用计算编程。

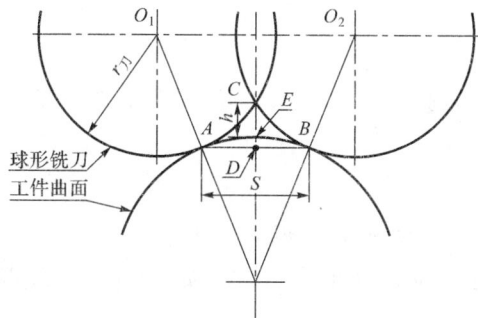

图 20-16　行距计算示意图　　　　图 20-17　步长计算示意图

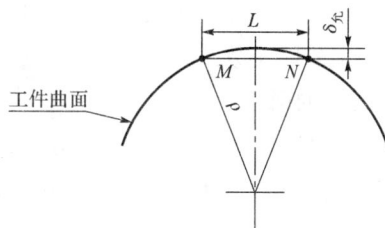

## 二　宏程序基础理论

普通程序只能使用常量编程,常量之间不能运算,程序只能顺序执行;宏程序可以使用变量编程,变量之间可以运算,程序不一定顺序执行。通过对比可以看出,宏程序可以精简程序,较 CAD/CAM 软件生成的较长程序有优势;在工件加工精度上较 CAD/CAM 软件有一定的长处;可以编写椭圆、双曲线、抛物线的程序等。

FANUC 0i 系统提供了用户宏程序功能 A 和用户宏程序功能 B 两种用户宏程序。实际使用时,一般不用用户宏程序功能 A,因为其数学运算及逻辑关系等需要用专门的语句来表达,极不方便。这两种宏程序的变量、转移和循环表达方式基本一样,不一样的是赋值方式及自变量赋值等。这两种用户宏程序运行的效果都是一样的,用户宏程序功能 B 是常使用的,本单元将其作为重点研究。

**1. 变量**

普通数控加工程序用数值指定进给距离和进给速度,例如,G01 X50 F120。使用用户宏程序时,数值可以直接指定或由变量指定,例如,G01 ♯1 F♯2。

(1)变量的表示

用户宏程序的变量需要使用专用的变量符号(♯)和后面的变量号(数字 1、2、3 等)来表示,例如,♯22。变量号可以是表达式,使用时需要把表达式用"〔 〕"包围,如♯〔♯1＋12－♯2〕。

（2）变量类型

变量根据变量号分为四种类型,见表 20-8。

表 20-8　　　　　　　　　　　　　FANUC 0i 变量类型

| 变量号 | 变量类型 | 功能 |
| --- | --- | --- |
| ♯0 | 空变量 | 该变量为空,不能有值赋给该变量 |
| ♯1～♯33 | 局部变量 | 只能在宏程序中存储数据。系统断电时,局部变量被初始化为空,使用宏程序时,自变量再对局部变量赋值 |
| ♯100～♯199<br>♯500～♯999 | 公共变量 | 该变量在不同的宏程序中的意义相同。系统断电时,变量♯100～♯199 初始化为空,♯500～♯999 的原有数据不丢失 |
| ♯1000～ | 系统变量 | 该变量用于读写计算机数控系统中的各种数据 |

对于使用用户宏程序的编程者来说,局部变量是我们常使用的一种变量类型。

（3）变量赋值时小数点的使用

给变量赋值时,整数值的小数点可以省略,例如,♯12＝35.00,可写为♯12＝35。♯12＝45.6,就不能省略小数点。

（4）变量的引用

当表达式指定变量时,要把表达式放在括号里,例如,G00 X〔♯11－1〕。

被引用的变量值根据系统的最小设定单位自动地舍入。例如,♯12＝12.334455,以1/1000 单位执行时,执行 G00 X♯12 时,实际为 G00 X12.334。

使用负号（－）时,要把其放在♯的前面,例如,G00 X－♯12。

（5）系统变量

系统变量用于读写计算机数控系统中的各种数据,例如,刀具偏置值和其当前位置数据等。系统变量的使用方法在开发时就是已固定的,某些系统变量只能进行读操作,不能进行写操作。系统变量是自动控制和通用程序开发的基础,作为一种接口存在,供开发者使用。使用系统变量时要参照数控系统查阅其使用规定,本部分不再详细介绍。

**2.算术和逻辑运算**

（1）算术运算符与函数

算术运算符与函数有:加法（＋）、减法（－）、乘法（＊）、除法（/）、正弦（sin）、余弦（cos）、正切（tan）、平方根（sqrt）、绝对值（abs）等。其组成的表达式运算结果为一个数值。

表 20-9 中列出的运算可以在变量中执行,运算符右边的表达式可以包括常量或由函数或运算符组成的变量。表达式中右边的变量♯j 和♯k 可以被赋值,左边的变量也可以用表达式赋值。

表 20-9 算术和逻辑运算

| 功能 | 格式 | 备注 | 功能 | 格式 | 备注 |
|---|---|---|---|---|---|
| 定义、赋值 | #i=#j | | 反余弦 | #i=ACOS[#j] | 以度为指定运算单位 |
| 加法 | #i=#j+#k | | 正切 | #i=TAN[#j] | |
| 减法 | #i=#j−#k | | 反正切 | #i=ATAN[#j] | |
| 乘法 | #i=#j*#k | | 平方根 | #i=SQRT[#j] | |
| 除法 | #i=#j/#k | 以度为指定运算单位 | 绝对值 | #i=ABS[#j] | |
| 正弦 | #i=SIN[#j] | | 或 | #i=#j OR #k | |
| 反正弦 | #i=ASIN[#j] | | 异或 | #i=#j XOR #k | |
| 余弦 | #i=COS[#j] | | 与 | #i=#j AND #k | |

几点说明：

运算次序：函数→乘和除运算→加和减运算，例如，#11=#22+#33*SIN[#44]，第一运算次序为SIN[#44]，第二运算次序为#33*SIN[#44]，第三运算次序为#22+#33*SIN[#44]。

用"[]"可以改变运算次序，即最里层的"[]"优先运算，依次类推。

（2）条件运算符

条件运算符有EQ、NE、GT、GE、LT、LE。其组成的表达式运算结果为"真（成立）"或"假（不成立）"。表20-10中列出了其表达的含义。

表 20-10 条件运算符

| 条件运算符 | 含义 | 数学符号 | 条件运算符 | 含义 | 数学符号 |
|---|---|---|---|---|---|
| EQ | 等于 | = | GE | 大于或等于 | ≥ |
| NE | 不等于 | ≠ | LT | 小于 | < |
| GT | 大于 | > | LE | 小于或等于 | ≤ |

（3）逻辑运算符

逻辑运算符有AND、OR、XOR。其组成的表达式运算结果为"真（成立）"或"假（不成立）"。表20-11中列出了其表达的含义。

表 20-11 逻辑运算符

| 逻辑运算符 | 含义 |
|---|---|
| AND | 与 |
| OR | 或 |
| XOR | 非 |

**3. 关于赋值和变量**

赋值是指把一个数据赋予一个变量，如#11=150，则表示#11的值是150，或者说把150赋予变量#11，这里的"="号是赋值符号。

赋值的含义：赋值符号"="两边的内容不能随意互换，左边只能是变量，右边是表达式、数值或变量。一个赋值语句只能给一个变量赋值，也可能给多个变量赋值，但新变量值要取代原变量值。

赋值语句的一般表达形式为：变量=表达式。

表 20-12 列出了几个用户宏程序功能 A 和用户宏程序功能 B 的典型语句,从中也可看出用户宏程序功能 A 编程的烦琐性。

表 20-12　　　　　　　　用户宏程序功能 A 和用户宏程序功能 B 的典型语句

| 类别 | 用户宏程序功能 A 编程格式 | 用户宏程序功能 B 编程格式 |
|---|---|---|
| 变量的定义和替换 | G65 H01 P♯i Q♯j | ♯i＝♯j |
| 加法 | G65 H02 P♯i Q♯j R♯k | ♯i＝♯j＋♯k |
| 减法 | G65 H03 P♯i Q♯j R♯k | ♯i＝♯j－♯k |
| 绝对值 | G65 H22 P♯i Q♯j | ♯i＝｜♯j｜ |
| 正弦函数 | G65 H31 P♯i Q♯j R♯k | ♯i＝♯j×SIN(♯k) |

**4.转移和循环**

(1)无条件转移格式

]　……

　GOTO N

　……

功能:程序执行到 GOTO 程序段时,自动转移到标有顺序号 N 的程序段往下执行,顺序号 N 及 GOTO N 程序段之间的程序段不执行。

举例:

……

GOTO 1000

……

N1000 ……

……

执行到 GOTO 1000 程序段时,直接跳到 N1000 程序段,开始执行 N1000 程序段及其后面的程序段。GOTO 1000 与 N1000 之间的程序段不执行。

(2)条件转移格式

编程格式一:

……

IF［〈条件表达式〉］GOTO N

……

功能:当条件表达式成立时,转移到标有顺序号 N 的程序段往下执行。如果条件表达式不成立时,执行 IF 程序段后面的程序段。

举例:

……

IF［♯11 GT 100］GOTO 1000

……

N1000 ……

……

如果♯11＞100 成立(或为"真")时,转移到 N1000 程序段开始往下执行;当♯11＞100 不成立(即♯11≤100)时,执行 IF 与 N1000 之间的程序段(不包括 IF 及 N1000 程序段)。

编程格式二:

……

IF［〈条件表达式〉］THEN［〈表达式〉］

……

功能：当条件表达式成立时，执行表达式指定的内容，之后再执行 IF 之后的程序段。如果条件表达式不成立时，不执行表达式的内容，继续执行 IF 之后的程序段。

举例：

……

IF［＃11 LT ＃22］THEN ＃33＝10

……

（3）循环格式

……

WHILE［〈条件表达式〉］DO m

……

END m

……

功能：当条件表达式成立时，执行从 DO 到 END 之间程序段；否则，转移到 END 之后的程序段。m 限定在 1、2、3 标号，如果使用了其他标号，系统出错。

**5. 条件与循环嵌套等说明**

一个程序中可以多次使用循环语句，其可以并行或嵌套；一个程序中也可以有循环与转移语句。但基本要求是循环与循环之间不能交叉，从循环内可以向外跳转，不能从循环外向循环内跳转。其基本格式如下：

（1）循环的并行使用格式

……

WHILE［〈条件表达式〉］DO 1

……

END 1

……

WHILE［〈条件表达式〉］DO 2

……

END 2

……

WHILE［＜条件表达式〉］DO 3

……

END 3

……

（2）循环的嵌套使用格式

……

WHILE［〈条件表达式〉］DO 1

……

　　WHILE［〈条件表达式〉］DO 2

　　……

　　　　WHILE［〈条件表达式〉］DO 3

　　　　……

　　　　　　END 3

　　　　……

　　END 2

　……

END 1

……

**注意**　最多三重嵌套。

（3）条件转移可以跳出循环外的格式

……

WHILE［〈条件表达式〉］DO m

……

　　　IF［♯11 GT 100］GOTO 1000

　　……

END m

……

N1000 ……

……

**注意**　当然,在循环内跳转是可以的。

（4）不正确的使用格式

①循环交叉格式

……

WHILE［〈条件表达式〉］DO 1

……

　　　　WHILE［〈条件表达式〉］DO 2

　　　……

　　　　　　　WHILE［〈条件表达式〉］DO 3

　　　　　　　　……

　　　　　　　　END 3

　　　　　……

　　　END 1

　　……

END 2

……

说明:本例 DO 1 与 DO 2 交叉。

②从外向内跳转格式

……

IF［♯11 GT 100］GOTO 1000

……

WHILE［〈条件表达式〉］DO m

……

N1000 ……

END m

……

说明:此为从循环外向循环内跳转,是不对的。

**6. 宏程序案例**

（1）轮廓切削

如图 20-18 所示,用 $\phi$20 mm 立铣刀加工工件轮廓,工件轮廓在 $XY$ 平面内一刀切削即可完成,在 $Z$ 向需要分 5 次进给(每次切深 4 mm)才能切削完成。

如果不用宏程序编制,需要编制一个主程序和一个子程序,主程序分 $Z-4$、$Z-8$、$Z-12$、$Z-16$、$Z-20$ 五种情况去调用子程序;子程序是工件轮廓加工的程序,其结构如程序

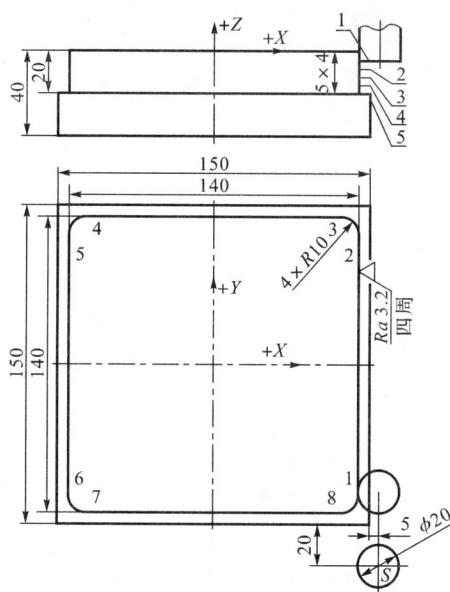

图 20-18  轮廓加工刀具轨迹

O2233 与子程序 O2255。存在的问题是主程序的 $Z$ 值太多,造成程序过长,可读性不佳,解决的方法是采用宏程序。

宏程序要解决的问题是把 $Z-4$、$Z-8$、$Z-12$、$Z-16$、$Z-20$ 几种情况用一个表达式简要表示,即找到一个有规律变化的数学模型,这个模型是循环 5 次,每次变化值是 4。此时,循环及累加求和表达方式可满足要求,程序如 O5566。

```
O2233
……
Z-4
M98 P2255
Z-8
M98 P2255
Z-12
M98 P2255
Z-16
M98 P2255
Z-20
M98 P2255
……
M30
O2255          /轮廓程序/
……
M99
O5566
G91 G28 Z0
G90 G54 G00 X80 Y-95
#11=1
#1=4
WHILE [#11 LE 4] DO 1
    G00 Z[-#1]
```

G42 G01 X70 Y－60 D01 F100
　　Y60
G03 X60 Y70 R10
G01 X－60
G03 X－70 Y60 R10
G01 Y－60
G03 X－60 Y－70 R10
G01 X60
G03 X70 Y－60 R10
＃1＝＃1＋4
　＃11＝＃11＋1
END 1
G40 G00 Z100
M05
M30

程序解读：

＃11 是用于计数的，初始值为1，＃11＝＃11＋1 是计数器。＃1 是用于求和的，＃1＝＃1＋4 是求各和累加器。

每执行一次循环，都要修正＃11 和＃1 这两个参数，之后再判断＃11 是否小于或等于4，以判断是否再继续运行程序。

＃1 和＃11 的每次变化值见表 20-13。

表 20-13　　　　　　　　　　　＃1 和＃11 的每次变化值

|  | ＃11 | ＃1 | 执行情况 |
|---|---|---|---|
| 初值 | 1 | 4 | 执行 WHILE 之前的语句 |
| 第1次 | 2 | 8 | 执行 WHILE 与 END 1 之间的语句 |
| 第2次 | 3 | 12 | 执行 WHILE 与 END 1 之间的语句 |
| 第3次 | 4 | 16 | 执行 WHILE 与 END 1 之间的语句 |
| 第4次 | 5 | 20 | 执行 WHILE 与 END 1 之间的语句 |
| 第5次 |  |  | 执行 END 1 之后的语句 |

（2）圆弧曲面加工

如图 20-19 所示，圆弧曲面粗加工之后余量为 0.5 mm。现精加工 R208.5 mm 曲面，使其达到图纸要求。

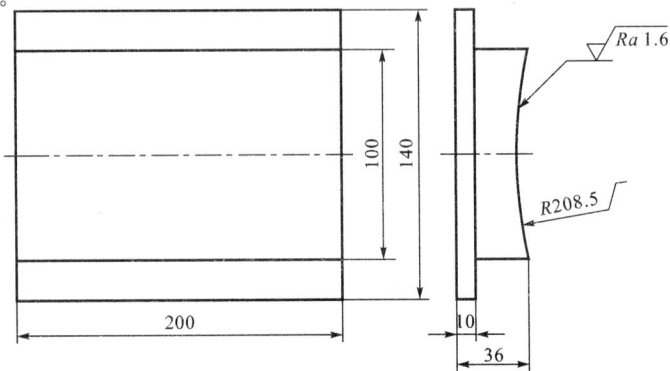

图 20-19　零件图（三）

分析如下:

用 φ8 mm 球形铣刀精加工。工件坐标系及辅助点位置如图 20-20 所示。A 点及 C 点为 R208.5 mm 弧的延长线与距中心线 56 mm 线的交点,也是中心线的对称点,以 A、C 点为刀具加工弧的起始点与终点。采用在 YZ 平面圆弧插补法加工,在 X 轴上的行距为 0.01 mm,即每次以 0.01 mm 为步进值,当累加超过 200 mm 时,停止圆弧面加工。单向加工,即每次圆弧面加工起点在距中心线 56 mm 位置线上(A 点平行 X 轴的线)。

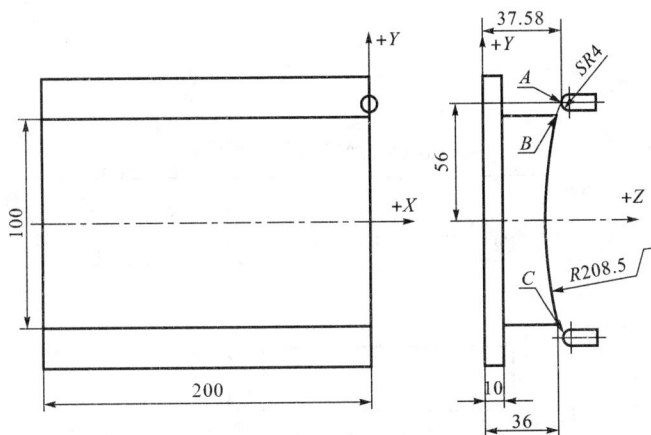

图 20-20 工件坐标系及辅助点位置

综上所述,宏编程使用基本语句为求和累加及条件转移,程序如 O0010。

| | |
|---|---|
| O0010 | |
| M3 S1500 | |
| G54 G90 G00 G40 G17 X0 Y56 | |
| G43 Z100 H2 | |
| G01 Z37.58 F500 M8 | |
| #1=0 | /定义 X 轴步进初值/ |
| #2=200 | /定义 X 轴终加工位置/ |
| N10 G1 X#1 F2000 | /X 轴的纵向进给/ |
| G18 G02 Y−56 Z37.58 R208.5 | /G18 平面的圆弧面加工/ |
| #1=#1+0.01 | /X 轴的递增量/ |
| G00 Y56 | |
| IF [#1 LE #2] GOTO 10 | /如果#1 小于或等于#2 将循环 N10 程序段/ |
| G90 G00 Z100 M9 | |
| G17 | |
| M05 | |
| M30 | |

小结:本程序通过条件判断(#1 LE #2),不断修正#1 值(#1=#1+0.01,计算 X 向的坐标值),一步一步地加工圆弧面。

# 项目 21　手工编程实训习题

## 中级数控铣加工习题

### 一　材料准备(表 21-1)

表 21-1　　　　中级数控铣加工习题材料准备

| 材质 | 规格 | 数量 |
|---|---|---|
| 45 钢 | 80 mm×80 mm×20 mm,毛坯图如图 21-1 所示 | 1 件/每位考生 |

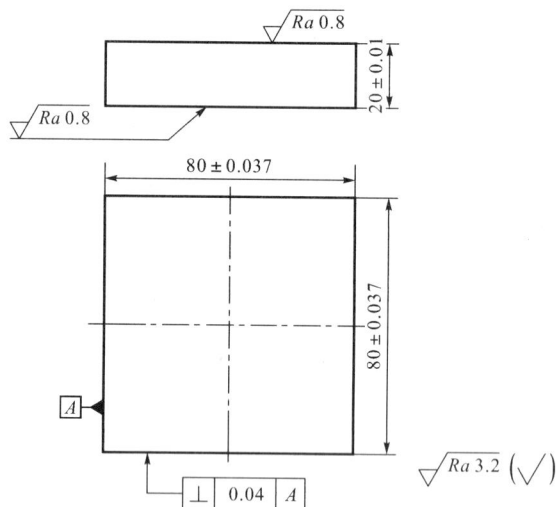

图 21-1　毛坯图(一)

### 二　设备条件准备(表 21-2)

表 21-2　　　中级数控铣加工习题设备条件准备

| 名称 | 规格 | 数量 |
|---|---|---|
| 数控铣床 | MVC850 | |
| 平口钳 | 对应工件 | 1 副/每台机床 |
| 垫铁 | 对应工件 | 1 副 |
| 刀柄拆卸台 | 与刀柄型号对应 | |

## 三　刀具条件准备(表 21-3)

表 21-3　　　　　中级数控铣加工习题刀具条件准备

| 序号 | 名称 | 型号/mm | 数量 |
|---|---|---|---|
| 1 | 立铣刀 | φ10、φ16 | 1 |
| 2 | 键槽铣刀 | φ8、φ12 | 1 |
| 3 | 中心钻 | A3 | 1 |
| 4 | 直柄麻花钻头 | φ7.8、φ9.8 | 1 |
| 5 | 机用铰刀 | φ8H7、φ10H7 | 1 |
| 6 | 倒角刀 | φ10 | 1 |
| 7 | 常用工具和铜皮 | 自选 | 1 |
| 8 | 百分表 | 读数 0.01 | 1 |
| 9 | 游标卡尺 | 0.02/0～200 | 1 |
| 10 | 游标深度尺 | 0.02/0～200 | 1 |
| 11 | 磁性表座 | | 1 |
| 12 | 外径千分尺 | 0～25、25～50、50～75 | 1 |
| 13 | 内径千分尺 | 5～30 | 1 |
| 14 | 高度设定仪 | Z50 | 1 |
| 15 | 寻边器 | φ10 | 1 |

## 四　操作技能评分项

1.零件尺寸、表面粗糙度及几何公差达到要求。

2.安全文明操作规范。

## 五　习题

1.习题一,如图 21-2 所示。

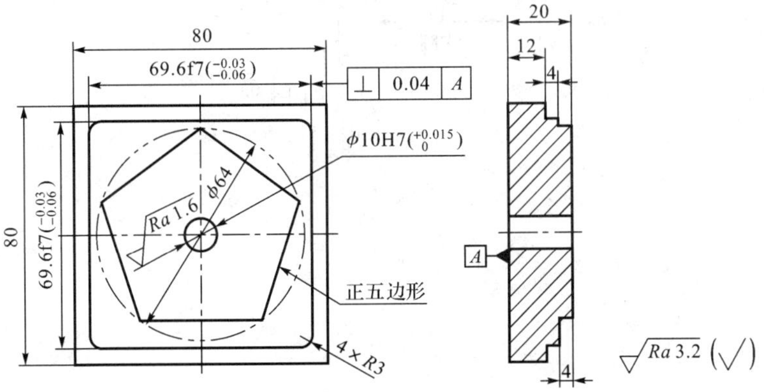

图 21-2　习题一

2.习题二,如图 21-3 所示。

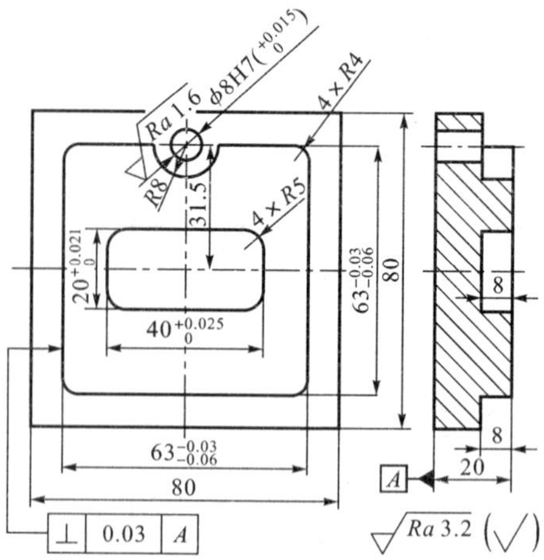

图 21-3　习题二

3.习题三,如图 21-4 所示。

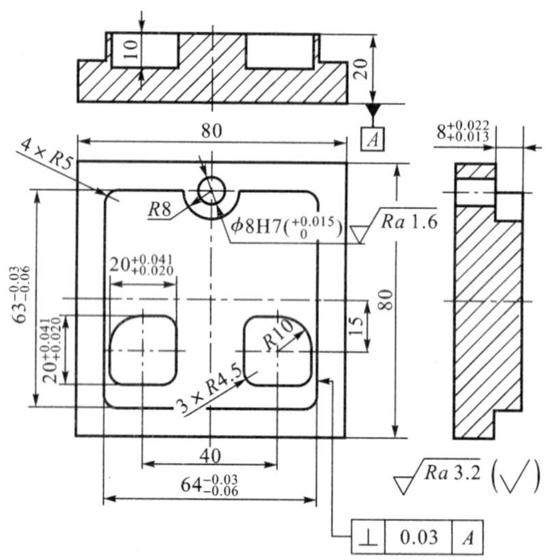

图 21-4　习题三

4.习题四,如图 21-5 所示。

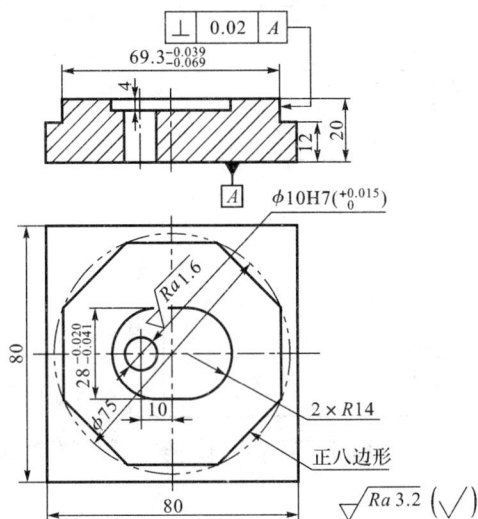

图 21-5  习题四

5.习题五,如图 21-6 所示。

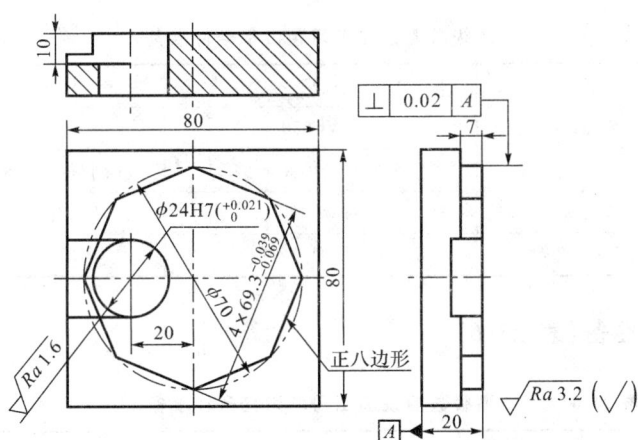

图 21-6  习题五

# 高级数控铣加工习题

## 一  材料准备(表 21-4)

表 21-4                   高级数控铣加工习题材料准备

| 材质 | 规格 | 数量 |
|------|------|------|
| 45 钢 | 80 mm×80 mm×20 mm,80 mm×80 mm×15 mm,毛坯图如图 21-7 所示 | 各 1 件/每位考生 |

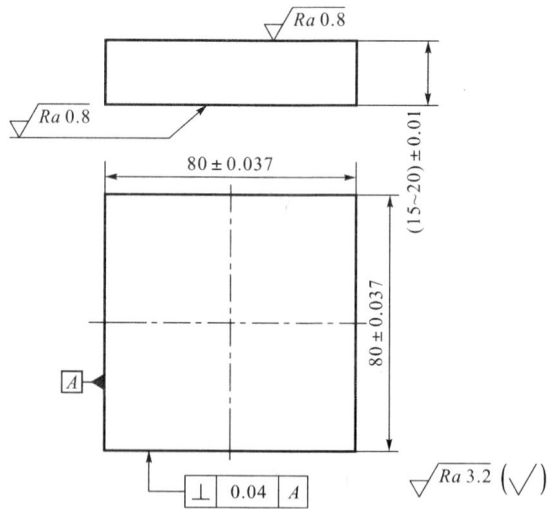

图 21-7　毛坯图(二)

## 二　设备条件准备(表 21-5)

表 21-5　　高级数控铣加工习题设备条件准备

| 名称 | 规格 | 数量 |
|------|------|------|
| 数控铣床 | MVC850 | |
| 平口钳 | 对应工件 | 1 副/每台机床 |
| 垫铁 | 对应工件 | 1 副 |
| 刀柄拆卸台 | 与刀柄型号对应 | |

## 三　刀具条件准备(表 21-6)

表 21-6　　高级数控铣加工习题刀具条件准备

| 序号 | 名称 | 型号/mm | 数量 |
|------|------|---------|------|
| 1 | 立铣刀 | $\phi 10$、$\phi 16$ | 1 |
| 2 | 键槽铣刀 | $\phi 8$ | 1 |
| 3 | 直柄麻花钻头 | $\phi 6$ | 1 |
| 4 | 常用工具和铜皮 | 自选 | 1 |
| 5 | 百分表 | 读数 0.01 | 1 |
| 6 | 游标卡尺 | 0.02/0~200 | 1 |
| 7 | 游标深度尺 | 0.02/0~200 | 1 |
| 8 | 外径千分尺 | 0~25、50~75 | 1 |
| 9 | 内径千分尺 | 5~30、25~50 | 1 |
| 10 | 磁性表座 | | 1 |
| 11 | 高度设定仪 | Z50 | 1 |
| 12 | 寻边器 | $\phi 10$ | 1 |

## 四 操作技能评分项

1. 两个零件尺寸、表面粗糙度及几何公差达到要求。

2. 零件1与零件2配合达到技术要求。

3. 安全文明操作规范。

## 五 习题

1. 习题六,如图21-8所示。

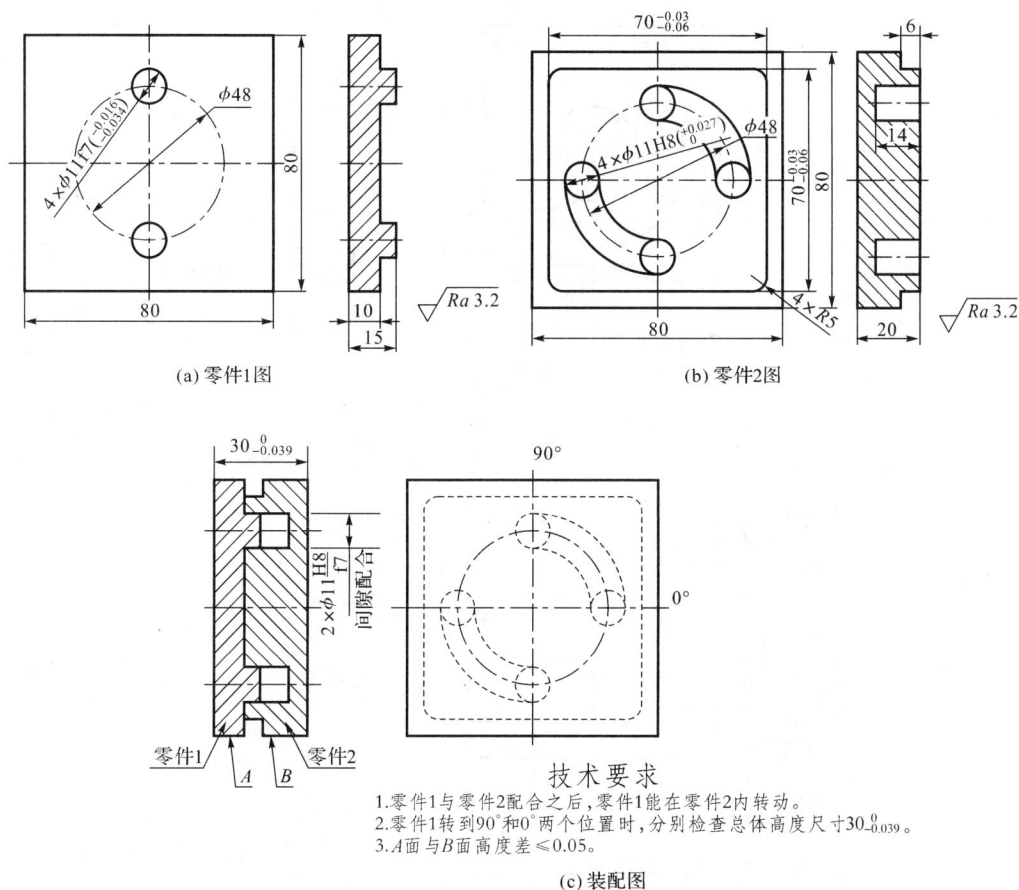

(a) 零件1图

(b) 零件2图

(c) 装配图

**技术要求**

1. 零件1与零件2配合之后,零件1能在零件2内转动。

2. 零件1转到90°和0°两个位置时,分别检查总体高度尺寸$30_{-0.039}^{0}$。

3. A面与B面高度差≤0.05。

图 21-8 习题六

2.习题七,如图 21-9 所示。

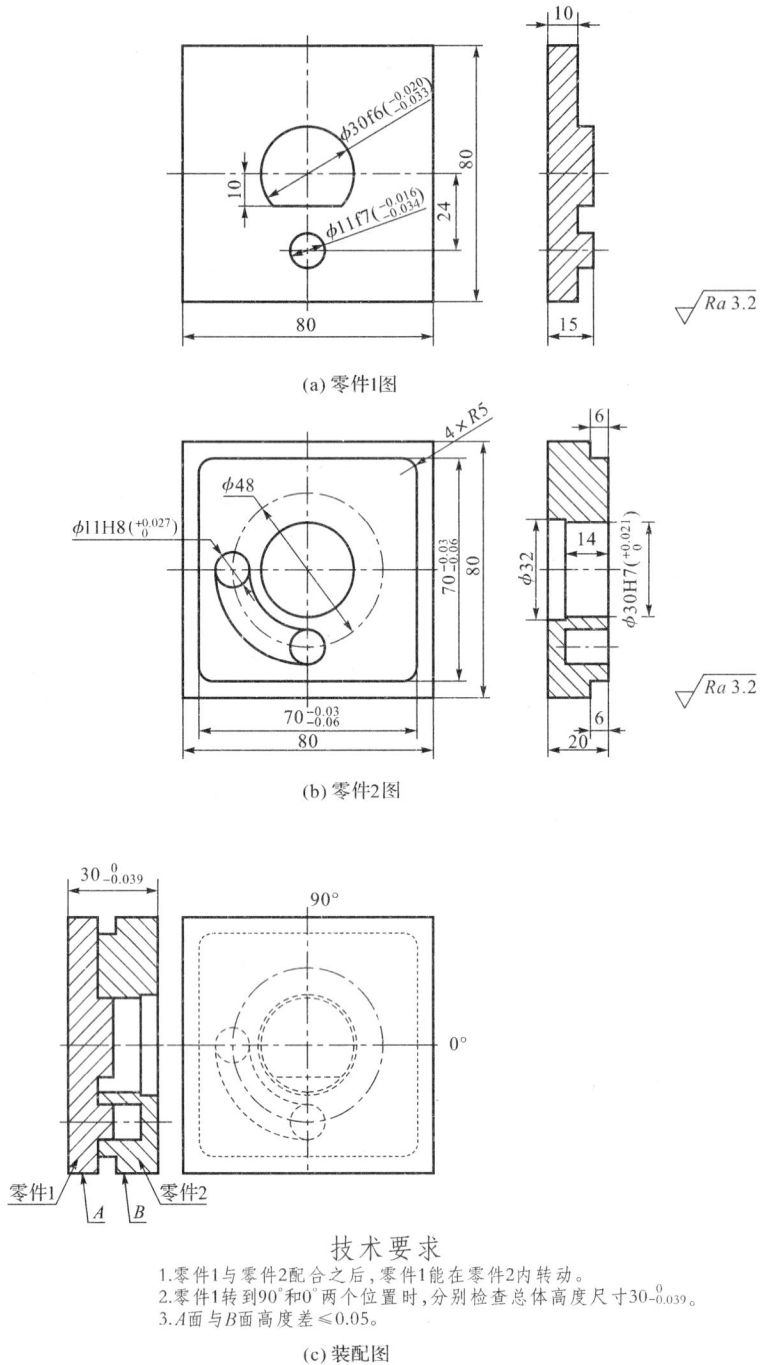

(a) 零件1图

(b) 零件2图

技 术 要 求

1.零件1与零件2配合之后,零件1能在零件2内转动。
2.零件1转到90°和0°两个位置时,分别检查总体高度尺寸$30_{-0.039}^{0}$。
3.A面与B面高度差≤0.05。

(c) 装配图

图 21-9  习题七

3.习题八,如图 21-10 所示。

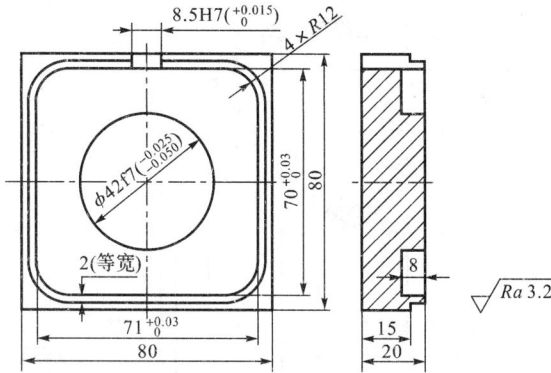

(a) 零件1图

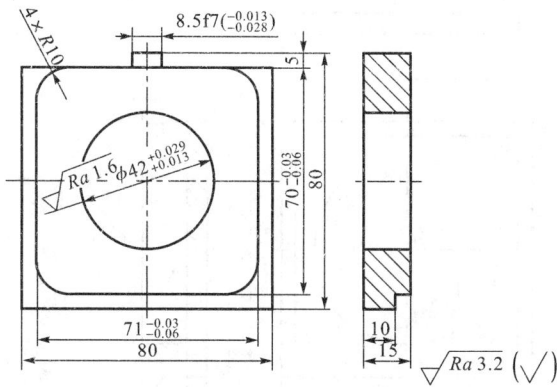

(b) 零件2图

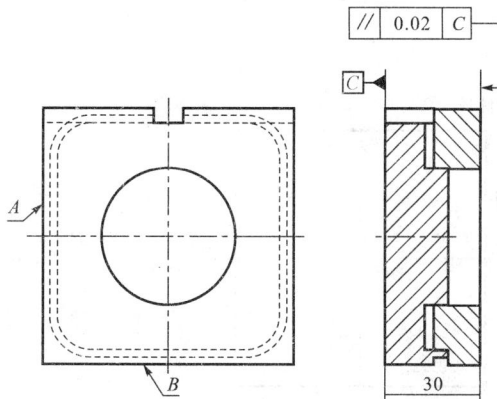

技术要求

两零件配合之后,*A*位置两个面、*B*位置两个面的高度差≤0.05。

(c) 装配图

图 21-10  习题八

4. 习题九,如图 21-11 所示。

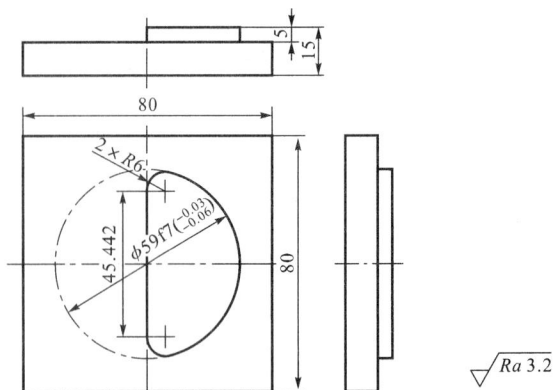

(a) 零件1图

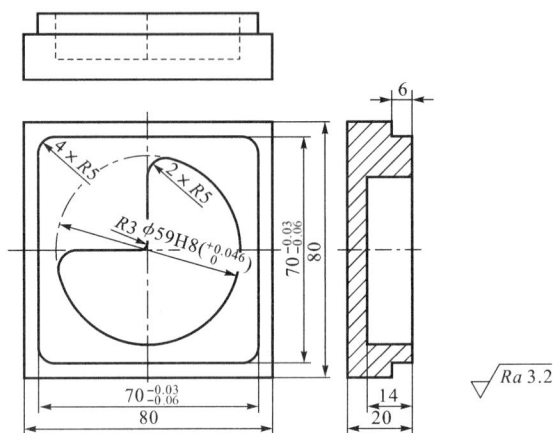

(b) 零件2图

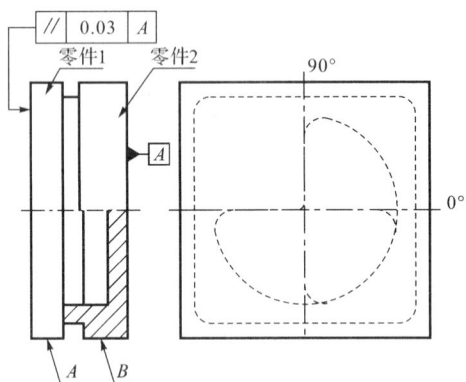

## 技术要求

1. 零件1与零件2配合之后,零件1能在零件2内转动。
2. 零件1转到90°和0°两个位置时,分别检查A面与B面高度差,其值应≤0.05。

(c) 装配图

图 21-11 习题九

# 中级加工中心加工习题

## 一 材料准备(表 21-7)

表 21-7 中级加工中心加工习题材料准备

| 材质 | 规格 | 数量 |
|------|------|------|
| 45 钢 | 80 mm×80 mm×20 mm,毛坯图如图 21-12 所示 | 各 1 件/每位考生 |

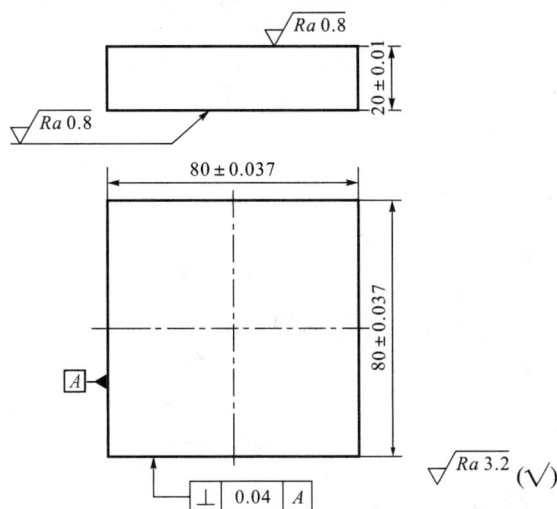

图 21-12 毛坯图(三)

## 二 设备条件准备(表 21-8)

表 21-8 中级加工中心加工习题设备条件准备

| 名称 | 规格 | 数量 |
|------|------|------|
| 立式加工中心 | VMC850 | |
| 平口钳 | 对应工件 | 1 副/每台机床 |
| 垫铁 | 对应工件 | 1 副 |
| 刀柄拆卸台 | 与刀柄型号对应 | |

## 三 刀具条件准备(表 21-9)

表 21-9 中级加工中心加工习题刀具条件准备

| 序号 | 名称 | 型号/mm | 数量 |
|------|------|---------|------|
| 1 | 立铣刀 | $\phi10$、$\phi16$ | 1 |
| 2 | 键槽铣刀 | $\phi8$、$\phi12$ | 1 |
| 3 | 中心钻 | A3 | 1 |

| 序号 | 名称 | 型号/mm | 数量 |
|---|---|---|---|
| 4 | 直柄麻花钻头 | $\phi7.8$、$\phi9.8$ | 1 |
| 5 | 机用铰刀 | $\phi8H7$、$\phi10H7$ | 1 |
| 6 | 倒角刀 | $\phi10$ | 1 |
| 7 | 常用工具和铜皮 | 自选 | 1 |
| 8 | 百分表 | 读数 0.01 | 1 |
| 9 | 游标卡尺 | 0.02/0~200 | 1 |
| 10 | 游标深度尺 | 0.02/0~200 | 1 |
| 11 | 磁性表座 | | 1 |
| 12 | 千分尺 | 0~25、25~50、50~75 | 1 |
| 13 | 高度设定仪 | Z50 | 1 |
| 14 | 寻边器 | $\phi10$ | 1 |

## 四　操作技能评分项

1. 零件尺寸、表面粗糙度及几何公差达到要求。
2. 安全文明操作规范。

## 五　习题

1. 习题十，如图 21-12 所示。

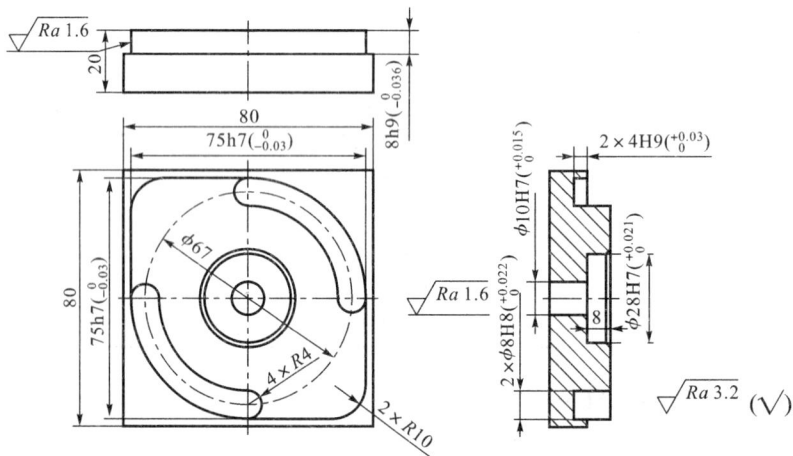

图 21-12　习题十

2. 习题十一,如图 21-13 所示。

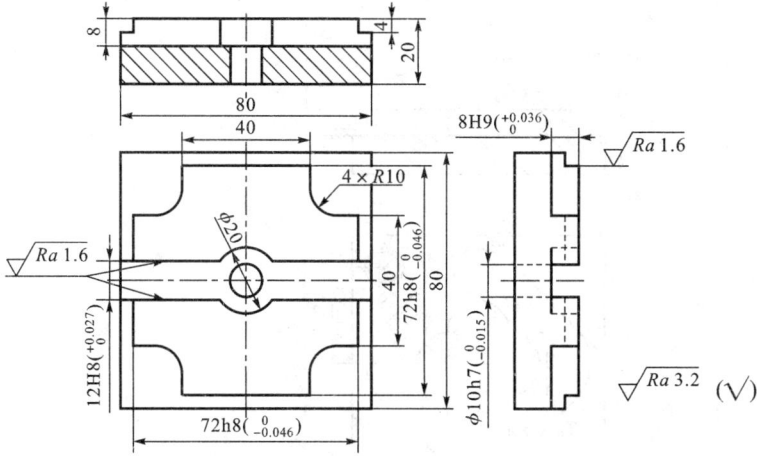

图 21-13 习题十一

3. 习题十二,如图 21-14 所示。

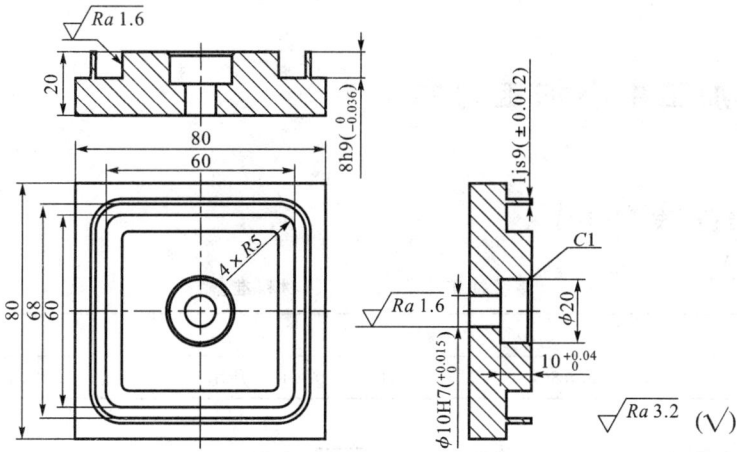

图 21-14 习题十二

4. 习题十三,如图 21-15 所示。

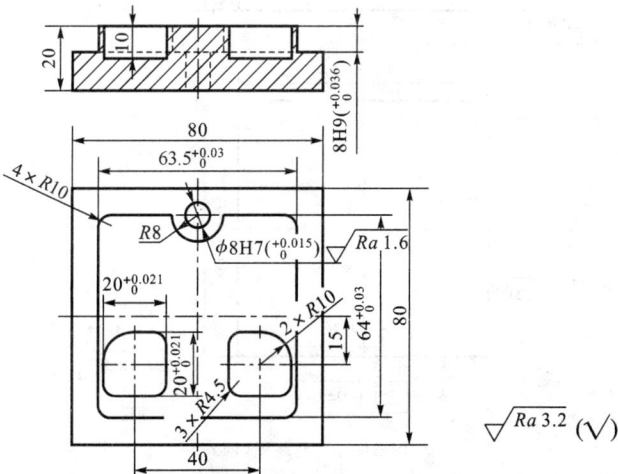

图 21-15 习题十三

5.习题十四,如图 21-16 所示。

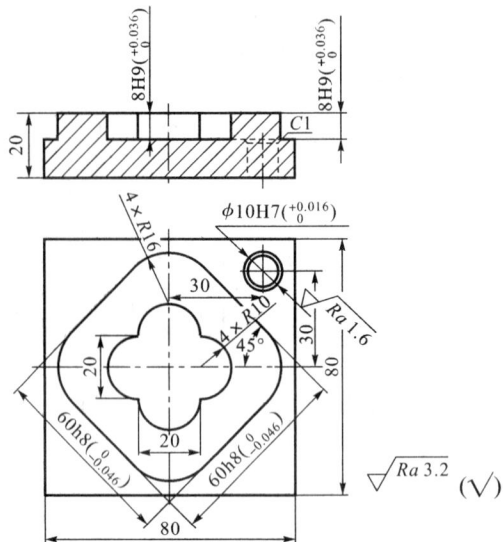

图 21-16　习题十四

# 高级加工中心加工习题

## 一　材料准备(表 21-10)

表 21-10　　　　　　　　　高级加工中心加工习题材料准备

| 材质 | 规格 | 数量 |
|---|---|---|
| 45 钢 | 80 mm×80 mm×20 mm,毛坯图如图 21-17 所示 | 2 件/每位考生 |

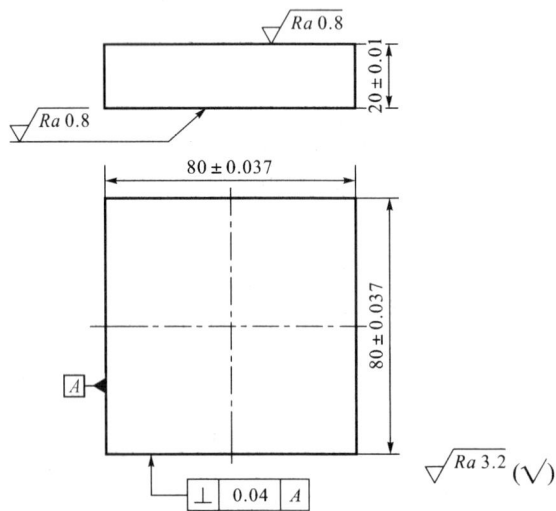

图 21-17　毛坯图(四)

## 二 设备条件准备(表 21-11)

表 21-11 高级加工中心加工习题设备条件准备

| 名称 | 规格 | 数量 |
|---|---|---|
| 立式加工中心 | VMC850 | |
| 平口钳 | 对应工件 | 1 副/每台机床 |
| 垫铁 | 对应工件 | 1 副 |
| 刀柄拆卸台 | 与刀柄型号对应 | |

## 三 刀具条件准备(表 21-12)

表 21-12 高级加工中心加工习题刀具条件准备

| 序号 | 名称 | 型号/mm | 数量 |
|---|---|---|---|
| 1 | 立铣刀 | $\phi10$、$\phi16$ | 1 |
| 2 | 键槽铣刀 | $\phi8$、$\phi12$ | 1 |
| 3 | 中心钻 | A3 | 1 |
| 4 | 直柄麻花钻头 | $\phi7.8$、$\phi9.8$ | 1 |
| 5 | 机用铰刀 | $\phi8H7$、$\phi10H7$ | 1 |
| 6 | 倒角刀 | $\phi10$ | 1 |
| 7 | 常用工具和铜皮 | 自选 | 1 |
| 8 | 百分表 | 读数 0.01 | 1 |
| 9 | 游标卡尺 | 0.02/0~200 | 1 |
| 10 | 游标深度尺 | 0.02/0~200 | 1 |
| 11 | 磁性表座 | | 1 |
| 12 | 千分尺 | 0~25、25~50、50~75 | 1 |
| 13 | 高度设定仪 | Z50 | 1 |
| 14 | 寻边器 | $\phi10$ | 1 |

## 四 操作技能评分项

1.两个零件尺寸、表面粗糙度及几何公差达到要求。

2.零件 1 与零件 2 配合达到技术要求。

3.安全文明操作规范。

## 五 习题

1.习题十五,如图 21-18 所示。

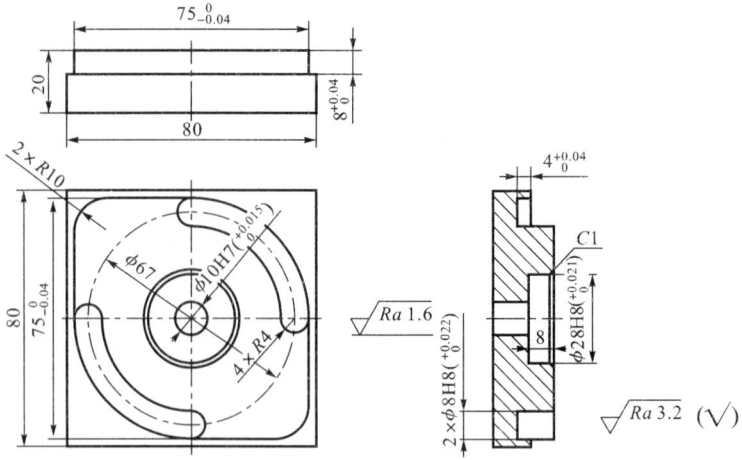

(a) 零件1图

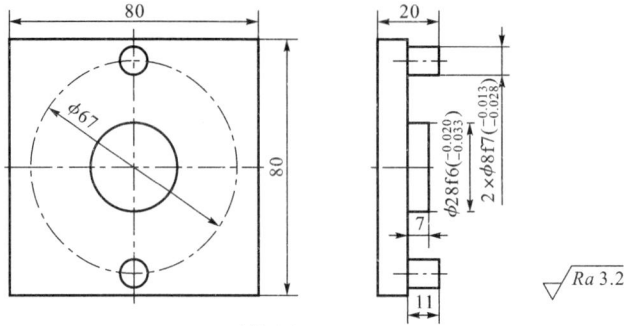

(b) 零件2图

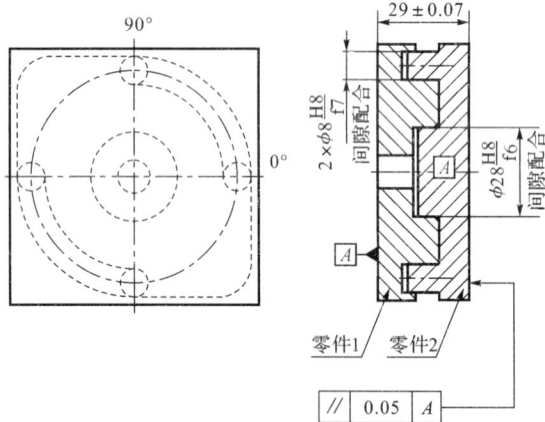

技术要求

零件1与零件2相互转动并能准确达到0°和90°位置。

(c) 装配图

图 21-18  习题十五

2.习题十六,如图 21-19 所示。

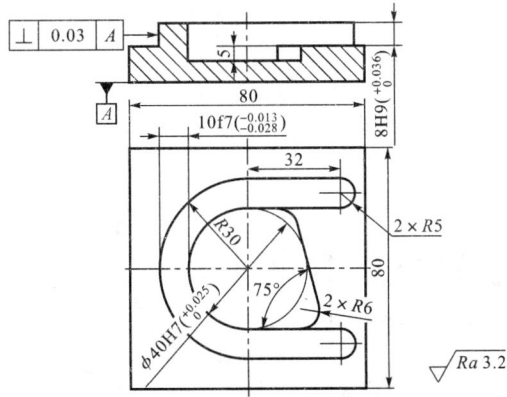

(a) 零件1图

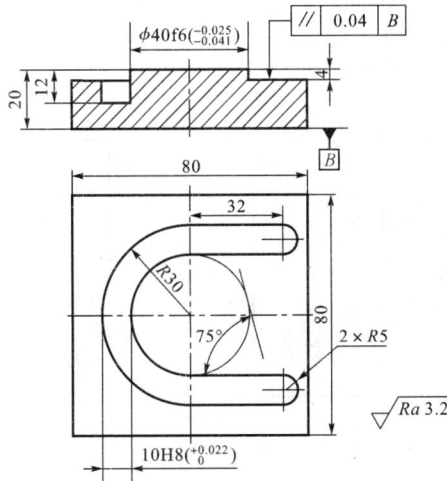

(b) 零件2图

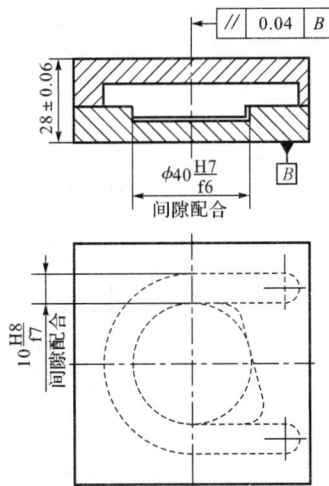

(c) 装配图

图 21-19 习题十六

3.习题十七,如图 21-20 所示。

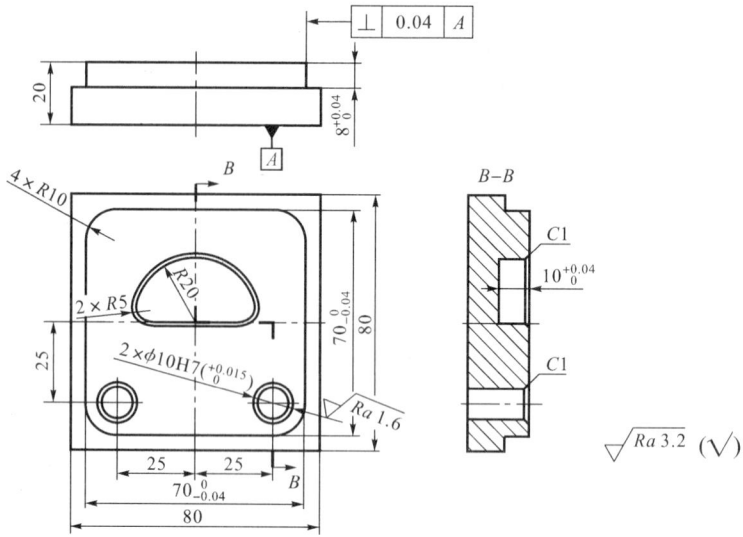

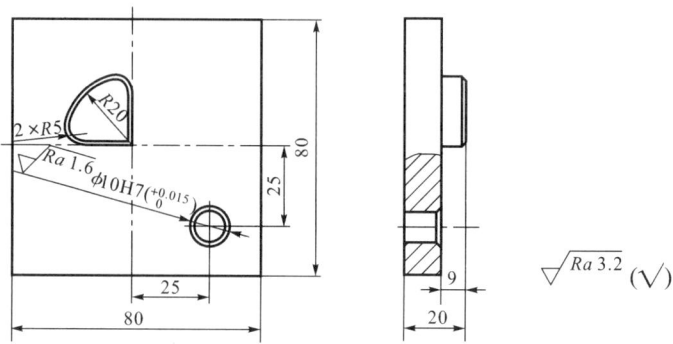

(a) 零件1图

(b) 零件2图

技术要求
未注倒角C1。

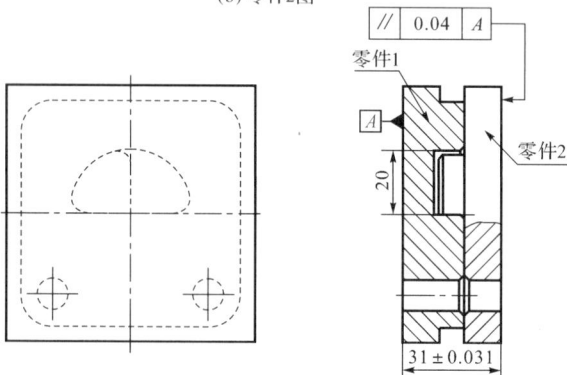

(c) 装配图

图 21-20 习题十七

4.习题十八,如图 21-21 所示。

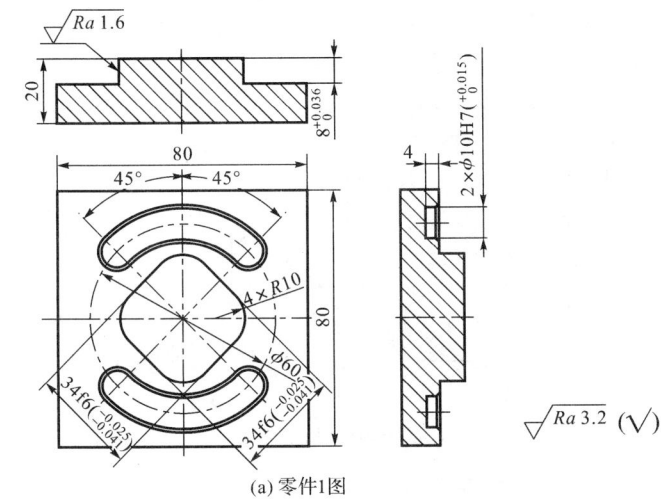

(a) 零件1图

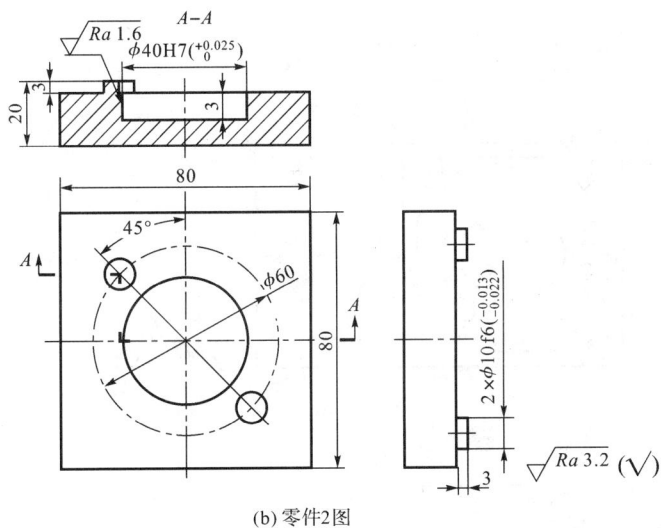

(b) 零件2图

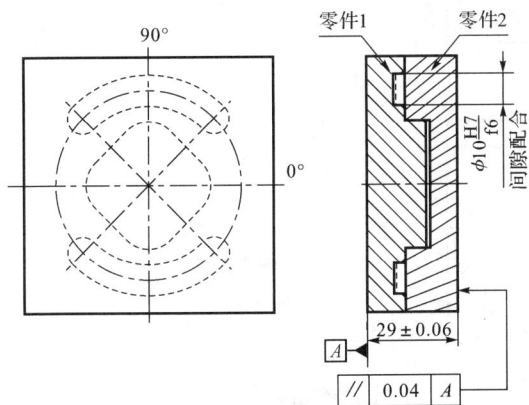

(c) 装配图

图 21-21 习题十八

5.习题十九,如图 21-22 所示。

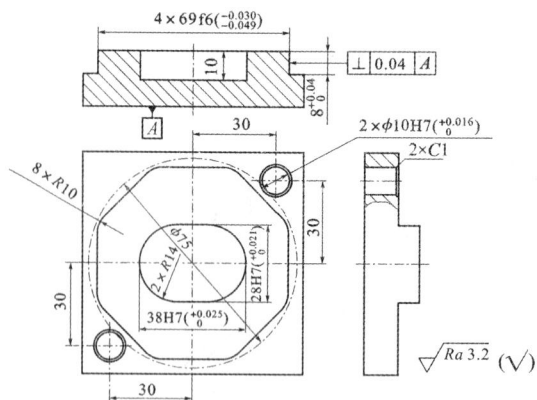

(a) 零件1图

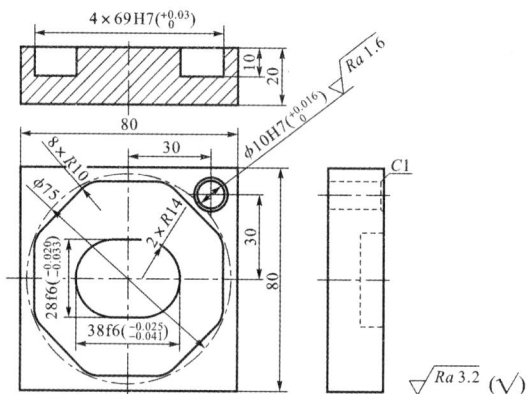

(b) 零件2图

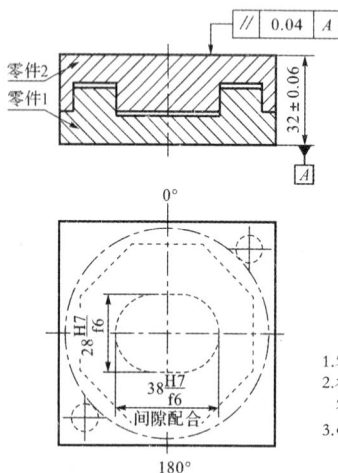

技术要求

1.零件1与零件2能在0°和180°两个位置顺利配合。

2.在0°和180°两个角度位置分别检查高度、尺寸32±0.06及零件1与零件2的平行度误差0.04。

3.$\phi 10_{-0.04}^{-0.02}$销顺利通过零件1与零件2上的两个孔。

(c) 装配图

图 21-22　习题十九

# 第4部分

# 数控铣床自动编程操作（UG CAM）

学生在学习与实践了手工编程方式控制数控铣床进行典型零件加工之后，通过本部分的 UG CAM 自动编程与实践，应掌握复杂零件的 CAM 过程，比较手工编程及自动编程，掌握它们的区别和各自的工艺策略。UG CAM 的实践，以直接调用 UG CAD 模型文件为编程对象，把专业基础知识应用于 CAM 编程过程与加工过程，实践平面、轮廓、固定轴曲面轮廓及孔的 CAM，生成并编辑程序，通过 CF 卡传输给数控机床，控制机床加工零件。

数控编程经历了手工编程、APT 语言编程和交互式图形编程三个阶段，交互式图形编程就是通常所说的 CAM 软件编程。由于 CAM 软件编程具有速度快、精度高、直观性好、使用简便、便于修改和检查等优点，已成为目前国内外数控加工普遍采用的数控编程方法。而 CAD 技术是 CAM 技术的前提，因此，多数数控编程软件同时具有 CAD 功能，因此可称为 CAD/CAM 一体化软件，如 UG、Cimatron、Pro/E、Delcam、CATIA 软件等。

CAM 数控加工的流程主要包括创建 CAD 模型、加工工艺规划、切削方式及参数设置、创建轨迹、NC 代码生成及数控加工等几个过程，具体如下：

（1）创建 CAD 模型。CAD 模型一般通过 CAD 功能模块或软件生成。获得 CAD 模型的方法有如下几种：直接打开 CAD 文件；直接造型；通过数据接口转换并入数据格式文件。

（2）加工工艺规划。主要包括加工对象的分析、加工区域规划、加工工艺路线和加工方式等。

（3）切削方式及参数设置。主要包括切削方式创建、几何体创建、坐标系设置、刀具创建、加工程序参数设置等。

（4）创建轨迹，进行刀路仿真与校验。

（5）后处理生成 NC 代码，控制机床进行数控加工。将计算出的刀具轨迹以规定格式转化为 NC 代码并输出保存，之后对这个程序的开始及结束部分进行必要的修改，通过一定方式传输到数控机床的控制器上，驱动机床进行加工。

本教程使用的 UG 8.0 软件，其具有强大的造型和数控编程能力，功能繁多。在加工模块中主要包括：点位加工、平面铣、型腔铣、固定轴曲面轮廓铣、可变轴曲面轮廓铣、车削加工、线切割等加工类型。

# 项目 22　凹模零件的平面铣削 编程与加工——平面铣

平面铣的特点与应用

平面铣是一种 2.5 轴的加工方式,它在加工过程中产生在水平方向的 $X$、$Y$ 两轴联动,而 $Z$ 轴方向在 $X$、$Y$ 两轴联动停止之后再做单独的动作。

平面铣只能加工与刀轴垂直的几何体,即平面铣刀加工出的直壁是垂直于底面的零件。平面铣建立的平面边界定义了零件几何体的切削区域,并且一直切削到指定的底平面为止。每一层刀路除了深度不同之外,形状与上一个或下一个切削层严格相同,平面铣只能加工出直壁平底的零件。

一般情况下,对于直壁且水平底面为平面的零件,常选用平面铣进行粗加工和精加工,如加工产品的基准面、内腔的底面、敞开的外形轮廓等。平面铣在薄壁结构件的加工中广泛使用。

## ◉ 实训目的

通过本项目的学习,学生应掌握利用平面铣加工方式生成数控加工轨迹、通过后处理生成数控加工程序的方法,并操作数控铣床加工凹模零件的平面。

## ◉ 实训任务

1. 切削加工工艺分析与制订。

2. 平面铣加工方式下设置加工环境、创建刀具、创建加工坐标系和安全平面、创建平面铣加工工序、设置平面铣加工操作参数、刀具轨迹生成与仿真、程序生成与传输。

3. 操作数控铣床加工如图 22-1 所示的凹模零件,材料为 45 钢,生产规模为单件,其毛坯尺寸如图 22-2 所示。要求使用数控铣床(MVC850 或 VMC850 机床)完成凹模零件的铣削加工,表面粗糙度为 $Ra$ 3.2 $\mu$m。

## ◉ 实训条件

MVC850 数控铣床,CF 卡,$\phi$10 mm 立铣刀,BT40 型弹簧夹头刀柄,0～150 mm 平口钳,0～150 mm 游标卡尺,$\phi$10 mm 寻边器,$Z$ 轴设定器,0～10 mm 量程、0.01 mm 分辨率的百分表,主轴清洁棒等。

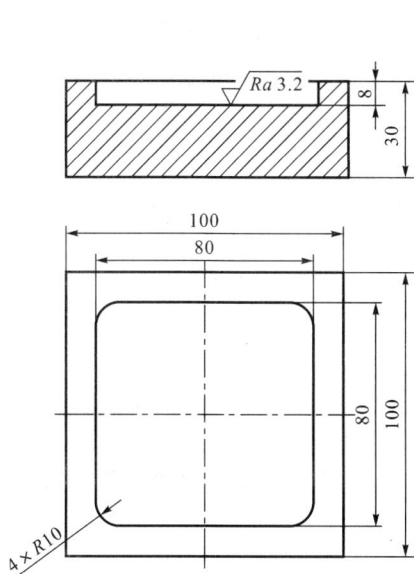

图 22-1　凹模零件图

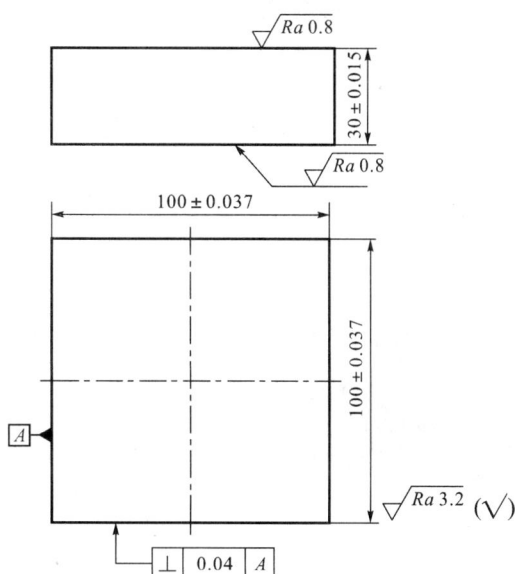

图 22-2　凹模零件毛坯图

## ⚫ 实训内容与步骤

### 一　切削加工工艺分析与制订

采用粗、精加工方式来安排加工工艺，见表 24-1。

表 24-1　　　　　　　　　　　　凹模零件加工工艺

| 工序 | 内容 | 加工方式 | 使用刀具 |
| --- | --- | --- | --- |
| 1 | 凹槽轮廓粗加工 | 平面铣 | T1D10R0/φ10 mm 高速钢 |
| 2 | 凹槽轮廓精加工 | 平面铣 | 立铣刀 |

### 二　设置加工环境

（1）启动 UG 软件，打开模型文件 10-1. prt①，如图 22-3 所示。

（2）进入加工模块

如图 22-4 所示，在工具栏上单击"开始"图标按钮，在弹出的下拉菜单中选择"加工"命令，打开"加工环境"对话框，如图 22-5 所示。

（3）设置加工环境

在如图 22-5 所示的"加工环境"对话框中，分别选择"CAM 会话配置"与"要创建的 CAM 设置"栏中的"cam_general"（通过设置模块）、"mill_planar"（平面铣削模块）选项，之后单击"确定"按钮，完成加工环境设置。

---

① 书中的模型文件可在网站 www.dutpgz.cn 免费下载。

图 22-3    凹模零件模型　　　图 22-4    开始下拉菜单　　　图 22-5    设置加工环境

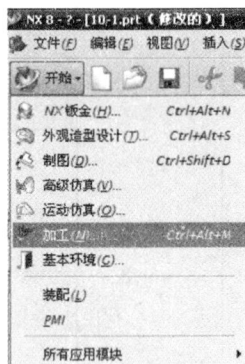

## 三    创建刀具

（1）选择菜单"插入"→"刀具"命令，或单击工具栏上的"创建刀具"图标按钮，弹出"创建刀具"对话框。

（2）如图 22-6 所示，在"创建刀具"对话框中，选择"类型"为"mill_planar"；选择"刀具子类型"为"立铣刀"图标按钮；在"名称"文本框中输入刀具的名称为"T1D10R0"（刀具名称为 T1，刀具直径为 $\phi$10 mm，圆角半径为 R0）；之后单击"确定"按钮，完成刀具创建。

（3）在弹出的"铣刀-5 参数"对话框中设置刀具参数，如图 22-7 所示；之后单击"确定"按钮，完成刀具的参数设置。

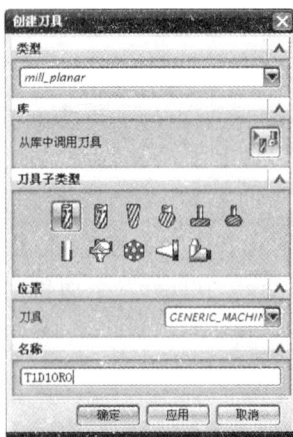

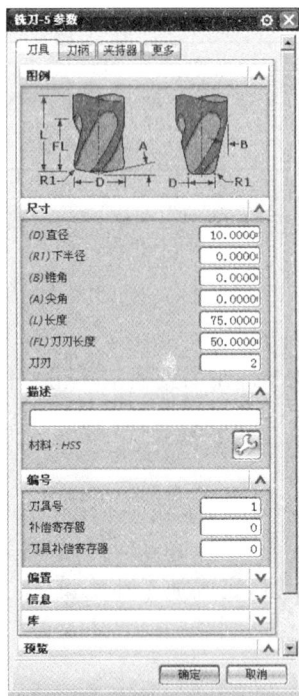

图 22-6    创建刀具　　　图 22-7    设置刀具参数

## 四 创建加工坐标系和安全平面

### 1.加工坐标系设置

（1）切换到几何视图环境

将鼠标放在屏幕左侧的工序导航器页面内，单击鼠标右键，利用弹出的快捷菜单选择并切换到"几何视图"中，如图22-8所示。

（2）设置加工坐标系

用鼠标（缺省为鼠标左键）双击 ⊕ 🖈 MCS_MILL 图标，系统弹出如图 22-9 所示的"Mill Orient"对话框。单击"指定 MCS"位置后的"用户坐标系"图标按钮 🖈，出现如图 22-10 所示的对话框；"类型"选择为"对象的 CSYS"；单击"参考对象"栏的"选择对象"位置；选择图形区域的如图 22-3 所示的零件实体；之后单击"确定"按钮，出现如图 22-11 所示的结果，至此，完成加工坐标系的设置。

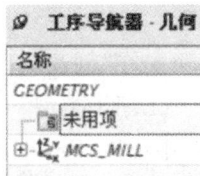

图 22-8 切换到几何视图

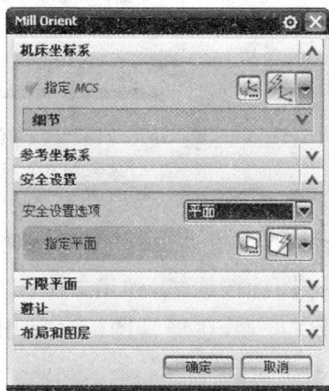

图 22-9 设置坐标系

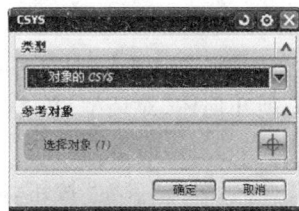

图 22-10 设置用户坐标系

### 2.设定安全平面

如图 22-9 所示，在"Mill Orient"对话框的"安全设置选项"下拉列表框中选择"平面"选项；单击"安全指定平面"图标按钮 🖳，弹出如图 22-12 所示的"平面"对话框。单击"要定义平面的对象"栏中的"选择对象"位置；再单击如图 22-11 所示的零件模型的上表面，在"距离"文本框中输入"10"；之后单击"确定"按钮，出现如图 22-13 所示的结果。

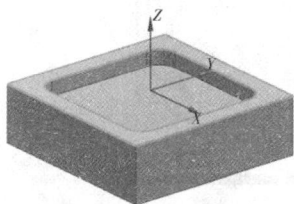

图 22-11 加工坐标系

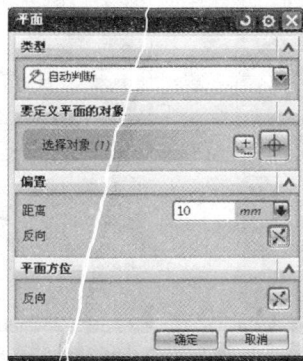

图 22-12 安全平面设置

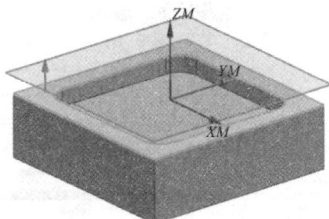

图 22-13 安全平面

## 五　创建平面铣加工工序

（1）选择菜单"插入"→"工序"命令或单击工具栏上的"创建工序"图标按钮 ⚙，弹出如图 22-14 所示的"创建工序"对话框。

（2）在"创建工序"对话框中选择"类型"为"mill_planar"；选择"工序子类型"为"平面铣"图标按钮 ⚙；在"程序"下拉列表框中选择"PROGRAM"类型；在"刀具"下拉列表框中选择"T1D10R0"选项；在"几何体"下拉列表框中选择"WORK-PIECE"选项；在"方法"下拉列表框中选择"MILL_ROUGH"选项；在"名称"文本框中输入"PLANAR_MILL"；之后单击"确定"按钮，系统弹出如图 22-15 所示的"平面铣"对话框，完成工序创建。

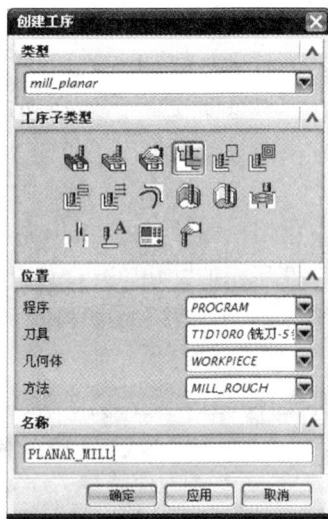

## 六　设置平面铣加工操作参数

### 1. 定义几何体

（1）指定零件与毛坯

指定零件：在如图 22-15 所示的"平面铣"对话框中单击"编辑"图标按钮 ⚙，弹出如图 22-16 所示的"铣削几何体"对话框；单击"指定部件"图标按钮 ⚙，弹出如图 22-17 所示的"部件几何体"对话框，单击"几何体"栏中的"选择对象"位置，在屏幕图形区域中选择图 22-18 所示的零件模型；之后单击"确定"按钮，完成零件的指定。

图 22-14　创建工序

图 22-15　"平面铣"对话框

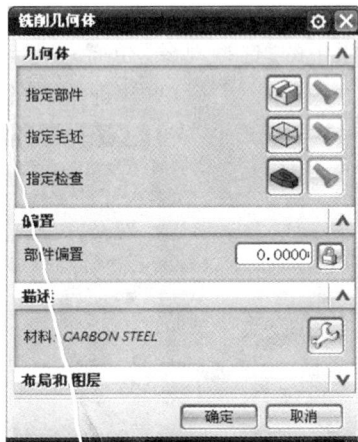

图 22-16　"铣削几何体"对话框

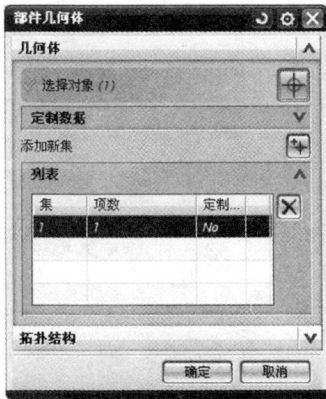

图 22-17 "部件几何体"对话框

图 22-18 指定的凹模零件

指定毛坯：单击"铣削几何体"对话框中的"指定毛坯"图标按钮 ，弹出如图 22-19 所示的"毛坯几何体"对话框，在"类型"下拉列表框中选择"包容块"选项；在"ZM＋"文本框中输入"1"；之后单击"确定"按钮，结束零件与毛坯的指定。

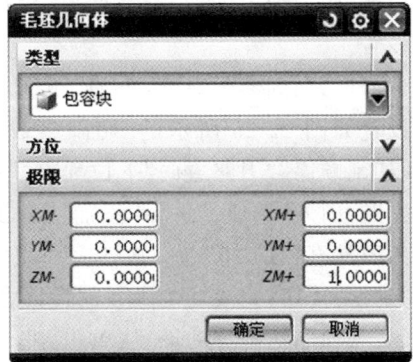

（2）指定零件毛坯边界

在图 22-15 所示的"平面铣"对话框中单击"指定部件边界"图标按钮 ，弹出如图 22-20 所示的"边界几何体"对话框。在"模式"下拉列表框中选择"面"选项；在屏幕图形区域中选择如图 22-18 所示的零件上表面；之后单击"确定"按钮，完成零件毛坯边界的选择。

（3）指定零件底面

图 22-19 "毛坯几何体"对话框

在图 22-15 所示的"平面铣"对话框中单击"指定底面"图标按钮 ，弹出如图 22-21 所示的"平面"对话框。单击"平面参考"栏中的"选择平面对象"位置，在屏幕图形区域中选择如图 22-22 所示零件的凹槽底面；之后单击"确定"按钮，完成零件底面的选择。

图 22-20 "边界几何体"对话框

图 22-21 "平面"对话框

图 22-22 选择凹槽底面

### 2.刀具轨迹设置

用鼠标单击"平面铣"对话框中的"刀轨设置"展开图标按钮 ∨,如图 22-23 所示,对方法、切削模式、步距、切削层、切削参数、进给等进行设置。

(1)方法设置:选择"MILL_ROUGH"(粗加工)选项。

(2)切削模式设置:选择"跟随周边"选项。

(3)步距(或行距)设置:选择"刀具平面百分比"选项。

(4)平面直径百分比设置:设置为"60"(即刀具的步距为刀具直径的 60%)。

(5)切削层设置:单击"切削层"图标按钮 ,进入并设置如图 22-24 所示的"切削层"对话框。选择"类型"为"恒定",设置"每刀深度"为"2";之后单击"确定"按钮,完成切削层的设置。

(6)切削参数设置:单击"切削参数"图标按钮 ,进入并设置如图 22-25 所示的"切削参数"对话框。在"切削方向""切削顺序""刀路方向"下拉列表框中分别选择"顺铣"、"层优先"、"向外"选项。选择"添加精加工刀路"复选框,步距设置为刀具直径的 20%,一次性完成粗加工及精加工。之后单击"确定"按钮,完成切削参数的设置。

(7)非切削移动设置:单击"非切削移动"图标按钮 ,进入并设置如图 22-26 所示的"非切削移动"对话框。之后单击"确定"按钮,完成非切削移动的设置。

**注意** 封闭区域采用螺旋式进刀,开放区域采用圆弧式进刀。

(8)进给率和速度设置:单击"进给率和速度"图标按钮 ,进入并设置如图 22-27 所示的"进给率和速度"对话框。之后单击"确定"按钮,完成进给率和速度的设置。

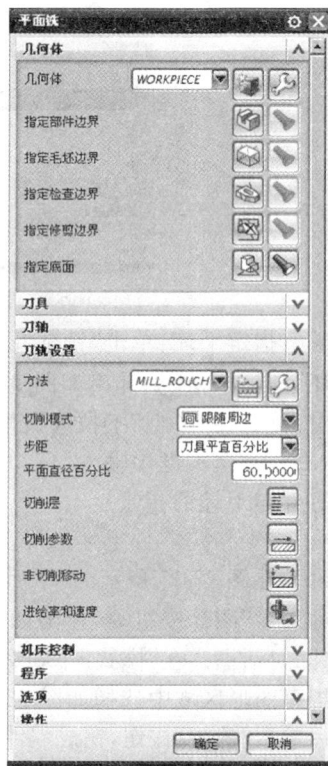

图 22-23　刀轨设置

图 22-24　切削层设置

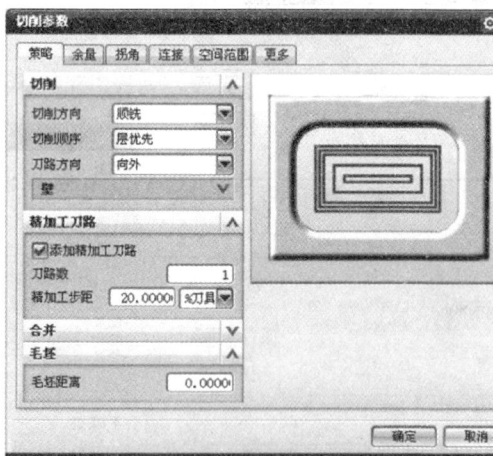

图 22-25　切削参数设置

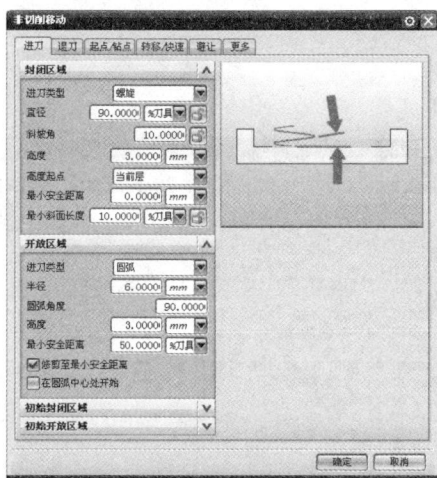

图 22-26 非切削移动设置　　　　　　图 22-27 进给率和速度设置

## 七 刀具轨迹生成与仿真

### 1. 轨迹生成操作

确认各选项参数设置，在图 22-15 所示的"平面铣"对话框的"操作"栏中单击"轨迹生成"图标按钮 ，产生如图 22-28 所示的轨迹。

### 2. 轨迹仿真

在图 22-15 所示的"平面铣"对话框的"操作"栏中单击"轨迹仿真"图标按钮 ，即可进行加工仿真。

图 22-28 轨迹

### 3. 保存

确定轨迹正确之后，单击工具栏上的"保存"图标按钮 ，以保存文件。

## 八 程序生成与传输

### 1. 程序生成

（1）在图 22-29 所示的工序导航器中选择"PLANAR_MILL"图标，单击鼠标右键，在弹出的快捷菜单中选择"后处理"选项，出现如图 22-30 所示的对话框。

（2）在"后处理器"栏中选择"MILL_3_AXIS"选项；在"文件名"文本框中输入程序的路径和程序名（10-1.ptp）；在"单位"下拉列表框中选择"公制/部件"选项；之后单击"确定"按钮，出现如图 22-31 所示的"信息"窗口，该"信息"窗口中的内容即是生成的数控加工程序。

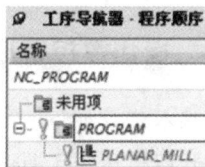

图 22-29 工序导航器

### 2. 程序传输

（1）编辑生成的程序，使之与数控铣床相匹配。

找到程序（本例为 10-1.ptp）并单击鼠标右键，用"记事本打开"程序。

把 N0030 程序段的"T01 M06"删除，用 G54 代替；把 N0050 程序段删除，结果如图 22-32 所示。

把程序 10-1. ptp 复制到 CF 卡上。

图 22-30　后处理

图 22-31　程序信息

（2）把 CF 卡上的程序传输到数控铣床中，操作步骤如下：

①通过操作机床操作面板将操作模式设置为编辑程序模式"EDIT"。

②使用数控系统操作面板下方的软键，选择"SETTING"，使"I/O 频道"的数值为 4。

③按下数控系统操作面板上的"PROG"按键→按该面板下方软扩展键，直至出现"CARD"标记（同时，CRT 屏幕上出现 CF 卡上的程序）→按"CARD"标记对应的软键，直至出现"操作"标记→按下"F READ"标记对应的软键→选择 CF 卡上的程序：输入 CF 卡上的程序号，之后按"F 设定"标记对应的

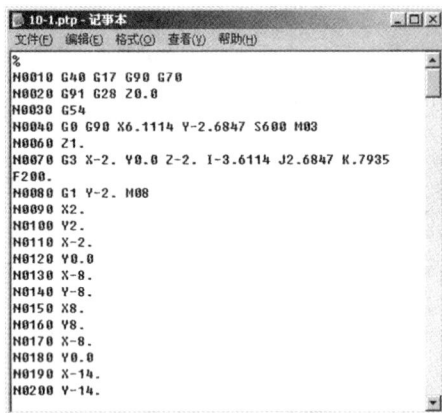

图 22-32　程序编辑

软键→重新命名一个程序：输入新的程序号，之后按"O 设定"对应的软键。至此，程序被读入到数控系统中。

## 九　操作数控铣床加工

基本步骤如下：

开启机床→工具、夹具、量具及毛坯等准备→零件装夹→对刀→模拟加工显示→切削加工→结束→评估。

## ◉ 实训作业

加工如图 22-33 所示的零件，其毛坯尺寸如图 22-34 所示。打开图 22-35 所示的零件模

型(10-2. prt)，利用 UG 软件的 CAM 功能进行零件加工。

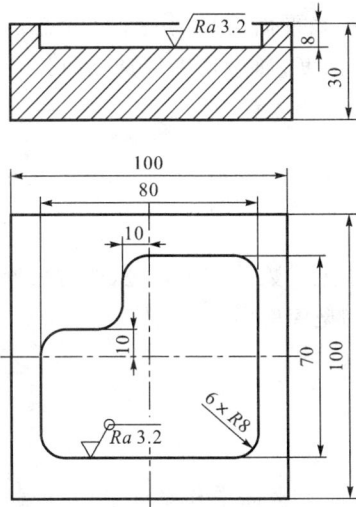

图 22-33　零件图

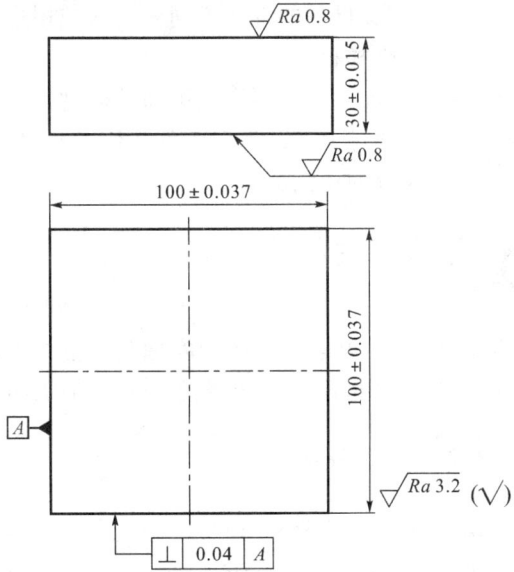

图 22-34　零件毛坯图

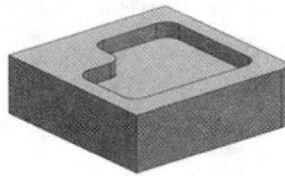

图 22-35　零件模型

# 项目 23　凹模零件的型腔铣削编程与加工——型腔铣

**1. 型腔铣的特点及应用**

型腔铣在数控加工中应用广泛，既可用于粗加工，也可用于陡壁和斜度较小的侧壁精加工。其加工特征是刀具路径在同一高度内完成一层切削，遇到曲面时将绕过，下降一个高度进行下一层的切削。系统按零件在不同深度的截面形状计算各层的刀路轨迹。

**2. 平面铣与型腔铣的相同点**

二者均是在水平切削层上创建的刀位轨迹，用来去除工件上的材料余量，两者有很多相似之处。

（1）刀轴垂直于切削层平面，生成的刀轨是按层进行切削，完成一层切削后再进行下一层的切削。

（2）刀具路径的所用切削方法基本相同，大部分参数选项相同。

### 3.平面铣与型腔铣的不同点

(1)二者定义材料的方法不同。平面铣用边界定义零件材料,型腔铣用边界、面、曲线及实体来定义零件材料。

(2)切削深度的定义不同。平面铣通过指定的边界和底平面的高度差来定义总的切削深度。型腔铣通过毛坯几何和零件几何来共同定义切削深度,通过切削层选项可以定义多个不同切削深度的切削区间。

## ◉ 实训目的

通过本项目的学习,学生应掌握利用型腔铣加工方式生成数控加工轨迹、通过后处理生成数控加工程序的方法,并操作数控铣床加工凹模零件的型腔曲面。

### 23.2  实训任务 ⁑

1.切削加工工艺分析与制订。

2.型腔铣加工方式下设置加工环境、创建刀具、创建加工坐标系和安全平面、创建型腔铣加工工序、设置型腔铣加工操作参数、刀具轨迹生成与仿真、程序生成与传输。

3.操作数控铣床加工如图 23-1 所示凹模零件的型腔粗加工,材料为 45 钢,其毛坯尺寸如图 23-2 所示。要求使用数控铣床(MVC850 或 VMC850 机床)完成零件型腔的粗铣削加工。

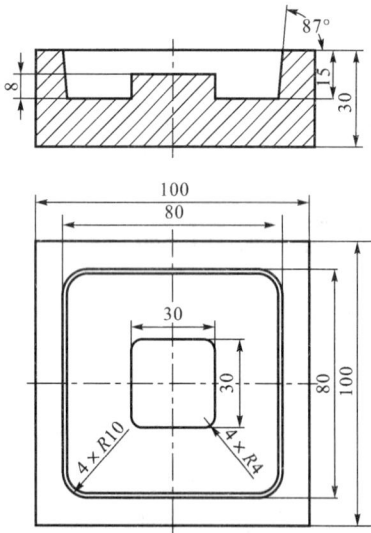

图 23-1  凹模零件图

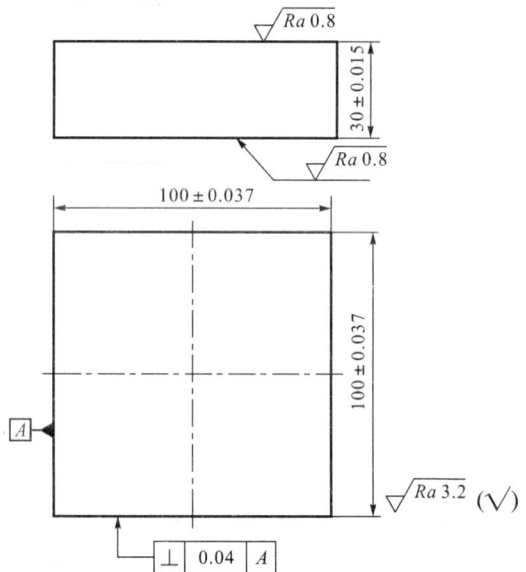

图 23-2  凹模零件毛坯图

## ◉ 实训条件

MVC850 数控铣床,CF 卡,$\phi$12 mm 立铣刀,BT40 型弹簧夹头刀柄,0~150 mm 平口钳,0~150 mm 游标卡尺,$\phi$10 mm 寻边器,$Z$ 轴设定器,0~10 mm 量程、0.01 mm 分辨率的百分表,主轴清洁棒等。

## 实训内容与步骤

### 一 切削加工工艺分析与制订

根据加工要求，其加工工艺安排见表 23-1。

表 23-1　　　　　　　　　　　　　　　型腔加工工艺

| 工序 | 内容 | 加工方式 | 使用刀具 |
|---|---|---|---|
| 1 | 型腔粗加工 | 型腔铣 | T1D12R0/φ12 mm 高速钢立铣刀 |

### 二 设置加工环境

（1）启动 UG 软件，打开模型文件 11-1. prt，如图 23-3 所示。

（2）进入加工模块

如图 23-4 所示，在工具栏上单击"开始"图标按钮，在弹出的下拉菜单中选择"加工"命令，打开"加工环境"对话框，如图 23-5 所示。

（3）设置加工环境

在如图 23-5 所示的"加工环境"对话框中，分别选择"CAM 会话配置"与"要创建的 CAM 设置"栏中的"cam_general"（通过设置模块）、"mill_contour"（型腔铣削模块）选项，之后单击"确定"按钮，完成加工环境设置。

图 23-3　凹模零件模型　　　图 23-4　开始下拉菜单　　　图 23-5　设置加工环境

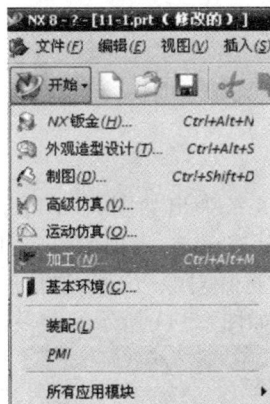

### 三 创建刀具

（1）选择菜单"插入"→"刀具"命令或单击工具栏上的"创建刀具"图标按钮，弹出"创建刀具"对话框。

（2）如图 23-6 所示，在"创建刀具"对话框中，选择"类型"为"mill_contour"；选择"刀具子类型"为"立铣刀"图标按钮；在"名称"文本框中输入刀具的名称为"T1D12R0"（刀具名称为 T1,刀具直径为 $\phi$12 mm,圆角半径为 R0);之后单击"确定"按钮,完成刀具创建。

(3)在弹出的"铣刀-5 参数"对话框中设置刀具参数,如图 23-7 所示;之后单击"确定"按钮,完成刀具的参数设置。

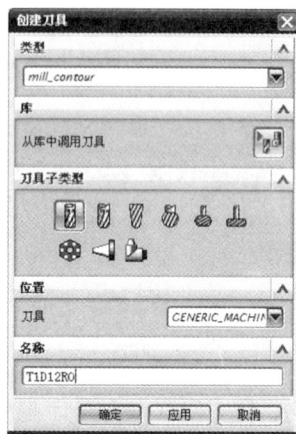

图 23-6 创建刀具

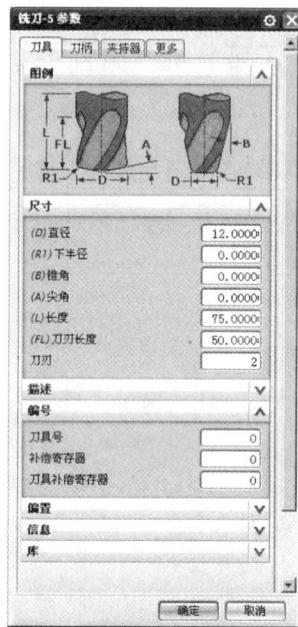

图 23-7 设置刀具参数

## 四 创建加工坐标系和安全平面

### 1.加工坐标系设置

(1)切换到几何视图环境

将鼠标放在屏幕左侧的工序导航器页面内,单击鼠标右键,利用弹出的快捷菜单选择并切换到"几何视图"中,如图 23-8 所示。

(2)设置加工坐标系

用鼠标双击 ⊕ 🗽 MCS_MILL 图标,系统弹出如图 23-9 所示的"Mill Orient"对话框。单击"指定 MCS"位置后的"用户坐标系"图标按钮 🗽,出现如图 23-10 所示的对话框;"类型"选择为"对象的 CSYS";单击"参考对象"栏的"选择对象"位置;选择屏幕图形区域的如图 23-3 所示的零件实体;之后单击"确定"按钮,出现如图 23-11 所示的结果,至此,完成加工坐标系的设置。

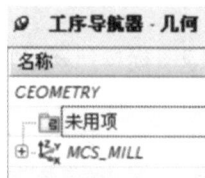

图 23-8 切换到几何视图　　　　图 23-9 设置坐标系　　　　图 23-10 设置用户坐标系

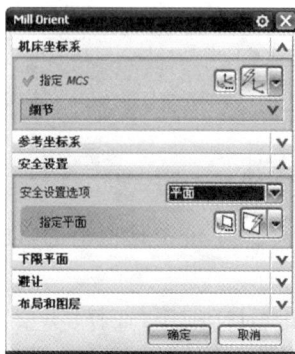

**2. 设定安全平面**

　　如图 23-9 所示，在"Mill Orient"对话框的"安全设置选项"下拉列表框中选择"平面"选项；单击"安全指定平面"图标按钮 🔾，弹出如图 23-12 所示的"平面"对话框。单击"要定义平面的对象"栏中的"选择对象"位置；再单击如图 23-11 所示的零件上表面，在"距离"文本框中输入"10"；之后单击"确定"按钮，出现如图 23-13 所示的结果。

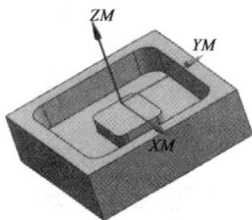

图 23-11　加工坐标系　　　　图 23-12　安全平面设置　　　　图 23-13　安全平面

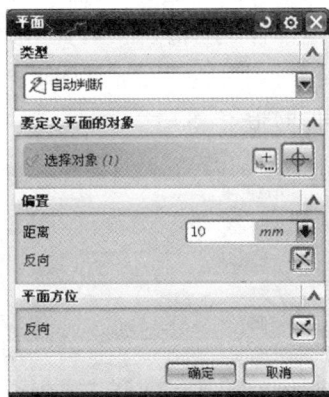

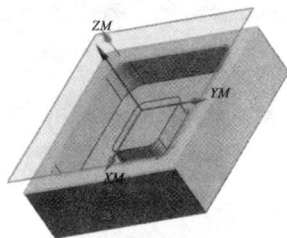

## 五　创建型腔铣加工工序

　　（1）选择菜单"插入"→"工序"命令或单击工具栏上的"创建工序"图标按钮 🔧，弹出如图 23-14 所示的"创建工序"对话框。

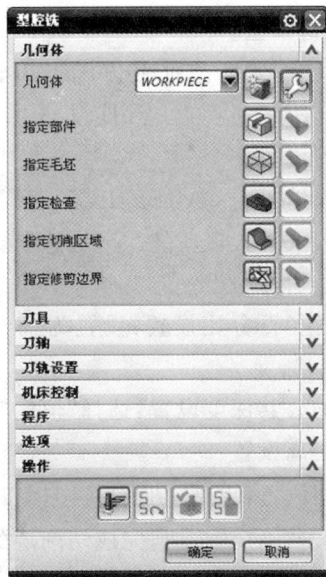

　　（2）在"创建工序"对话框中选择"类型"为"mill_contour"；选择"工序子类型"为"型腔铣"图标按钮 🔩，其他参照图 23-14 所示设置；之后单击"确定"按钮，系统弹出如图 23-15 所示的"型腔铣"对话框，完成工序创建。

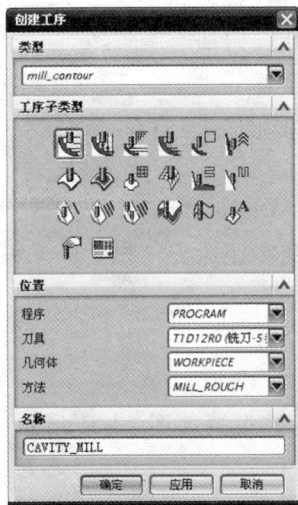

图 23-14　创建工序　　　　　　图 23-15　"型腔铣"对话框

## 六　设置型腔铣加工操作参数

### 1.定义几何体

（1）指定零件

在如图 23-15 所示的"型腔铣"对话框中单击"编辑"图标按钮 🔧，弹出如图 23-16 所示的"铣削几何体"对话框；单击"指定部件"图标按钮 📦，弹出如图 23-17 所示的"部件几何体"对话框，单击"几何体"栏中的"选择对象"位置，在屏幕图形区域中选择如图 23-18 所示的模型；之后单击"确定"按钮，完成零件的指定。

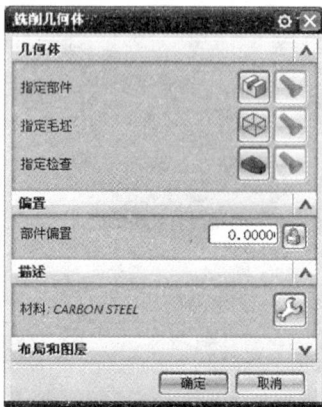

图 23-16　"铣削几何体"对话框　　　图 23-17　"部件几何体"对话框　　　图 23-18　指定的凹模零件

（2）指定毛坯

单击"铣削几何体"对话框中的"指定毛坯"图标按钮 📦，弹出如图 23-19 所示的"毛坯几何体"对话框，在"类型"下拉列表框中选择"包容块"选项；在"ZM＋"文本框中输入"1"；之后单击"确定"按钮，结束零件与毛坯的指定。

### 2.刀具轨迹设置

用鼠标单击"型腔铣"对话框中的"刀轨设置"展开图标按钮 ▼，如图 23-20 所示，对方法、切削模式、步距、切削层、切削参数、进给等进行设置。

图 23-19　"毛坯几何体"对话框

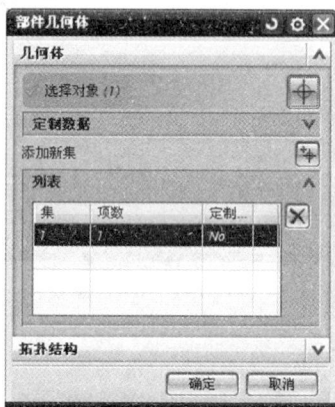

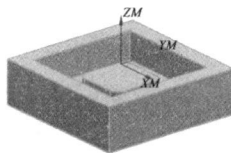

（1）方法设置：选择"MILL_ROUGH"（粗加工）选项。

（2）切削模式设置：选择"跟随周边"选项。

（3）步距（或行距）设置：选择"刀具平直百分比"选项。

（4）平面直径百分比设置：设置为"60"（即刀具的步距为刀具直径的 60%）。

（5）每刀的公共深度设置：选择"恒定"模式。

（6）最大距离设置：2 mm。

（7）切削层设置：单击"切削层"图标按钮 📋，进入并设置如图 23-21 所示的"切削层"对话框。之后单击"确定"按钮，完成切削层的设置。

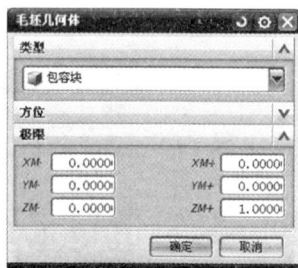

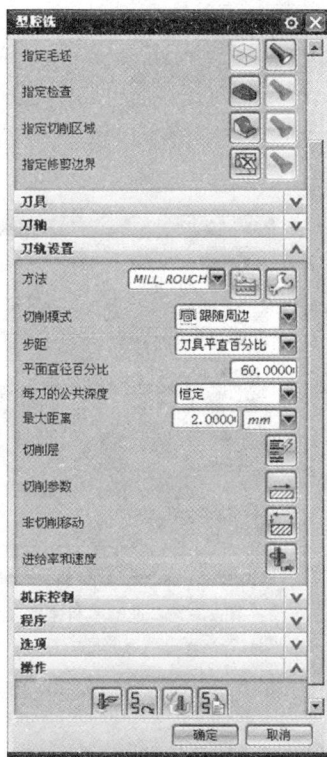

图 23-20　刀轨设置

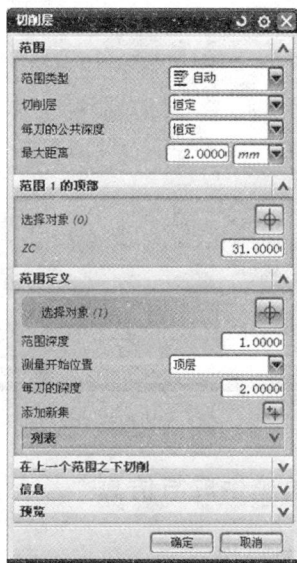

图 23-21　切削层设置

（8）切削参数设置：单击"切削参数"图标按钮 ，进入并设置如图 23-22 所示的"切削参数"对话框。再选择"余量"页面，设置如图 23-23 所示。之后单击"确定"按钮，完成切削参数的设置。

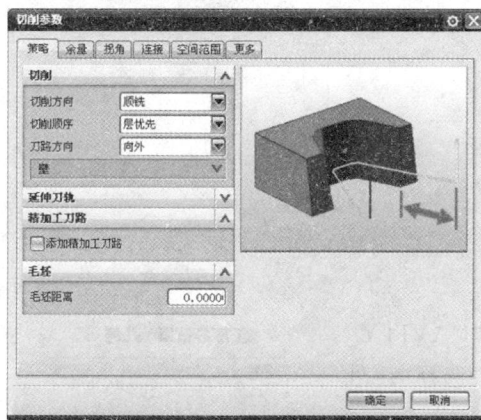

图 23-22　切削参数设置

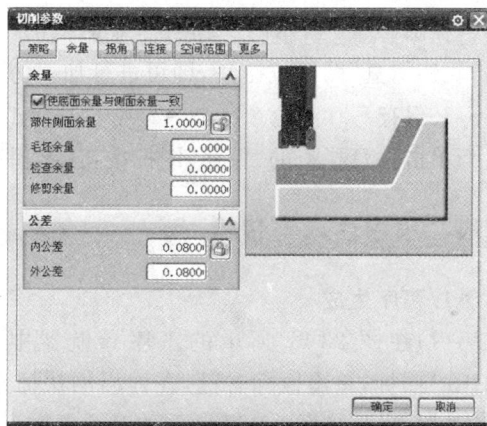

图 23-23　余量设置

（9）非切削移动设置：单击"非切削移动"图标按钮 ，进入并设置如图 23-24 所示的"非切削移动"对话框。之后单击"确定"按钮，完成非切削移动的设置。

（10）进给率和速度设置：单击"进给率和速度"图标按钮 ，进入并设置如图 23-25 所示的"进给率和速度"对话框。之后单击"确定"按钮，完成进给率和速度的设置。

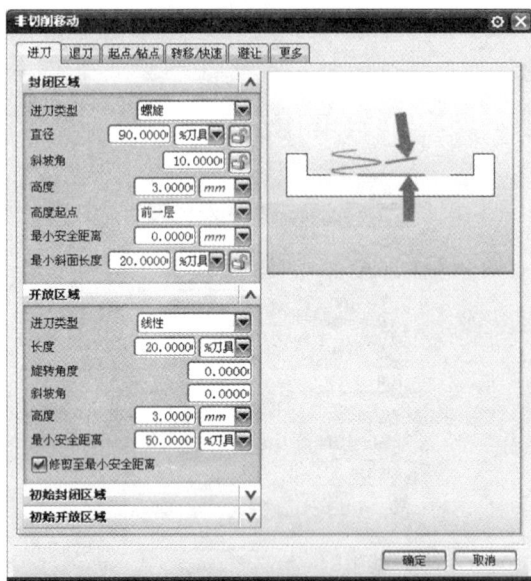

图 23-24　非切削移动设置　　　　　　　图 23-25　进给率和速度设置

## 七　刀具轨迹生成与仿真

**1. 轨迹生成操作**

确认各选项参数设置,在图 23-20 所示的"型腔铣"对话框的"操作"栏中单击"轨迹生成"图标按钮 ,产生如图 23-26 所示的轨迹。

**2. 轨迹仿真**

在图 23-20 所示的"型腔铣"对话框的"操作"栏中单击"轨迹仿真"图标按钮 ,即可进行加工仿真。

图 23-26　轨迹

**3. 保存**

单击工具栏上的"保存"图标按钮 ,保存文件。

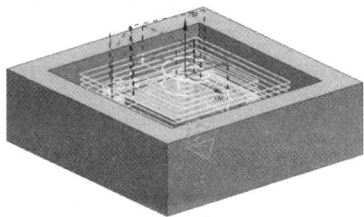

## 八　程序生成与传输

**1. 程序生成**

(1)在图 23-27 所示的工序导航器中选择"CAVITY_MILL"图标,单击鼠标右键,在弹出的快捷菜单中选择"后处理"选项,出现如图 23-28 所示的对话框。

(2)在"后处理器"栏中选择"MILL_3_AXIS"选项;在"文件名"文本框中输入程序的路径和程序名(11-1.ptp);在"单位"下拉列表框中选择"公制/部件"选项;之后单击"确定"按钮,出现如图 23-29 所示的"信息"窗口,该"信息"窗口中的内容即是生成的数控加工程序。

图 23-27　工序导航器

図 23-28　后处理

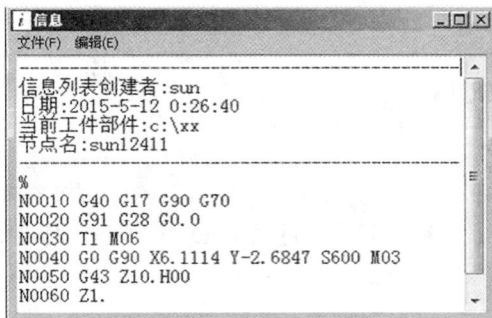

图 23-29　程序信息

## 2. 程序传输

(1)编辑生成的程序,使之与数控铣床相匹配。

找到程序(本例为 11-1.ptp)并单击鼠标右键,用"记事本打开"程序。

把 N0030 程序段的"T1 M06"删除,用 G54 代替;把 N0050 程序段删除,结果如图 23-30 所示。

把程序 11-1.ptp 复制到 CF 卡上。

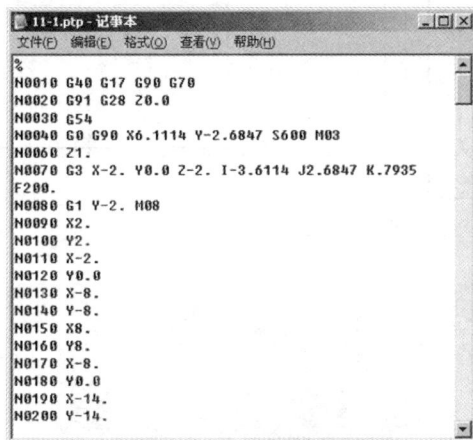

图 23-30　程序编辑

(2)把 CF 卡上的程序传输到数控铣床中,操作步骤如下:

①通过操作机床操作面板将操作模式设置为编辑程序模式"EDIT"。

②使用数控系统操作面板下方的软键,选择"SETTING",使"I/O 频道"的数值为 4。

③按下数控系统操作面板上的"PROG"按键→按该面板下方软扩展键,直至出现"CARD"标记(同时,CRT 屏幕上出现 CF 卡上的程序)→按"CARD"标记对应的软键,直至出现"操作"标记→按下"F READ"标记对应的软键→选择 CF 卡上的程序:输入 CF 卡上的程序号,之后按"F 设定"标记对应的软键→重新命名一个程序:输入新的程序号,之后按"O

设定"对应的软键。至此,程序被读入到数控系统中。

## 九　操作数控铣床加工

基本步骤如下:

开启机床→工具、夹具、量具及毛坯等准备→零件装夹→对刀→模拟加工显示→切削加工→结束→评估。

## ◉ 实训作业

加工如图 23-31 所示的零件,其毛坯尺寸如图 23-32 所示。打开图 23-33 所示的零件模型(11-2. prt),利用 UG 软件的 CAM 功能进行零件加工。

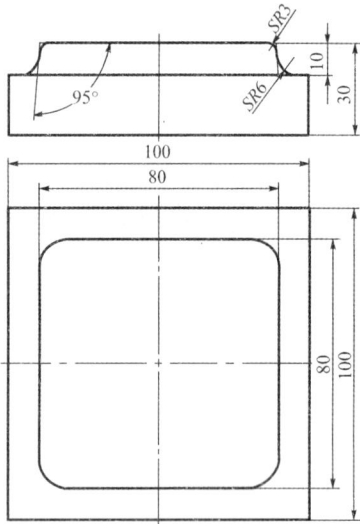

图 23-31　零件图

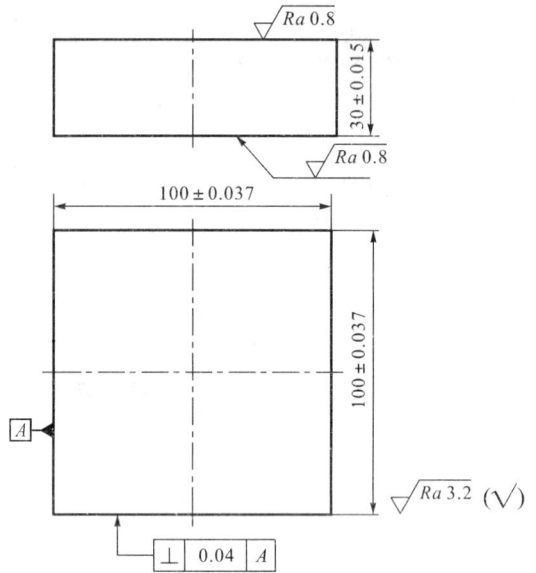

图 23-32　零件毛坯图

图 23-33　零件模型

# 项目 24　凸模零件的曲面铣削编程与加工——固定轴曲面轮廓铣

固定轴曲面轮廓铣在数控加工中应用广泛,可以完成工件曲面轮廓的半精加工和精加工。在加工过程中,固定轮廓铣的刀轴将保持与指定矢量平行,是一种三轴联动的加工方式,能方便地完成对工件曲面轮廓的加工。

## ◉ 实训目的

通过本项目的学习,学生应掌握利用固定轴曲面轮廓铣加工方式生成数控加工轨迹、通过后处理生成数控加工程序的方法,并操作数控铣床加工凸模零件的曲面。

## ◉ 实训任务

1. 切削加工工艺分析与制订。

2. 固定轴曲面轮廓铣加工方式下设置加工环境、创建刀具、设置几何体、创建型腔铣粗加工工序、刀具轨迹生成与仿真、程序生成与传输、创建固定轴曲面轮廓铣精加工工序。

3. 操作数控铣床加工如图 24-1 所示的凸模零件,材料为 45 钢,其毛坯尺寸如图 24-2 所示。要求使用数控铣床(MVC850 或 VMC850 机床)完成零件铣削加工。

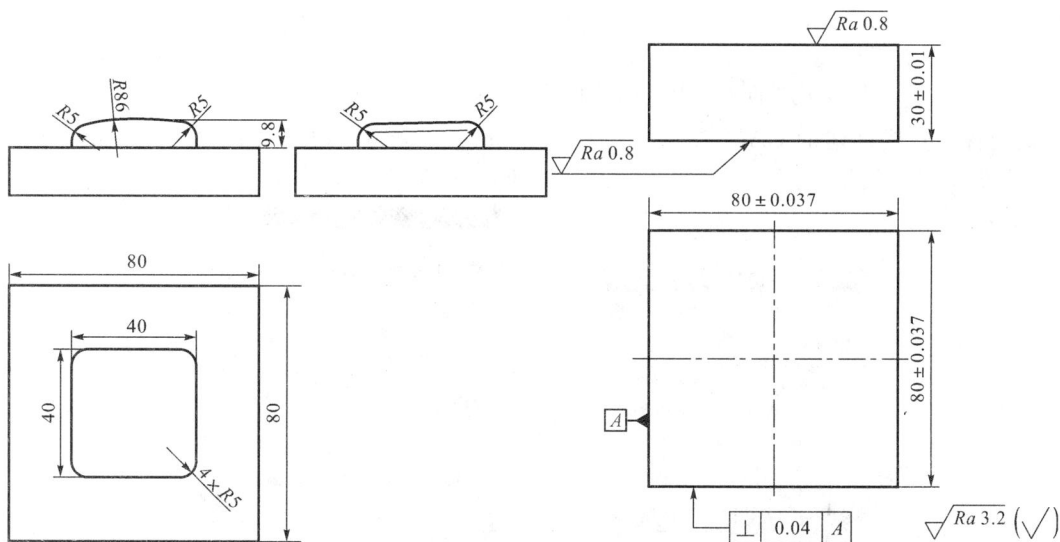

图 24-1　凸模零件图

图 24-2　凸模零件毛坯图

# 实训条件

MVC850 数控铣床,CF 卡,$\phi$12 mm 立铣刀、$\phi$8 mm 球刀,BT40 型弹簧夹头刀柄,0～150 mm 平口钳,0～150 mm 游标卡尺,$\phi$10 mm 寻边器,$Z$ 轴设定器,0～10 mm 量程、0.01 mm 分辨率的百分表,主轴清洁棒等。

# 实训内容与步骤

## 一 切削加工工艺分析与制订

根据加工要求,其加工工艺安排见表 24-1。

表 24-1　　　　　　　　　　　凸模零件加工工艺

| 工序 | 内容 | 加工方式 | 使用刀具 |
|---|---|---|---|
| 1 | 粗加工 | 型腔铣 | T1D10R0 /$\phi$10 mm 高速钢立铣刀 |
| 2 | 精加工 | 固定轴曲面轮廓铣 | T2D8R4 球刀 |

## 二 设置加工环境

(1)启动 UG 软件,打开模型文件 12-1.prt,如图 24-3 所示。

(2)进入加工模块

如图 24-4 所示,在工具栏上单击"开始"图标按钮,在弹出的下拉菜单中选择"加工"命令,打开"加工环境"对话框,如图 24-5 所示。

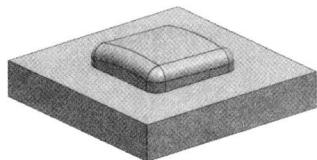

图 24-3　凸模零件模型

(3)设置加工环境

在如图 24-5 所示的"加工环境"对话框中,分别在"CAM 会话配置"与"要创建的 CAM 设置"栏中选择"cam_general"(通过设置模块)、"mill_contour"(轮廓铣削模块)选项,之后单击"确定"按钮,完成加工环境设置。

图 24-4　开始下拉菜单

图 24-5　设置加工环境

## 三　创建刀具

（1）选择菜单"插入"→"刀具"命令或单击工具栏上的"创建刀具"图标按钮![icon]，弹出"创建刀具"对话框。

（2）如图 24-6 所示，在"创建刀具"对话框中，选择"类型"为"mill_contour"，选择"刀具子类型"为"立铣刀"图标按钮![icon]；在"名称"文本框中输入刀具的名称为"T1D10R0"（刀具名称为 T1，刀具直径为 φ10 mm，圆角半径为 R0 mm，用于轮廓粗加工）。之后单击"确定"按钮，完成刀具创建。

（3）在弹出的"铣刀-5 参数"对话框中设置刀具参数，如图 24-7 所示；之后单击"确定"按钮，完成刀具的参数设置。采用同样的方法，再创建 T2D8R4 刀具供曲面精加工使用，如图 24-8、图 24-9 所示。

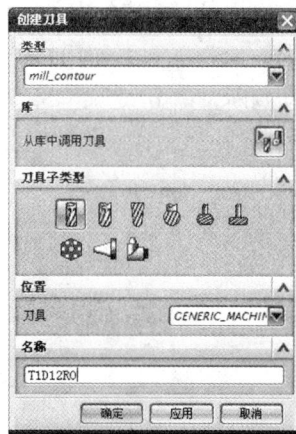

图 24-6　创建铣刀

图 24-7　设置铣刀参数　　　　图 24-8　创建球刀　　　　图 24-9　设置球刀参数

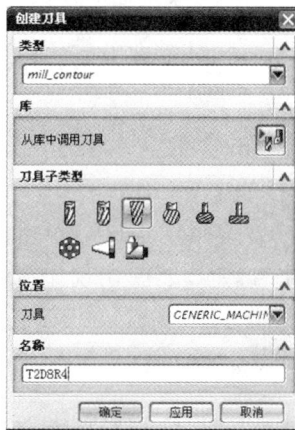

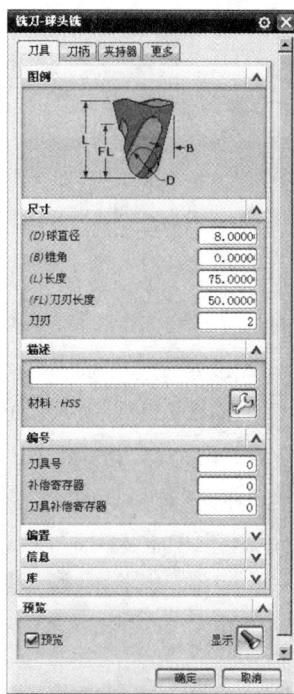

## 四　设置几何体

### 1.加工坐标系设置

（1）切换到几何视图环境

将鼠标放在屏幕左侧的工序导航器页面内，单击鼠标右键，利用弹出的快捷菜单选择并切换到"几何视图"中,如图 24-10 所示。

(2)设置加工坐标系

用鼠标双击 MCS_MILL 图标,系统弹出如图 24-11 所示的"Mill Orient"对话框。单击"指定 MCS"位置后的"用户坐标系"图标按钮,出现如图 24-12 所示的对话框;"类型"选择为"自动判断";单击"定义 CSYS 的对象"栏的"选择对象"位置,选择屏幕图形区域的如图 24-13 所示的零件的上表面;之后单击"确定"按钮,出现如图 24-13 所示的结果,至此,完成加工坐标系的设置。

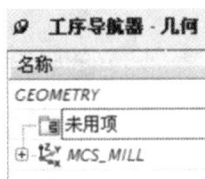

图 24-10 切换到几何视图 　图 24-11 设置坐标系 　图 24-12 设置用户坐标系

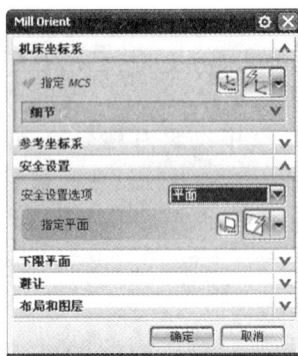

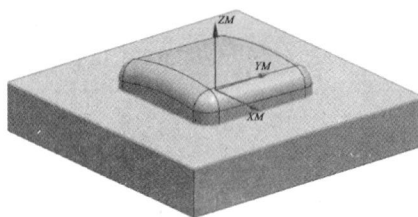

图 24-13 加工坐标系

## 2. 设定安全平面

如图 24-11 所示,在"Mill Orient"对话框的"安全设置选项"下拉列表框中选择"平面"选项,单击"安全指定平面"图标按钮,弹出如图 24-14 所示的"平面"对话框。单击"平面参考"栏的"选择平面对象"位置,在屏幕图形区域单击图 24-13 所示零件的上表面,在"距离"文本框中输入"15";之后单击"确定"按钮,出现如图 24-15 所示的结果。

图 24-14 安全平面设置 　　　　　　　　图 24-15 安全平面

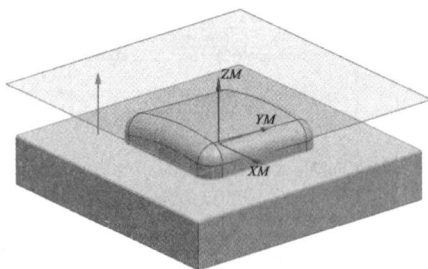

### 3.定义几何体

（1）用鼠标双击图 24-10 所示的 ⊕ ⬚ MCS_MILL 图标，展开出现"WORKPIECE"节点，如图 24-16 所示。

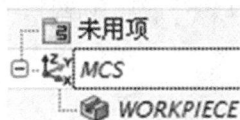

图 24-16 "WORKPIECE"节点

（2）指定部件

双击"WORKPIECE"节点，出现如图 24-17 所示的"工件"对话框。单击"指定部件"图标按钮，出现如图 24-18 所示的"部件几何体"对话框，单击"几何体"栏中的"选择对象"位置，选择屏幕图形区域中如图 24-19 所示的模型；之后单击"确定"按钮，完成部件几何体的选择。

图 24-17 "工件"对话框

图 24-18 "部件几何体"对话框

（3）指定毛坯

单击"工件"对话框中的"指定毛坯"图标按钮，弹出如图 24-20 所示的"毛坯几何体"对话框；在"类型"下拉列表框中选择"包容块"选项，其他默认；之后单击"确定"按钮，结束零件与毛坯的指定。

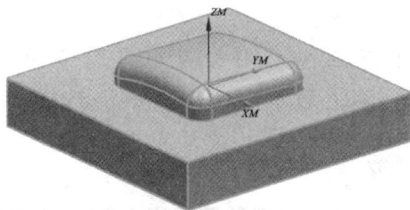

图 24-19 指定部件

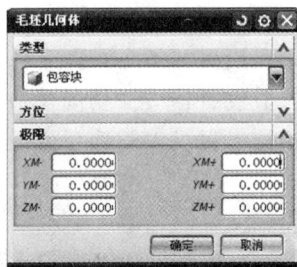

图 24-20 指定毛坯

## 五　创建型腔铣粗加工工序

（1）选择菜单"插入"→"工序"命令或单击工具栏上的"创建工序"图标按钮，弹出如图 24-21 所示的"创建工序"对话框。

（2）在"创建工序"对话框中选择"类型"为"mill_contour"；选择"工序子类型"为"型腔铣"图标按钮，其他参照图 24-21 所示设置；之后单击"确定"按钮，系统弹出如图 24-22 所示的"型腔铣"对话框。

（3）刀具轨迹设置。

用鼠标单击"型腔铣"对话框中的"刀轨设置"展开图标按钮，如图 24-23 所示，对方法切削模式、步距、切削层、切削参数、进给等进行设置。

图 24-21  创建工序

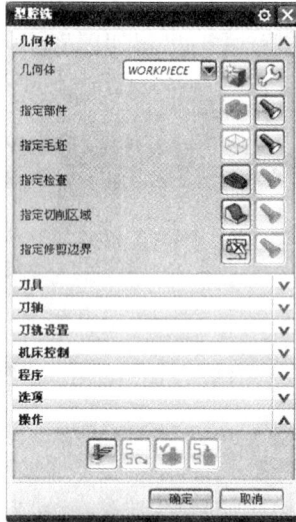

图 24-22  "型腔铣"对话框

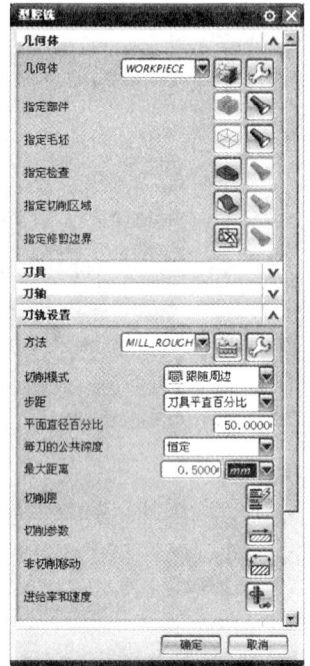

图 24-23  刀轨设置

①方法设置:选择"MILL_ROUGH"(粗加工)选项。

②切削模式设置:选择"跟随周边"选项。

③步距(或行距)设置:选择"刀具平直百分比"选项。

④平面直径百分比设置:设置为"50"(即刀具的步距为刀具直径的 50%)。

⑤每刀的公共深度设置:选择"恒定"模式。

⑥最大距离设置:0.5 mm。

⑦切削参数设置:单击"切削参数"图标按钮 ,进入并设置如图 24-24 所示的"切削参数"对话框(请读者根据以前项目经验自行确定),之后单击"确定"按钮;选择"余量"页面,设置如图 24-25 所示;选择"拐角"页面,设置如图 24-26 所示;之后单击"确定"按钮,完成切削参数的设置。

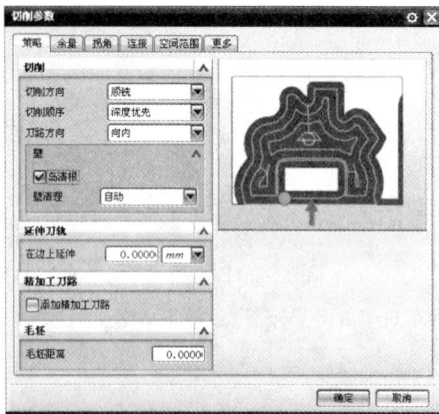

图 24-24  "切削参数"对话框

图 24-25  余量设置

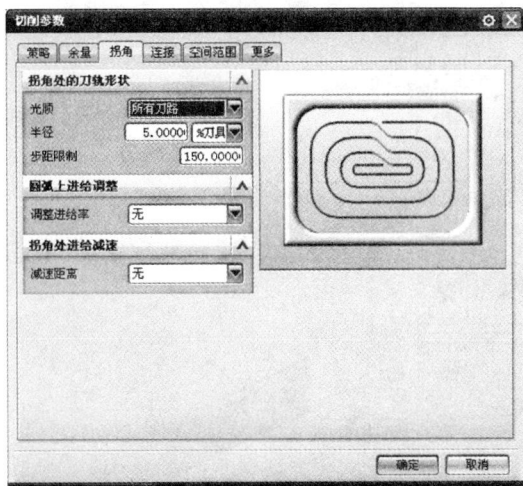

图 24-26　拐角设置

⑧非切削移动设置：单击"非切削移动"图标按钮![icon]，进入并设置如图 24-27 所示的"非切削移动"对话框；之后单击"确定"按钮；选择"转移/快速"页面，设置如图 24-28 所示；之后单击"确定"按钮，完成非切削移动的设置。

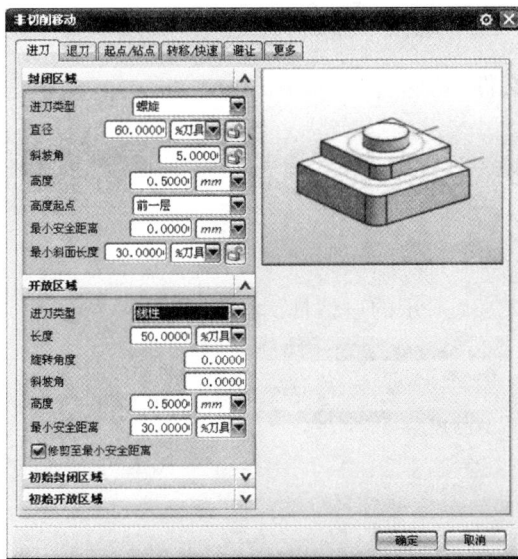

图 24-27　非切削移动设置

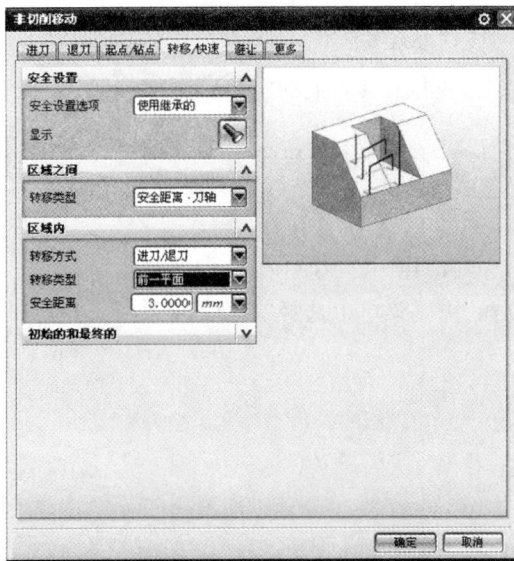

图 24-28　转移/快速设置

⑨进给率和速度设置：单击"进给率和速度"图标按钮![icon]，进入并设置如图 24-29 所示的"进给率和速度"对话框；之后单击"确定"按钮，完成进给率和速度的设置。

## 六　刀具轨迹生成与仿真

### 1. 轨迹生成操作

确认各选项参数设置，在图 24-22 所示的"型腔铣"对话框的"操作"栏中单击"轨迹生成"图标按钮![icon]，产生如图 24-30 所示的轨迹。

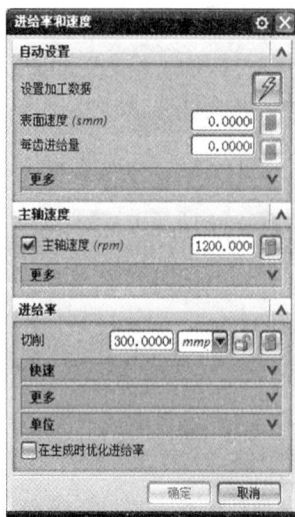

图 24-29　进给率和速度设置

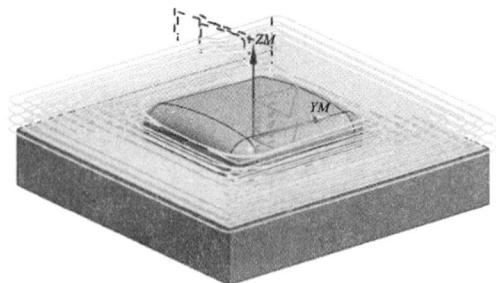

图 24-30　轨迹

**2.轨迹仿真**

在图 24-22 所示的"型腔铣"对话框的"操作"栏中单击"轨迹仿真"图标按钮，即可进行加工仿真。

**3.保存**

单击工具栏上的"保存"图标按钮，保存文件。

## 七　程序生成与传输

**1.程序生成**

(1)在图 24-31 所示的工序导航器中选择"CAVITY_MILL"图标，单击鼠标右键，在弹出的快捷菜单中选择"后处理"选项，出现如图 24-32 所示的对话框。

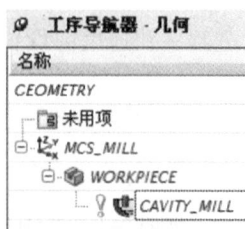

图 24-31　工序导航器

图 24-32　后处理器

(2)在"后处理器"栏中选择"MILL_3_AXIS"选项，在"文件名"文本框中输入程序的路径和程序名(12-1.ptp)；在"单位"下拉列表框中选择"公制/部件"选项；之后单击"确定"按钮，出现如图 24-33 所示的"信息"窗口，该"信息"窗口中的内容即是生成的数控加工程序。

**2. 程序传输**

(1)编辑生成的程序，使之与数控铣床相匹配。

找到程序(本例为 12-1.ptp)并单击鼠标右键，用"记事本打开"程序。

把 N0030 程序段的"T1 M06"删除，用 G54 代替；把 N0050 程序段删除，结果如图24-34 所示。

把程序 12-1.ptp 复制到 CF 卡上。

图 24-33　程序信息

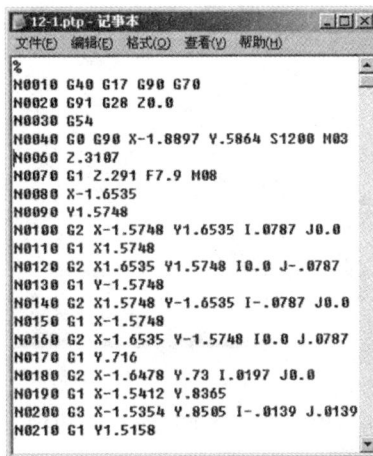

图 24-34　程序编辑

(2)把 CF 卡上的程序传输到数控铣床中，操作步骤如下：

①通过操作机床操作面板将操作模式设置为编辑程序模式"EDIT"。

②使用数控系统操作面板下方的软键，选择"SETTING"，使"I/O 频道"的数值为 4。

③按下数控系统操作面板上的"PROG"按键→按该面板下方软扩展键，直至出现"CARD"标记(同时，CRT 屏幕上出现 CF 卡上的程序)→按"CARD"标记对应的软键，直至出现"操作"标记→按下"F READ"标记对应的软键→选择 CF 卡上的程序：输入 CF 卡上的程序号，之后按"F 设定"标记对应的软键→重新命名一个程序：输入新的程序号，之后按"O 设定"对应的软键。至此，程序被读入到数控系统中。

## 八　创建固定轴曲面轮廓铣精加工工序

(1)选择菜单"插入"→"工序"命令或单击工具栏上的"创建工序"图标按钮，弹出如图 24-35 所示的"创建工序"对话框。

(2)在"创建工序"对话框中选择"类型"为"mill_contour"；选择"工序子类型"为"固定轴曲面铣"图标按钮，其他参照图 24-35 所示设置；之后单击"确定"按钮，系统弹出如图 24-36 所示的"固定轮廓铣"对话框。

图 24-35 "创建工序"对话框

图 24-36 "固定轮廓铣"对话框

(3)选择"指定切削区域"图标按钮🖱️,出现并设置图 24-37 所示的"切削区域"对话框。用鼠标切换工具栏的"视图显示"图标按钮🖱️(使视图呈此状态);再单击"几何体"栏的"选择对象"位置,之后用鼠标矩形框选择图 24-38 所示的曲面切削加工区域;之后单击"确定"按钮。

图 24-37 "切削区域"对话框

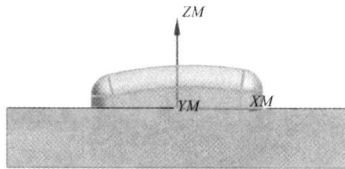

图 24-38 选择曲面切削加工区域

(4)在图 24-39 所示的对话框中设置"驱动方法"为"区域铣削",之后系统弹出如图 24-40 所示的对话框,单击"确定"按钮,出现并设置图 24-41 所示的"区域铣削驱动方法"对话框。

(5)进给率和速度设置:单击"进给率和速度"图标按钮🖱️,进入并设置图 24-42 所示的对话框。勾选"主轴速度"复选框,并输入主轴转速为"3000";之后单击"基于此值计算进给率和速度"图标按钮🖱️,系统自动计算表面加工速度和每齿进给量的值并保存;之后单击"确定"按钮,完成进给率和速度的设置。

图 24-39　设置驱动方法　　图 24-40　驱动方法提示　　图 24-41　区域铣削驱动方法设置

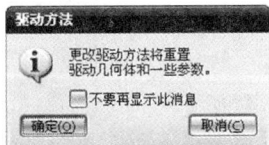

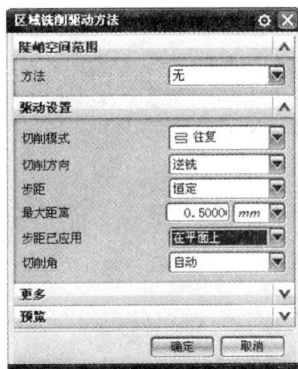

（6）刀具轨迹生成与仿真

①轨迹生成操作

确认各选项参数设置，在图 24-39 所示的"固定轮廓铣"对话框的"操作"栏中单击"轨迹生成"图标按钮 ，产生如图 24-43 所示的轨迹。

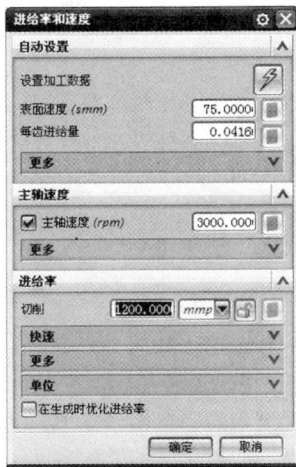

图 24-42　进给率和速度设置　　　　　　图 24-43　轨迹

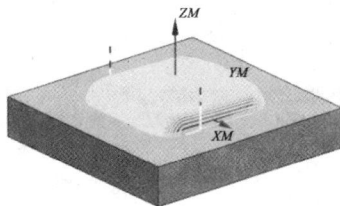

②轨迹仿真

在图 24-39 所示的"固定轮廓铣"对话框的"操作"栏中单击"轨迹仿真"图标按钮 ，即可进行加工仿真。

（7）单击工具栏上的"保存"图标按钮 ，保存文件。

（8）程序生成与传输

①程序生成

在图 24-44 所示的工序导航器中选择"FIXED_CONTOUR"图标，单击鼠标右键，在弹出的快捷菜单中选择"后处理"选项,出现如图 24-45 所示的对话框。在"后处理器"栏中选择"MILL_3_AXIS"选项;在"文件名"文本框中输入程序的路径和程序名(12-2.ptp);在"单位"下拉列表框中选择"公制/部件."选项;之后单击"确定"按钮,出现如图 24-46 所示的"信息"窗口,该"信息"窗口中的内容即是生成的数控加工程序。

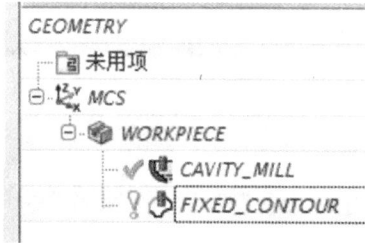

图 24-44  工序导航器

图 24-45  后处理

②程序传输

编辑生成的程序,使之与数控铣床相匹配。

找到程序(本例为 12-2.ptp)并单击鼠标右键,用"记事本打开"程序。

把 N0300 程序段的"T2 M06"删除,用 G54 代替;把 N0050 程序段删除,结果如图 24-47 所示。

把程序 12-2.ptp 复制到 CF 卡上(操作步骤略)。

图 24-46  程序信息

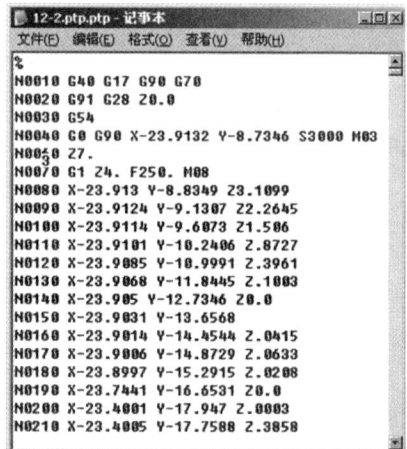

图 24-47  程序编辑

## 九　操作数控铣床加工

基本步骤如下：

开启机床→工具、夹具、量具及毛坯等准备→零件装夹→对刀→模拟加工显示→切削加工→结束→评估。

## 实训作业

加工如图 24-48 所示的零件，其毛坯尺寸如图 24-49 所示。打开图 24-50 所示的零件模型（12-2.prt），利用 UG 软件的 CAM 功能进行零件加工。

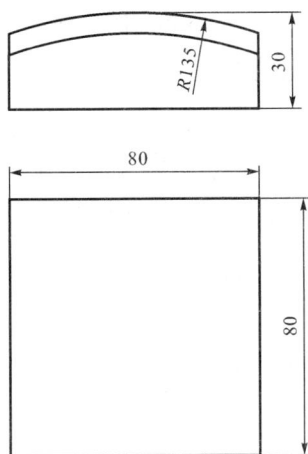

图 24-48　零件图

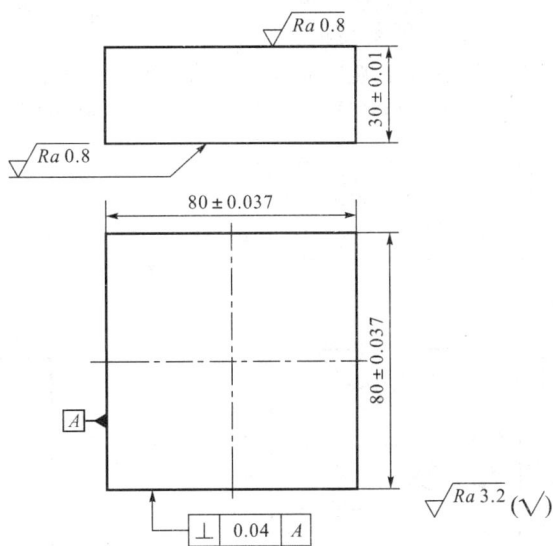

图 24-49　零件毛坯图

图 24-50　零件模型

# 项目 25　定位模板上的孔系编程与加工——孔加工

孔加工包括钻孔、镗孔、攻丝、扩孔及沉孔等。

孔加工的注意问题：钻孔或镗孔时，要注意及时排屑，以免影响加工质量。钻孔前要先钻引导孔。钻头的头部是尖的,要增加一定的钻孔深度。

## ◉ 实训目的

通过本项目的学习,学生应掌握利用钻孔加工方式生成孔的数控加工轨迹、通过后处理生成数控加工程序的方法,并操作数控铣床加工定位模板零件上的孔系。

## ◉ 实训任务

1. 切削加工工艺分析与制订。

2. 孔加工方式下设置加工环境、创建刀具、设置几何体、创建钻孔加工工序、刀具轨迹生成与仿真、程序生成与传输。

3. 操作数控铣床加工如图 25-1 所示的定位模板零件,材料为 45 钢,其毛坯尺寸如图 25-2 所示。要求使用数控铣床(MVC850 或 VMC850 机床)完成零件上 $4 \times \phi 8$ mm 的孔加工。

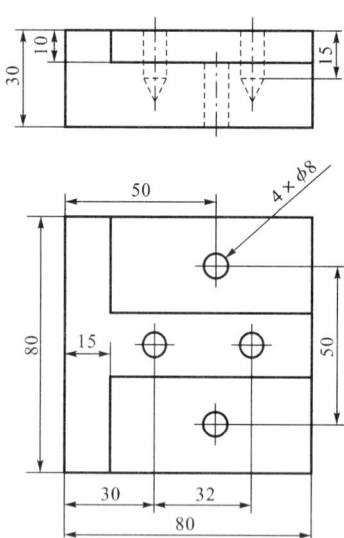

图 25-1　定位模板零件图

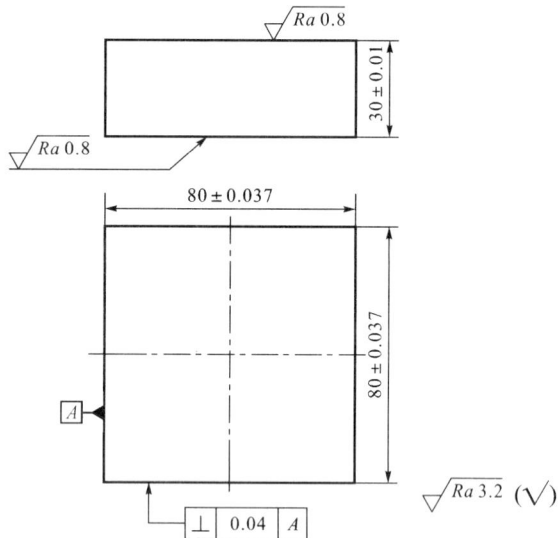

图 25-2　定位模板零件毛坯图

## ◉ 实训条件

MVC850 数控铣床,CF 卡,$\phi 8$ mm 高速钢钻头,BT40 型弹簧夹头刀柄,0～150 mm 平口钳,0～150 mm 游标卡尺,$\phi 10$ mm 寻边器,Z 轴设定器,0～10 mm 量程、0.01 mm 分辨率的百分表,主轴清洁棒等。

## ◉ 实训内容与步骤

### 一　切削加工工艺分析与制订

根据加工要求,其加工工艺安排见表 25-1。

| 表 25-1 | | 孔的加工工艺 | |
|---|---|---|---|
| 工序 | 内容 | 加工方式 | 使用刀具 |
| 1 | 钻孔 | 钻孔 | DRILLING_TOOL_d8/$\phi$8 mm 高速钢钻头 |

## 二 设置加工环境

（1）启动 UG 软件，打开模型文件 13-1. prt，如图 25-3 所示。

（2）进入加工模块

如图 25-4 所示，在工具栏上单击"开始"图标按钮，在弹出的下拉菜单中选择"加工"命令，进入到加工环境中。

（3）设置加工环境

在如图 25-5 所示的"加工环境"对话框中，分别选择"CAM 会话配置"与"要创建的 CAM 设置"栏中的"cam_general"（通过设置模块）、"drill"（孔加工）选项；之后单击"确定"按钮。

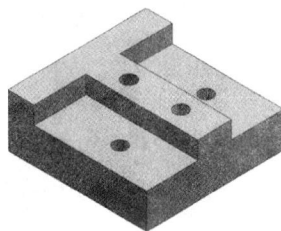

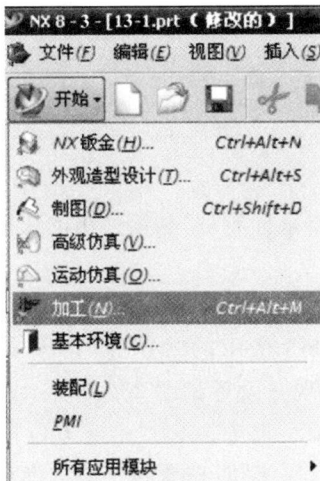

图 25-3 定位模板零件模型

图 25-4 开始下拉菜单

图 25-5 加工环境设置

## 三 创建刀具

（1）选择菜单"插入"→"刀具"命令或单击工具栏上的"创建刀具"图标按钮，弹出如图 25-6 所示的"创建刀具"对话框。

（2）在"创建刀具"对话框中，选择"刀具子类型"为"钻头"图标按钮；在"名称"文本框中输入刀具的名称为"DRILLING_TOOL_d8"（刀具直径为 $\phi$8 mm）；之后单击"确定"按钮，完成刀具创建。

（3）在弹出的"钻刀"对话框中设置刀具参数，如图 25-7 所示；之后单击"确定"按钮，完成刀具参数的设置。

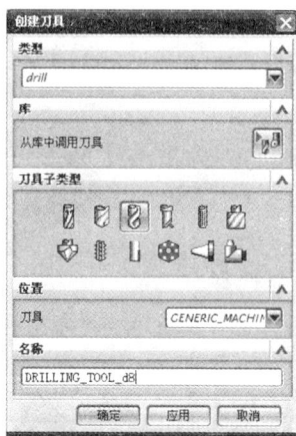

图 25-6 创建刀具

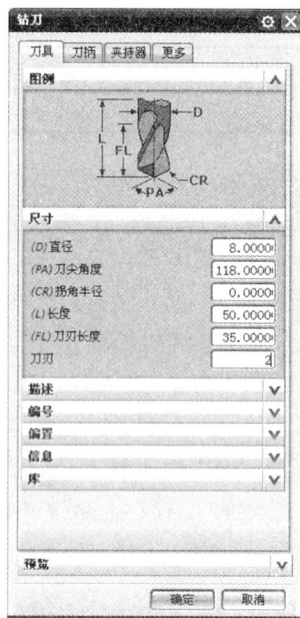

图 25-7 设置刀具参数

# 四 设置几何体

### 1. 加工坐标系设置

（1）切换到几何视图环境

将鼠标放在屏幕左侧的工序导航器页面内，单击鼠标右键，利用弹出的快捷菜单选择并切换到"几何视图"中，如图 25-8 所示。

（2）设置加工坐标系

用鼠标双击 MCS_MILL 图标，系统弹出如图 25-9 所示的"Mill Orient"对话框。单击"指定 MCS"位置后的"用户坐标系"图标按钮，出现并设置如图 25-10 所示的对话框；"类型"选择为"动态"；在"参考"下拉列表框中选择"WCS"选项；单击"指定方位"位置后的"平面"图标按钮，出现如图 25-11 所示的"点"对话框；单击"点位置"栏的"选择对象"位置，用鼠标单击屏幕图形区域中图 25-12 所示零件模型的左上角，出现坐标系标记；之后单击"确定"按钮，完成加工坐标系的设置。

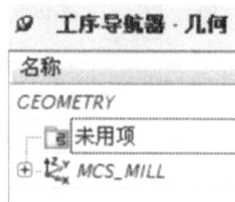

图 25-8 工序导航器

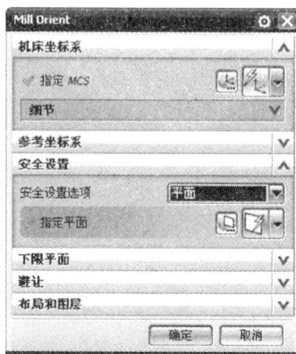

图 25-9 坐标系

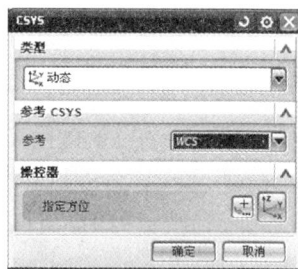

图 25-10 用户坐标系

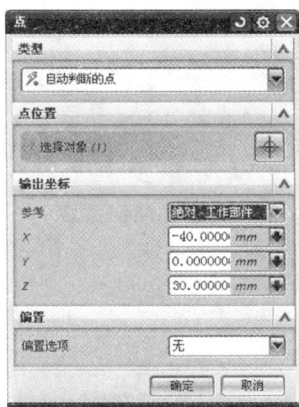

图 25-11 点

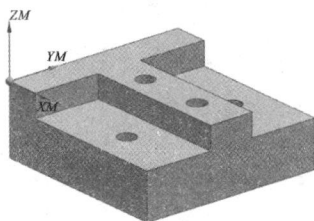

图 25-12 零件模型

**2.设定安全平面**

如图 25-9 所示,在"Mill Orient"对话框中的"安全设置选项"下拉列表框中选择"平面"选项;单击"安全指定平面"图标按钮 ⬜,弹出如图 25-13 所示的"平面"对话框。单击"要定义平面的对象"栏的"选择对象"位置,之后单击图 25-12 所示零件模型的上表面,在"距离"文本框中输入"5";之后单击"确定"按钮,出现如图 25-14 所示的结果。

图 25-13 安全平面设置

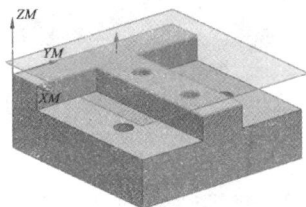

图 25-14 安全平面

**3.定义几何体**

(1)用鼠标双击图 25-8 所示的 ⬚ MCS_MILL 图标,展开出现"WORKPIECE"节点,如图 25-15 所示。

(2)指定部件

双击"WORKPIECE"节点,出现如图 25-16 所示的"工件"对话框。单击"指定部件"图标按钮 ⬛,出现如图 25-17 所示的"部件几何体"对话框;单击"几何体"栏的"选择对象"位置,之后用鼠标选择屏幕图形区域中图 25-18 所示的零件模型;之后单击"确定"按钮,完成部件几何体的指定。

图 25-15 "WORKPIECE"节点

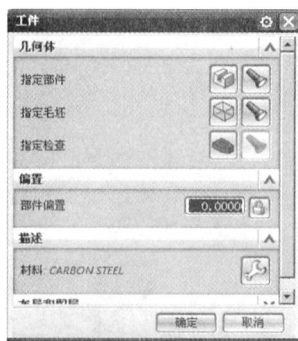
图 25-16 "工件"对话框

图 25-17 "部件几何体"对话框

（3）指定毛坯

单击"工件"对话框中的"指定毛坯"图标按钮，弹出并设置如图 25-19 所示的"毛坯几何体"对话框；在"类型"下拉列表框中选择"包容块"选项，其他默认；之后单击"确定"按钮，完成零件与毛坯的指定。

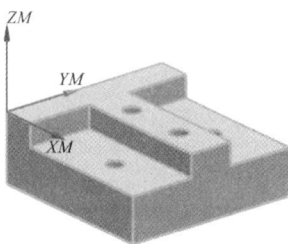
图 25-18 零件模型

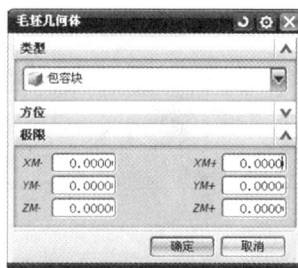
图 25-19 "毛坯几何体"对话框

## 五　创建钻孔加工工序

（1）选择菜单"插入"→"工序"命令或单击工具栏上的"创建工序"图标按钮，弹出如图 25-20 所示的"创建工序"对话框。

（2）在"创建工序"对话框中选择"工序子类型"为"钻孔"图标按钮，其他参照图 25-20 所示设置；之后单击"确定"按钮，出现如图 25-21 所示的"钻"对话框。

（3）钻孔参数设置

①孔位选择。单击"指定孔"图标按钮，弹出如图 25-22 所示的"点到点几何体"对话框；单击"选择"按钮，弹出如图 25-23 所示的对话框；在屏幕图形区域里选择图 25-18 所示零件模型上的孔，然后两次单击"确定"按钮，完成孔的选择，回到图 25-21 所示的对话框。

②顶面选择。单击"指定顶面"图标按钮，弹出如图 25-24 所示的"顶面"对话框；选择"顶面选项"下拉列表框中的"面"选项；之后在屏幕图形区域选择图 25-18 所示零件模型的上表面；之后单击"确定"按钮，完成顶面的

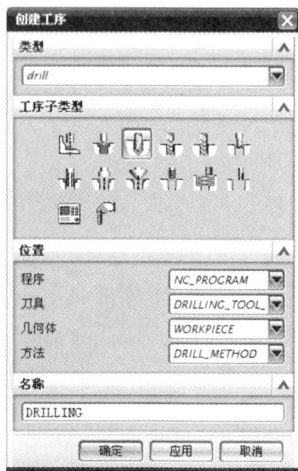
图 25-20 创建工序

选择。

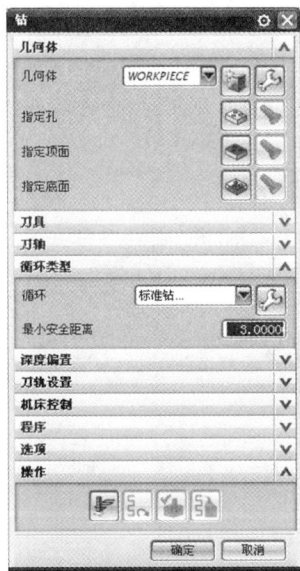

图 25-21 钻孔设置

图 25-22 点的方式

③底面选择。单击"指定底面"图标按钮 ，弹出如图 25-25 所示的"底面"对话框；在"底面选项"下拉列表框中选择"面"选项，在屏幕图形区域选择图 25-26 所示零件模型的底面；之后单击"确定"按钮，完成底面的选择。

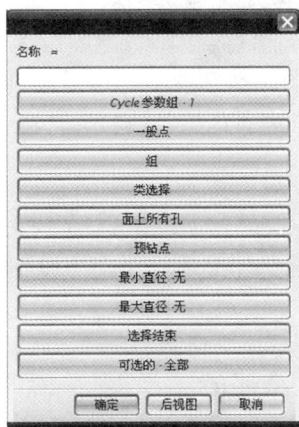

图 25-23 孔选择

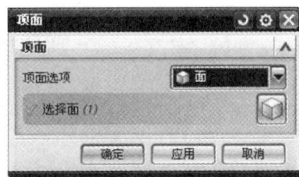

图 25-24 顶面选择

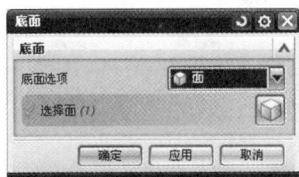

图 25-25 底面选择

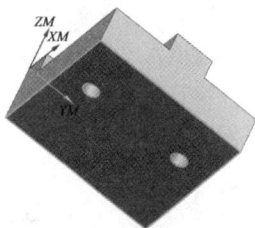

图 25-26 底面显示模型

④循环类型设置。单击"循环类型"展开图标按钮 ∨，展开并设置循环类型如图 25-27 所示；在"循环"下拉列表框中选择"标准钻削循环"选项；在"最小安全距离"文本框中输入 "5"。

⑤深度偏置设置。单击"深度偏置"展开图标按钮 ∨，展开并设置深度偏置如图 25-28 所示；在"通孔安全距离"、"盲孔余量"文本框中分别输入"5"、"0"。

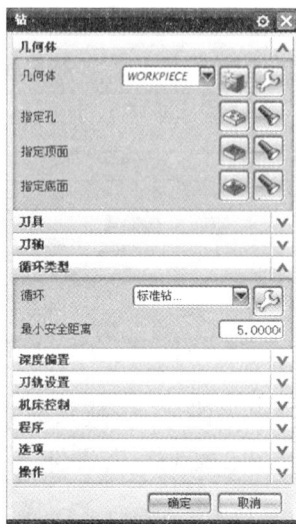

图 25-27　循环类型设置

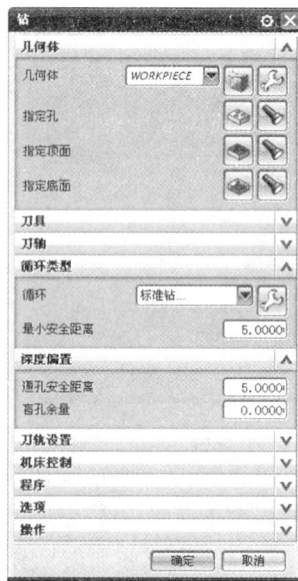

图 25-28　深度偏置设置

⑥进给率和速度设置。单击"刀轨设置"展开图标按钮 ∨，如图 25-29 所示；单击"进给率和速度"图标按钮，进入并设置如图 25-30 所示的对话框；之后单击"确定"按钮，完成进给率和速度的设置。

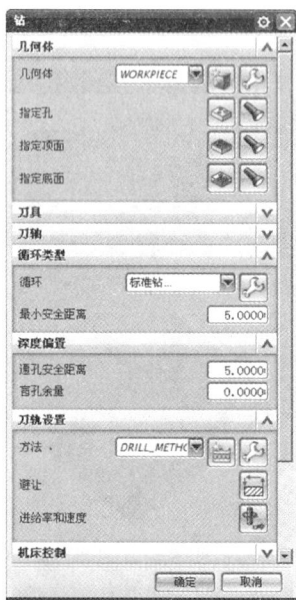

图 25-29　刀轨设置展开

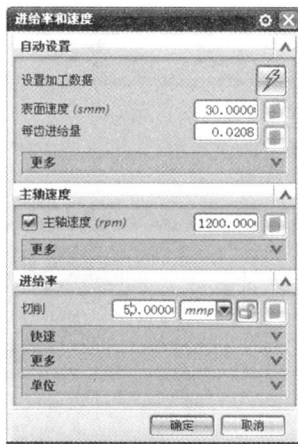

图 25-30　进给率和速度设置

## 六 刀具轨迹生成与仿真

### 1.刀具轨迹生成

确认各选项参数设置,在图 25-21 所示的"钻"对话框的"操作"栏中单击"轨迹生成"图标按钮，产生如图 25-31 所示的轨迹。

### 2.轨迹仿真

在图 25-21 所示的"钻"对话框的"操作"栏中单击"轨迹仿真"图标按钮，即可进行加工仿真。

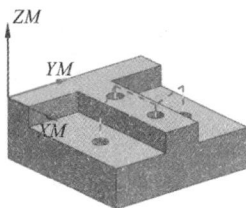

图 25-31 轨迹

### 3.保存

单击工具栏上的"保存"图标按钮，保存文件。

## 七 程序生成与传输

### 1.程序生成

(1)在图 25-32 所示的工序导航器中选择"DRILLING"图标;单击鼠标右键,在弹出的快捷菜单中选择"后处理"选项,出现如图 25-33 所示的对话框。

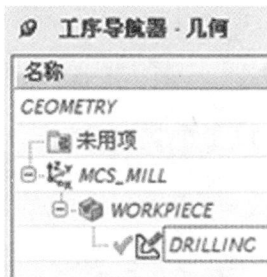

图 25-32 工序导航器

图 25-33 后处理

(2)在"后处理器"栏中选择"MILL_3_AXIS"选项;在"文件名"文本框中输入程序的路径和程序名(13-1.ptp);在"单位"下拉列表框中选择"公制/部件"选项;之后单击"确定"按钮,出现如图 25-34 所示的"信息"窗口,该"信息"窗口中的内容即是生成的数控加工程序。

### 2.程序传输

(1)编辑生成的程序,使之与数控铣床相匹配。

①找到程序(本例为 13-1.ptp)并单击鼠标右键,用"记事本打开"程序。

②把 N00300 程序段的"T01 M06"删除,用 G54 代替;把 N0050 程序段删除,结果如图 25-35 所示。

③把程序 13-1.ptp 复制到 CF 卡上。

图 25-34　程序信息

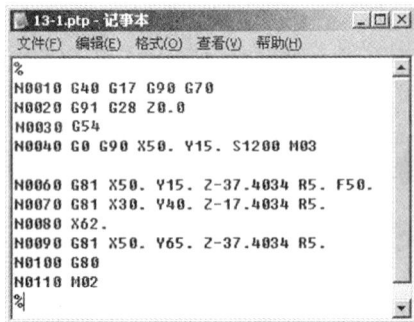

图 25-35　程序编辑

（2）把 CF 卡上的程序传输到数控铣床中，操作步骤如下：

①通过操作机床操作面板将操作模式设置为编辑程序模式"EDIT"。

②使用数控系统操作面板下方的软键，选择"SETTING"，使"I/O 频道"的数值为 4。

③按下数控系统操作面板上的"PROG"按键→按该面板下方软扩展键，直至出现"CARD"标记（同时，CRT 屏幕上出现 CF 卡上的程序）→按"CARD"标记对应的软键，直至出现"操作"标记→按下"F READ"标记对应的软键→选择 CF 卡上的程序：输入 CF 卡上的程序号，之后按"F 设定"标记对应的软键→重新命名一个程序：输入新的程序号，之后按"O 设定"对应的软键。至此，程序被读入到数控系统中。

## 八　操作数控铣床加工

基本步骤如下：

开启机床→工具、夹具、量具及毛坯等准备→零件装夹→对刀→模拟加工显示→切削加工→结束→评估。

## ● 实训作业

加工如图 25-36 所示的零件，其毛坯尺寸如图 25-37 所示。打开图 25-38 所示的零件模型（13-2.prt），利用 UG 软件的 CAM 功能进行零件加工。

提示　先加工槽。

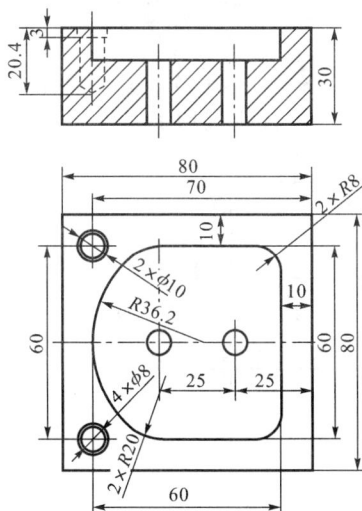

图 25-36　零件图

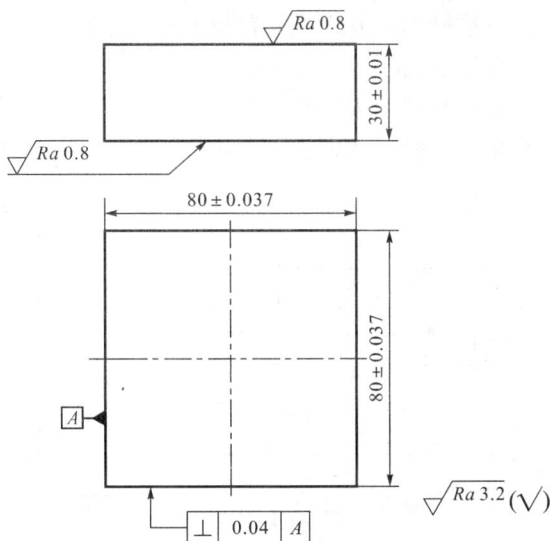

图 25-37　零件毛坯图

图 25-38　零件模型

# 项目 26　凸模零件的铣削编程与加工——等高铣

## ◉ 实训目的

通过本项目的学习，学生应掌握利用轮廓铣加工方式中的等高加工方法生成零件数控加工轨迹、通过后处理生成数控加工程序的方法，并操作数控铣床加工凸模零件的型腔曲面。

## ◉ 实训任务

1. 切削加工工艺分析与制订。

2.轮廓铣加工方式下设置加工环境、创建刀具、设置几何体、创建型腔铣、平面铣及等高铣加工工序、程序传输。

3.操作数控铣床加工如图 26-1 所示的凸模零件,材料为 45 钢,其毛坯尺寸如图 26-2 所示。要求使用数控铣床(MVC850 或 VMC850 机床)完成凸模零件铣削加工。

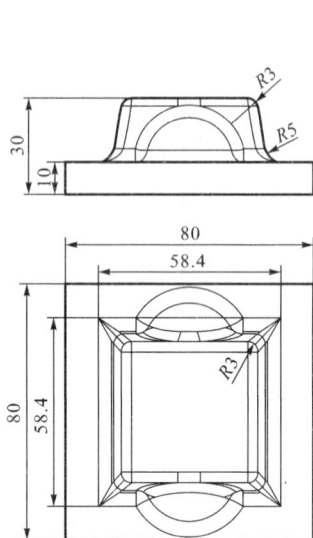

图 26-1　凸模零件图

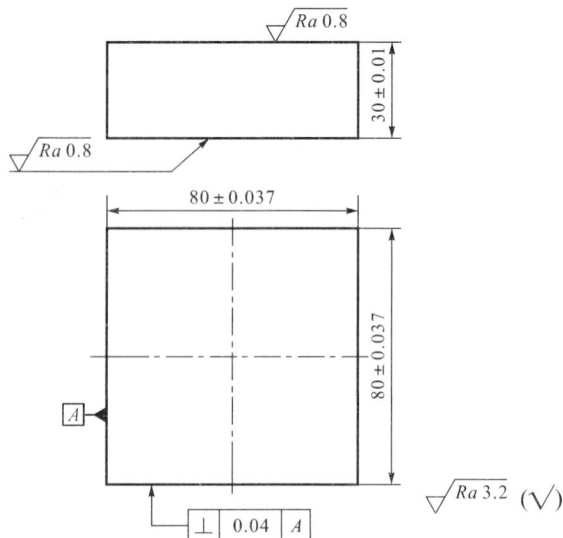

图 26-2　凸模零件毛坯图

## 实训条件

MVC850 数控铣床,CF 卡,$\phi16$ mm、$\phi10$ mm 立铣刀,$\phi8$mm 球刀,BT40 型弹簧夹头刀柄,0～150 mm 平口钳,0～150 mm 游标卡尺,$\phi10$ mm 寻边器,$Z$ 轴设定器,0～10 mm 量程、0.01 mm 分辨率的百分表,主轴清洁棒等。

## 实训内容与步骤

### 一　切削加工工艺分析与制订

根据加工要求,其加工工艺安排见表 26-1。

表 26-1　　　　　　　　　　　　凸模零件的加工工艺

| 工序 | 内容 | 加工方式 | 使用刀具 |
|---|---|---|---|
| 1 | 粗加工凸模 | 型腔铣 | T1D16R4/高速钢立铣刀 |
| 2 | 精加工凸模底平面 | 平面铣 | T2D10R0/高速钢立铣刀 |
| 2 | 精加工凸模 | 等高铣 | T3D8R4/球刀 |

### 二　设置加工环境

(1)启动 UG 软件,打开模型文件 14-1.prt,如图 26-3 所示。

（2）进入加工模块

如图 26-4 所示，在工具栏上单击"开始"图标按钮，在弹出的下拉菜单中选择"加工"命令，打开"加工环境"对话框，如图 26-5 所示。

（3）设置加工环境

在如图 26-5 所示的"加工环境"对话框中，分别选择"CAM 会话配置"与"要创建的 CAM 设置"栏中的"cam_general"（通过设置模块）、"mill_contour"（型腔铣削模块）选项，之后单击"确定"按钮，完成加工环境设置。

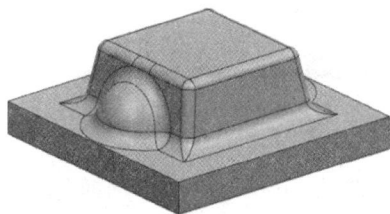

图 26-3　凸模零件模型　　　　图 26-4　"开始"下拉菜单　　　　图 26-5　设置加工环境

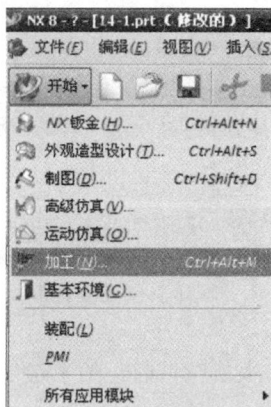

## 三　创建刀具

（1）选择菜单"插入"→"刀具"命令或单击工具栏上的"创建刀具"图标按钮，系统弹出"创建刀具"对话框。

（2）在"创建刀具"对话框中，选择"类型"为"mill_planar"，选择"刀具子类型"为"立铣刀"图标按钮，建立"T1D16R4"刀具；单击"确定"按钮。之后，在"铣刀-5 参数"对话框中设置刀具直径为"16"、下半径为"4"，单击"确定"按钮，完成 $\phi 16$ mm 刀具的创建。

（3）在"创建刀具"对话框中，选择"类型"为"mill_planar"，选择"刀具子类型"为"立铣刀"图标按钮，建立"T2D10R0"刀具，单击"确定"按钮。之后，在"铣刀-5 参数"对话框中设置刀具直径为"12"、下半径为"0"，单击"确定"按钮，完成 $\phi 10$ mm 刀具的创建。

（4）在"创建刀具"对话框中，选择"类型"为"mill_planar"，选择"刀具子类型"为"球刀"图标按钮，建立"T3D8R4"刀具，单击"确定"按钮。之后，在"铣刀-5 参数"对话框中设置刀具直径为"8"，单击"确定"按钮，完成 $\phi 8$ mm 球刀的创建。

## 四　设置几何体

### 1. 加工坐标系设置

（1）切换到几何视图环境

将鼠标放在屏幕左侧的工序导航器页面内，单击鼠标右键，利用弹出的快捷菜单选择并切换到"几何视图"中,如图 26-6 所示。

(2)设置加工坐标系

用鼠标双击 ⊕ MCS_MILL 图标,系统弹出如图 26-7 所示的"Mill Orient"对话框。单击 "指定 MCS"位置后的"用户坐标系"图标按钮,出现并设置如图 26-8 所示的对话框;"类型"选择为"对象的 CSYS";选择屏幕图形区域中如图 26-9 所示零件模型的上表面;之后单击"确定"按钮,完成加工坐标系的设置。

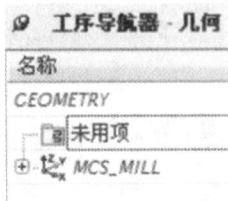

图 26-6 切换到几何视图    图 26-7 设置坐标系    图 26-8 设置用户坐标系

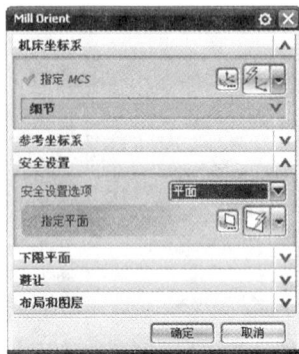

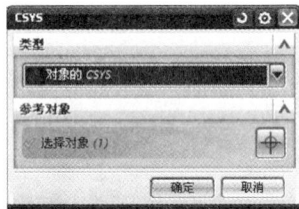

**2. 设定安全平面**

如图 26-7 所示,在"Mill Orient"对话框中的"安全设置选项"下拉列表框中选择"平面"选项;单击"安全指定平面"图标按钮,弹出如图 26-10 所示的"平面"对话框。单击"平面参考"栏的"选择平面对象"位置;再单击屏幕图形区域中如图 26-11 所示零件模型的上表面;在"距离"文本框中输入"10";之后单击"确定"按钮,出现如图 26-11 所示的安全平面。

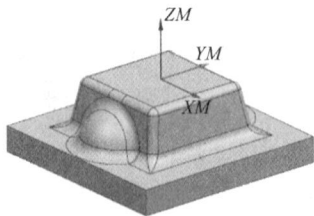

图 26-9 加工坐标系    图 26-10 安全平面设置    图 26-11 安全平面

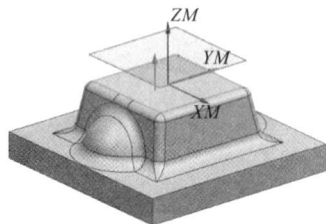

**3. 定义几何体**

(1)指定部件。用鼠标双击屏幕左侧工序导航器中的如图 26-12 所示的 ⊕ MCS_MILL 图标,展开出现"WORKPIECE"节点。双击"WORKPIECE"节点,出现如图 26-13 所示的"工件"对话框。单击"指定部件"图标按钮,出现如图 26-14 所示的"部件几何体"对话框;单击"几何体"栏的"选择对象"位置,用鼠标选择屏幕图形区域中如图 26-15 所示的零件模型;之后单击"确定"按钮,完成部件几何体的选择。

图 26-12　工序导航器　　　　图 26-13　"工件"对话框　　　　图 26-14　部件几何体定义

（2）指定毛坯。单击图 26-13 所示对话框中的"指定毛坯"图标按钮，弹出并设置如图 26-16 所示的"毛坯几何体"对话框；在"类型"下拉列表框中选择"包容块"选项，其他默认；之后单击"确定"按钮，完成零件与毛坯的指定。

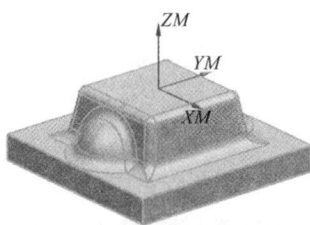

图 26-15　零件模型（一）　　　　图 26-16　毛坯几何体定义

## 五　创建型腔铣加工工序——粗加工凸模

（1）选择菜单"插入"→"工序"命令或单击工具栏上的"创建工序"图标按钮，弹出如图 26-17 所示的"创建工序"对话框。

（2）在"创建工序"对话框中，选择"类型"为"mill_contour"；选择"工序子类型"为"型腔铣"图标按钮，其他参照图 26-17 所示设置；之后单击"确定"按钮，出现如图 26-18 所示的"型腔铣"对话框。

（3）刀轨设置

单击图 26-18 所示的"刀轨设置"展开图标按钮，对方法、切削模式、步距、切削层、切削参数、进给等进行设置，如图 26-19 所示。

①方法设置：选择"MILL_ROUGH"（粗加工）选项。

②切削模式设置：选择"跟随周边"选项。

③步距（或行距）设置：选择"刀具平直百分比"选项。

④平面直径百分比设置：设置为"60"（即刀具的步距为刀具直径的 60%）。

⑤每刀的公共深度设置：选择"恒定"模式。

⑥最大距离设置：2 mm。

图 26-17　创建工序　　　　　图 26-18　型腔铣设置　　　　　图 26-19　刀轨设置

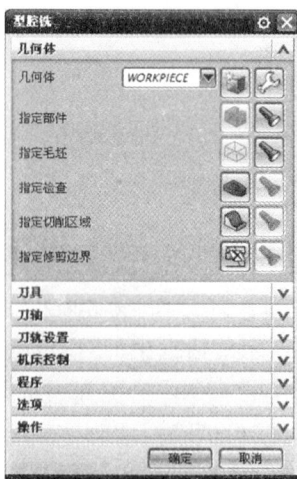

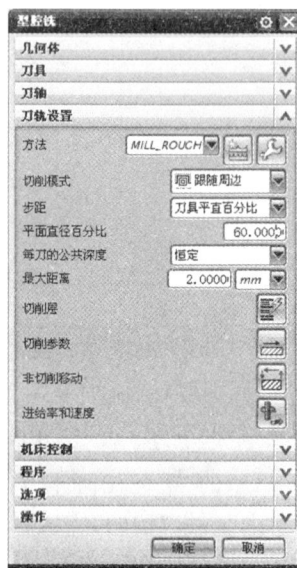

⑦切削参数设置：单击"切削参数"图标按钮⬚，进入并设置如图 26-20 所示的"切削参数"对话框；在"切削方向""切削顺序""刀路方向"下拉列表框中分别选择"顺铣"、"层优先"、"向内"选项；选择"余量"页面，设置如图 26-21 所示；之后单击"确定"按钮，完成切削参数的设置。

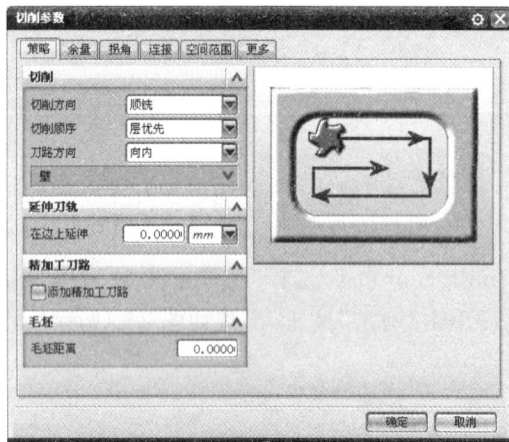

图 26-20　切削参数设置　　　　　　　　图 26-21　余量设置

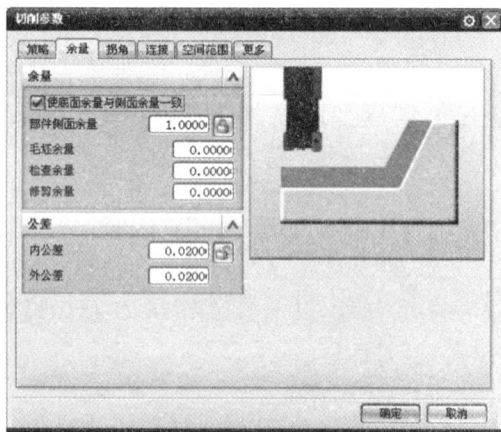

⑧非切削移动设置：单击"非切削移动"图标按钮⬚，进入并设置如图 26-22 所示的"非切削移动"对话框。之后单击"确定"按钮，完成非切削移动的设置。

⑨进给率和速度设置：单击"进给率和速度"图标按钮⬚，进入并设置如图 26-23 所示的"进给率和速度"对话框。之后单击"确定"按钮，返回到"型腔铣"对话框，完成进给率和速度的设置。

（4）生成刀具轨迹

确认各选项参数设置，展开图 26-18 所示的"型腔铣"对话框的"操作"选项，单击该栏中的"轨迹生成"图标按钮⬚，产生如图 26-24 所示的轨迹。

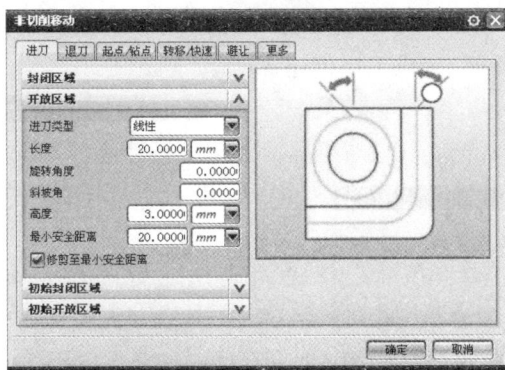

图 26-22　非切削移动设置

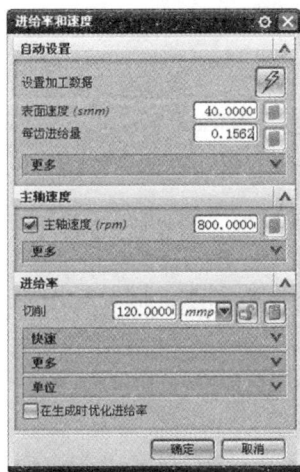

图 26-23　进给率和速度设置

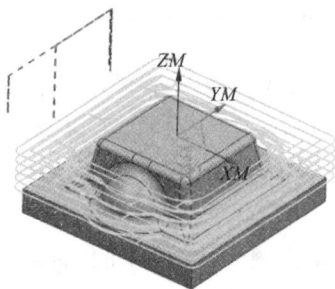

图 26-24　粗加工轨迹

（5）轨迹仿真

在"型腔铣"对话框的"操作"栏中单击"轨迹仿真"图标按钮，即可进行加工仿真。

（6）确定轨迹正确之后，单击工具栏上的"保存"图标按钮，以保存文件。

（7）程序生成

①在屏幕左侧的工序导航器中选择"CAVITY_MILL"图标，单击鼠标右键，在弹出的快捷菜单中选择"后处理"选项，出现"后处理"对话框。

②在"后处理器"栏中选择"MILL_3_AXIS"选项；在"文件名"文本框中输入程序的路径和程序名（14-1.ptp）；在"单位"下拉列表框中选择"公制/部件"选项；之后单击"确定"按钮，在"信息"窗口中生成数控加工程序。

③程序编辑

找到程序（本例为14-1.ptp）并单击鼠标右键，用"记事本打开"程序。

把 N00300 程序段的"T1 M06"删除，用 G54 代替；把 N0050 程序段删除，之后存盘。

## 六　创建平面铣加工工序——精加工凸模底平面

（1）创建工序。选择菜单"插入"→"工序"命令或单击工具栏上的"创建工序"图标按钮弹出并设置如图 26-25 所示的"创建工序"对话框;之后单击"确定"按钮,出现如图 26-26 所示的"面铣削区域"对话框,完成工序创建。

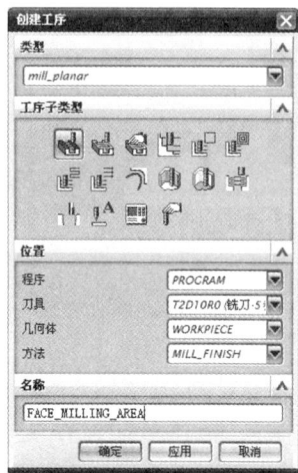

图 26-25　创建工序

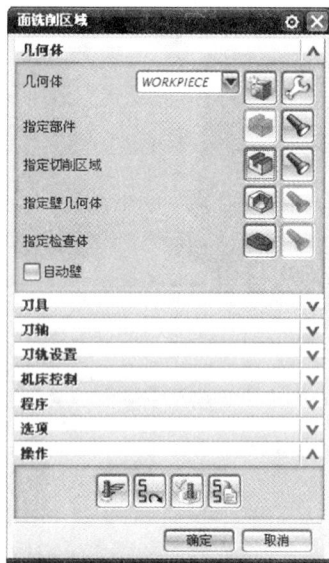

图 26-26　面铣削区域设置

(2)定义几何体。单击图 26-26 所示对话框中的"指定部件"图标按钮 ,出现如图 26-27 所示的"切削区域"对话框;在屏幕图形区域选择如图 26-28 所示的零件模型底面;之后单击"确定"按钮,完成几何体定义。

(3)刀轨设置

①用鼠标单击图 26-26 所示的"面铣削区域"对话框中的"刀轨设置"展开图标按钮 , 参数设置如图 26-29 所示。

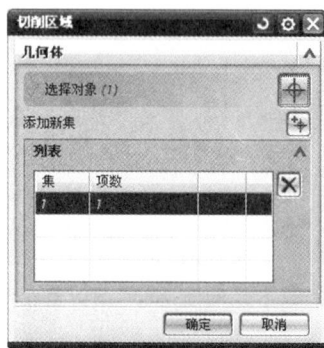

图 26-27　切削区域设置

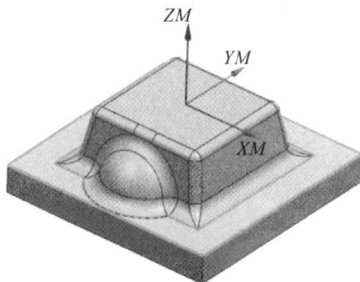

图 26-28　零件模型(二)

图 26-29　刀轨设置

②切削参数设置:单击"切削参数"图标按钮 ,进入并设置如图 26-30 所示的"切削参数"对话框;之后单击"确定"按钮,完成切削参数的设置。

③非切削移动设置：单击"非切削移动"图标按钮，进入并设置如图 26-31 所示的"非切削移动"对话框；之后单击"确定"按钮，完成非切削移动的设置。

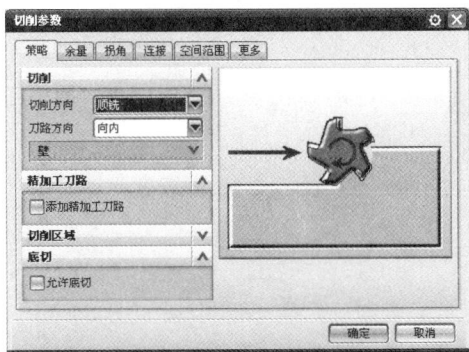

图 26-30 切削参数设置

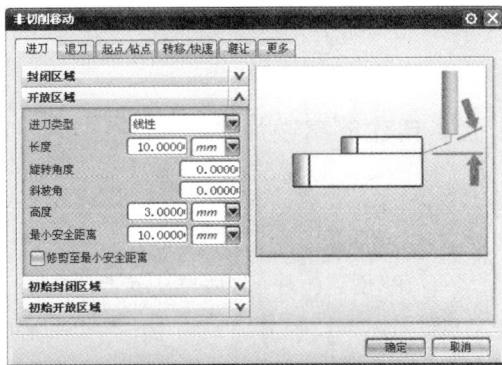

图 26-31 非切削移动设置

④进给率和速度设置：单击"进给率和速度"图标按钮，进入并设置如图 26-32 所示的"进给率和速度"对话框；之后单击"确定"按钮，完成进给率和速度的设置。

（4）生成刀具轨迹

确认各选项参数设置，在"面铣削区域"对话框的"操作"栏中单击"轨迹生成"图标按钮，产生如图 26-33 所示的轨迹。

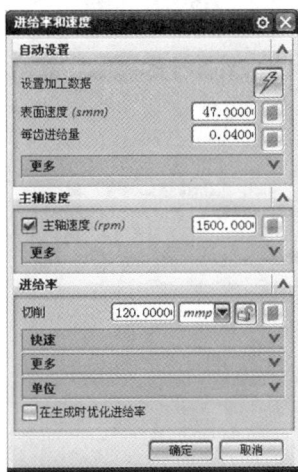

图 26-32 进给率和速度设置

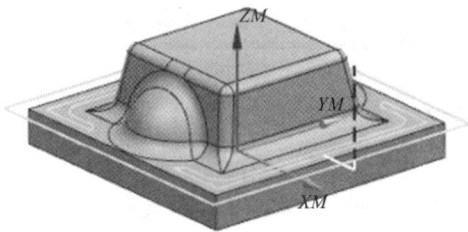

图 26-33 精加工凸模底平面轨迹

（5）轨迹仿真

在"面铣削区域"对话框的"操作"栏中单击"轨迹仿真"图标按钮，即可进行加工仿真。

（6）保存文件

单击工具栏上的"保存"图标按钮，保存文件。

（7）程序生成

①在屏幕左侧的工序导航器中选择"FACE_MILLING_AREA"图标，单击鼠标右键，在弹出的快捷菜单中选择"后处理"选项，出现"后处理"对话框。

②在"后处理器"栏中选择"MILL_3_AXIS"选项；在"文件名"文本框中输入程序的路径

和程序名（14-2.ptp）；在"单位"下拉列表框中选择"公制/部件"选项；之后单击"确定"按钮，在"信息"窗口中生成数控加工程序。

（8）程序编辑

找到程序（本例为 14-2.ptp）并单击鼠标右键，用"记事本打开"程序。

把 N00300 程序段的"T2 M06"删除，用 G54 代替；把 N0050 程序段删除，之后存盘。

## 七　创建等高铣加工工序——精加工凸模

（1）选择菜单"插入"→"工序"命令或单击工具栏上的"创建工序"图标按钮 ，弹出如图 26-34 所示的"创建工序"对话框。

（2）在"创建工序"对话框中选择"类型"为"mill_contour"；选择"工序子类型"为"等高轮廓加工"图标按钮 ，其他参照图 26-34 所示设置；之后单击"确定"按钮，出现如图 26-35 所示的"深度加工轮廓"对话框。

图 26-34　创建工序

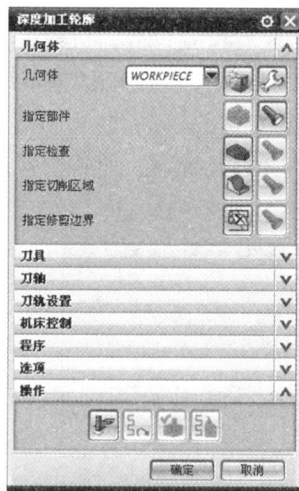

图 26-35　等高铣加工

（3）对等高铣加工进行参数设置

①单击"指定切削区域曲面"图标按钮 ，出现如图 26-36 所示的"切削区域"对话框；切换绘图窗口如图 26-37 所示，用鼠标框选曲面区域；之后单击"确定"按钮，完成曲面的选择；切换绘图窗口如图 26-38 所示。

图 26-36　切削区域设置

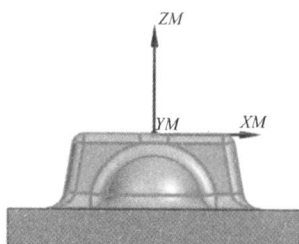

图 26-37　平面投影

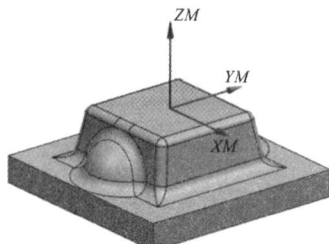

图 26-38　零件轴测图

②刀轨设置，如图 26-39 所示。

③切削参数设置。单击"切削参数"图标按钮 ⊟，进入"切削参数"对话框并进行设置（在切削方向中分别选择"顺铣"、"层优先"、"向内"三种方向）；之后单击"确定"按钮，完成切削参数的设置。

④非切削移动设置。单击"非切削移动"图标按钮 ⊟，进入并设置如图 26-40 所示的"非切削移动"对话框；之后单击"确定"按钮，完成非切削移动的设置。

⑤进给率和速度设置。单击"进给率和速度"图标按钮 ，进入并设置如图 26-41 所示的"进给率和速度"对话框；之后单击"确定"按钮，完成进给率和速度的设置。

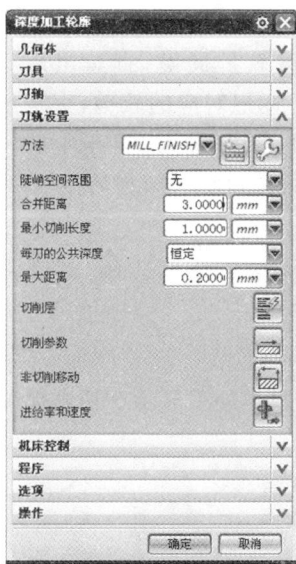

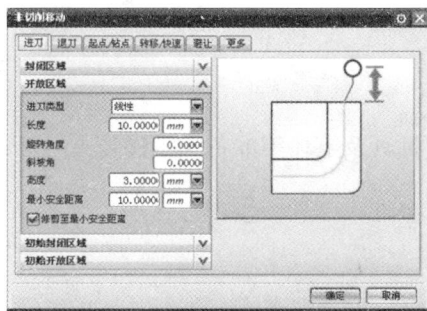

图 26-39　刀轨设置　　　　　　图 26-40　非切削移动设置　　　　　图 26-41　进给率和速度设置

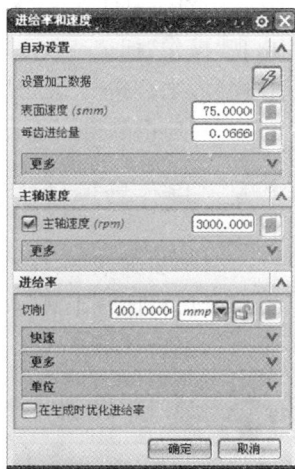

（4）生成刀具轨迹

确认各选项参数设置，在"深度加工轮廓"对话框的"操作"栏中单击"轨迹生成"图标按钮 ，产生如图 26-42 所示的轨迹。

（5）轨迹仿真

在"深度加工轮廓"对话框的"操作"栏中单击"轨迹仿真"图标按钮 ，即可进行加工仿真。

（6）保存文件

单击工具栏上的"保存"图标按钮 ，保存文件。

图 26-42　精加工凸模轨迹

（7）程序生成

①在屏幕左侧的工序导航器中选择"ZLEVEL_PROFILE"图标，单击鼠标右键，在弹出的快捷菜单中选择"后处理"选项，出现"后处理"对话框。

②在"后处理器"栏中选择"MILL_3_AXIS"选项；在"文件名"文本框中输入程序的路径和程序名（14-3.ptp）；在"单位"下拉列表框中选择"公制/部件"选项；之后单击"确定"按钮，在"信息"窗口中生成数控加工程序。

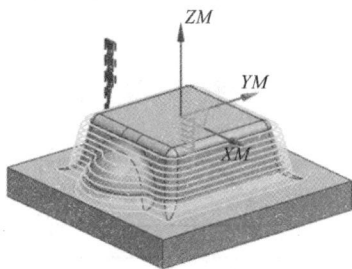

（8）程序编辑

找到程序（本例为 14-3. ptp）并单击鼠标右键，用"记事本打开"程序。

把 N00300 程序段的"T3 M06"删除，用 G54 代替；把 N0050 程序段删除，之后存盘。

## 八　程序传输

（1）把程序 14-1. ptp、14-2. ptp、14-3. ptp 复制到 CF 卡上。

（2）把 CF 卡上的程序传输到数控铣床中，操作步骤如下：

①通过操作机床操作面板将操作模式设置为编辑程序模式"EDIT"。

②使用数控系统操作面板下方的软键，选择"SETTING"，使"I/O 频道"的数值为 4。

③按下数控系统操作面板上的"PROG"按键→按该面板下方软扩展键，直至出现"CARD"标记（同时，CRT 屏幕上出现 CF 卡上的程序）→按"CARD"标记对应的软键，直至出现"操作"标记→按下"F READ"标记对应的软键→选择 CF 卡上的程序：输入 CF 卡上的程序号，之后按"F 设定"标记对应的软键→重新命名一个程序：输入新的程序号，之后按"O 设定"对应的软键。至此，程序被读入到数控系统中。

## 九　操作数控铣床加工

基本步骤如下：

开启机床→工具、夹具、量具及毛坯等准备→零件装夹→对刀→模拟加工显示→切削加工→结束→评估。

## ◉ 实训作业

1. 分析零件的人工编程与自动编程的区别。

2. 加工如图 26-43 所示的零件，其毛坯尺寸如图 26-44 所示。打开图 26-45 所示的零件模型（14-2. prt），利用 UG 软件的 CAM 功能进行零件加工。

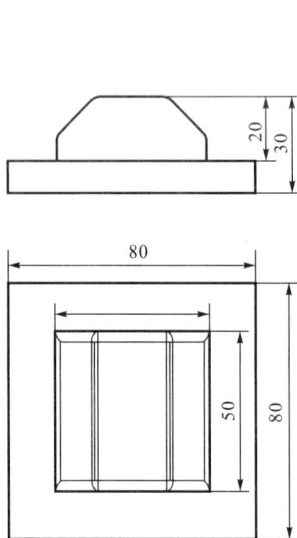

图 26-43　零件图

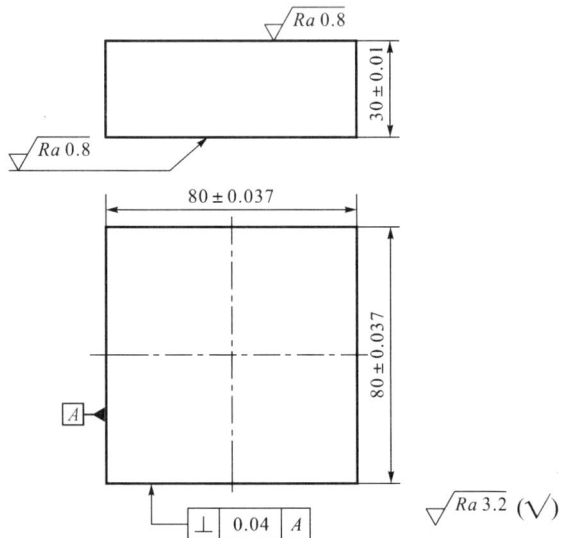

图 26-44　零件毛坯图

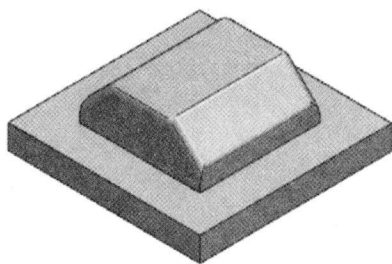

图 26-45　零件模型(三)

提示　图中未注圆角为 $R3$ mm；先用型腔铣进行粗加工，之后再用等高铣进行精加工。

# 参考文献

[1] 陈宏钧.实用机械加工工艺手册(第三版).北京:机械工业出版社,2009

[2] 杨叔子.机械加工工艺师手册.北京:机械工业出版社,2010

[3] 孙德英.数控铣床加工程序编制与应用.北京:机械工业出版社,2014

[4] 实用数控加工技术编委会.实用数控加工技术.北京:兵器工业出版社,1995